2014 年度教育部人文社会科学研究青年基金项目（14YJC840017）

留守儿童安全感研究

廖传景　著

上海交通大学出版社
SHANGHAI JIAO TONG UNIVERSITY PRESS

内容提要

本书立足于探讨依恋中断背景下留守儿童的安全感，主要内容包括以下六个方面，即：留守儿童安全感的典型个案研究；留守儿童安全感的结构、问卷编制与特征研究；留守儿童安全感的效用研究；影响留守儿童安全感的心理社会因素研究；留守儿童安全感的社会认知加工特征研究；留守儿童安全感的团体辅导干预研究。

本书对于从事相关研究的人员以及从事儿童心理健康教育的工作者有参考借鉴作用。

图书在版编目(CIP)数据

留守儿童安全感研究 / 廖传景著.
—上海：上海交通大学出版社，2016
ISBN 978-7-313-14531-4

Ⅰ. ①留… Ⅱ. ①廖… Ⅲ. ①农村—儿童教育—安全教育—研究 Ⅳ. ①X925

中国版本图书馆 CIP 数据核字(2016)第 026574 号

留守儿童安全感研究

著　　者：廖传景
出版发行：上海交通大学出版社　　地　　址：上海市番禺路 951 号
邮政编码：200030　　电　　话：021－64071208
出 版 人：韩建民
印　　制：虎彩印艺股份有限公司　　经　　销：全国新华书店
开　　本：710mm×1000mm　1/16　　印　　张：16.5
字　　数：290 千字
版　　次：2016 年 2 月第 1 版　　印　　次：2016 年 2 月第 1 次印刷
书　　号：ISBN 978-7-313-14531-4/X
定　　价：48.00 元

序

在中国有这样一个弱势群体：他们的父母为了生计远走他乡，外出打工，用辛勤的劳动换取家庭的收入；他们中的大多数，在幼年时就被父母暂时放下，留在了农村或城镇的家里，与父母相伴的时间少之又少。这些本应是父母掌上明珠的孩子集中起来便成为一个特殊的群体——留守儿童。据中华全国妇女联合会于2013年报告，我国的留守儿童数量超过了6 100万人（几乎与英国的人口总数持平，几乎是澳大利亚总人口的三倍）。应该承认，我国的留守儿童问题是一个突出的社会问题。近年来，社会上关于留守儿童（无论是农村留守儿童还是城镇留守儿童）生存与发展的负面报道层出不穷，无论是贵州毕节四位留守儿童兄妹自杀，还是湖南邵东三名留守儿童为抢钱杀死女教师，都备受社会的关注。

学术界对留守儿童心理发展与教育问题的研究成果日益丰富，已成为一个具有典型中国特色的研究课题。目前为止，学界已从各个视角展开对留守儿童问题的全方位研究，特别是心理学、教育学与社会学视角的相关研究成果已被社会广泛重视和采纳，并被用于帮助解决留守儿童问题，改善和提高留守儿童生存、发展的环境上。

从发展心理学的视角来看，留守的少年儿童正处于生长发育的关键时期，他们无法享受到父母在日常生活、思想认识及价值观念上的引导和帮助，成长过程中缺少了父母情感上的关心和呵护。他们或与父母中的一个相互陪伴，或与祖父母辈一起生活，或寄养于亲戚朋友家，或独自一人生活，在其成长历程中缺失了绝不该缺失的父母监护、关爱与教养。留守经历可能会导致个体发展出现两种差异化的结果：有的孩子产生认识、价值上的偏离和个性、心理发展的异常，也有的孩子变得异常坚强和勇敢。许许多多研究都关注留守经历对个体身心发展的负向效应，揭示了因为父母外出打工后，与自己的孩子聚少离多，导致了无论亲子沟通还是家庭关怀，无论心理教化还是品行塑造，都严重缺失。由于亲情缺失，留守儿童的心理健康方面存在着问题，很大一部分表现出内心封闭、情感冷漠、自卑懦弱、行为孤僻、性格内向，缺乏爱心和交流的主动性等，给他们留下了一生的遗憾，而其中最重要的一个方面就是造成了留守儿童安全感的缺失。

拥有安全感被美国人本主义心理学家马斯洛视为人类仅次于生理需要的第二类基本需要。在心理学家奥尔波特看来，安全感高低是评定个体心理健康水平的重要指标。有学者甚至直接把安全感等同于心理健康。可见安全感对于心理健康具有重要的价值和意义，安全感研究也有助于提升人们对于心理健康问题的认识。廖传景博士关于留守儿童安全感的研究，正是契合了留守儿童心理的需要，也延展了留守儿童心理健康研究的领域。

这项研究的内容十分丰富，本书主要有以下几个方面的内容：①通过典型个案的访谈，总结和梳理了留守儿童"安全—不安全感受"的典型心理特点与行为反应，为读者清晰地呈现了留守儿童安全感在现实生活中的具体表现。②探讨了留守儿童安全感的结构与内涵，基于测量心理学的程序，编制了留守儿童安全感的测量工具，并在全国十多个省区开展了调查研究，编订了常模，揭示了留守儿童安全感的分布特征。较大样本的调查测量以及严谨的数理统计、处理程序，保证且提升了测量工具的有效性。③对留守儿童安全感的效用进行探讨，解析了安全感在留守儿童的生活事件、留守处境与其心理健康之间的作用。研究的结论（安全感在留守处境与心理健康之间发挥完全中介作用）验证了作者的基本假设，即留守处境、留守经历不直接作用于留守儿童的心理健康，而是通过影响安全感进而对心理健康产生预测效用，为人们理解安全感在维护心理健康方面的作用提供了有力的佐证。④建构结构方程模型验证留守儿童安全感的心理社会因素模型，探讨安全感的社会性影响因素，帮助读者更深一步理解留守儿童的安全感。⑤开展实验研究揭示留守儿童安全感的社会认知特征，从认知心理学的视角探讨了安全感的特征，为开展面向留守儿童安全感提升的干预研究提供了实证依据。⑥探讨了团体心理辅导的方法对改善和提高留守儿童安全感的效用，为学校开展面向留守儿童的心理健康教育提供了借鉴。作者还就开展留守儿童心理健康教育提供了教育建议。

综上所述，该研究对留守儿童的安全感采用多种方法，从多个视角开展了多个维度的探讨，开展了较为规范、科学的实证研究。研究的创新之处在于选取了留守儿童心理发展与教育问题中，最为独特且最为关键的点——由于长期亲子分离，正常的依恋缺失，导致了留守儿童处境不良，进而导致其安全感发展受挫——为人们为解析和解决留守儿童心理发展与教育问题提供了新思路和新方法。

从事心理科学教育与研究多年，我始终主张心理学应该与实际密切结合；心理学要为现实生活服务，为解决现实问题服务，为提高和改善人们的心理品质服务；心理学研究要面向现实，要言之有物。从这一点来讲，这项研究的现实意义在不远的将来必将突显出来。当前，我国社会发展正处于转型时期，社会的许多变革与发展，都会在人们的心理与行为上表现出来，心理学的现实应用价值远没有得到弘扬和实现，心理学的发展也是任重而道远。基于此，廖传景博士邀我作序，我欣然应允。

是为序。

張世彬

于西南大学

2015 年 12 月 15 日

前　言

据中华全国妇女联合会(2013)发布的《我国农村留守儿童、城乡流动儿童状况研究报告》,我国现有留守儿童的人数超过6 100万,这一特殊群体的心理发展与教育问题广受关注。研究发现,留守儿童的心理健康、人际交往、人格发展、社会化和道德发展等容易出现偏差。由于父母亲长期外出务工,父母教养缺位,亲情缺失,留守儿童正常的依恋行为受到干扰,致使他们对世界的信任感降低,对人际交往及社会的态度趋于消极;更容易出现攻击行为;更容易陷入人格发展的困境,如出现退缩或冲动,孤僻且敏感,内心多疑,性情古怪,学习能力下降等。随着城市化战略的实施,在今后很长一段时间内,还将有大量农村劳动力流向城市,留守儿童的数量还将持续增多。如何使留守儿童得到正常的教养,使留守经历对他们的身心健康、个性发展和社会适应等产生的负面影响减小,是亟待解决的现实问题。

国外也有类似的儿童群体,由于父母死亡、药物和酒精滥用、精神失常、被监禁、家庭暴力、身体虐待和性虐待等原因,经历了特殊的依恋过程。这些儿童大多数由国家监管机构抚养,还有不少交由亲戚或祖父母辈来抚养。在英国,国家照顾的儿童中有11%是由亲戚抚养的,这个数据在澳大利亚是24%,在新西兰是32%,在美国是35%。学者们就“类留守儿童”的心理和行为展开了研究,Heflinger et al.(2000)发现,由国家监管的2～18岁美国儿童中,有34%出现了社交、情感和行为问题,如攻击、不良行为和孤僻等;Shore, Sim, Le Prohn & Keller(2002)发现,由亲戚抚养的儿童在CBCL量表测量中,其不良行为维度的得分显著高于正常家庭的儿童。Henry, Sloane & Black-Pond(2007)研究发现,这些儿童更难适应环境,难以进行正确的自我评价和自我控制,难以感受爱、体验爱、表达爱和施予爱。可见,这类经历特殊依恋过程、家庭教养环境不利的儿童的身心发展普遍容易出现问题。

由于长期的亲子分离,留守儿童无法得到父母的教养和关爱,普遍缺乏安全感。Maslow, Hirsh, Stein & Honigmann(1945)等人认为安全需要是人的基本需要,拥有安全感是个体心理健康的前提和基础。安全感表现为对安全、稳定、依赖、保护、免受恐吓和混乱折磨的需要,对体制、秩序、法律、界限的需要，还表现为对保护者实力的要求等。拥有安全感意味着个体不受身体或情感伤害的威胁，意味着个体有保障，在混乱的世界里获得稳定，免于恐惧。Melanie(2011)认为安全感是一种精神资源，可提供给人们一种提高信息处理能力和调节刺激反应能力的方法，帮助人们调动社会支持系统，获得更高的幸福感。一些专家认为，安全感是个体对外部因素引发的潜在风险的预测和感知，是个体应对环境刺激的确定感和控制感。这种心理活动状态持续存在，最终形成一种人格特质，成为一种从恐惧和焦虑中脱离出来的信心、安全和自由的感觉。正是由于安全感的这种特性，使其成为影响和决定个体心理健康最重要的要素，常常被看作是心理健康的同义词。安全感水平高的人，在应对环境刺激时，表现出大胆、放心、大方的特点，而安全感水平低的人则表现出退缩、屈服、焦虑或恐惧。安全感不仅有利于促进儿童形成积极的认知探究倾向，还能帮助他们适应环境，在应对各种困境、压力和不良刺激时，提供内在支持，帮助他们建立积极的情感联系，而安全感的缺失不仅会影响个性发展、身心健康，还会诱发各种心理和精神疾病。安全感对个体一生的发展有着持久而深刻的影响，是个体实现个性成熟、顺利社会化的重要条件。

依恋理论认为，个体安全感的形成和发展与其成长经历、家庭背景和亲子关系等密切相关。儿童在最初发展对世界的信任感的过程中，建立起安全感，Torres et al.(2012)发现儿童对父母的分离行为表现出了混乱和不安全的回应，纠结于自己的不当行为与恐惧，出现了杂乱无章的表征，使其难以形成正确的威胁应对方式，会导致其成长后期的行为问题。Amato(2005)认为父母的教养及其质量是儿童情绪和幸福感最好的预测因素，缺少与亲生父母一起生活经历的儿童在认知、情绪和社交问题等方面会有持续升高的风险。在个体早期生命发展的重要阶段，与亲密他人的关系模式将会影响其后续成长过程中的许多关系模式，如恋人关系、同伴关系、同学关系、同事关系等。Nowinski(2001)认为儿童的依恋安全性来源于与父母的互动，亲情和亲子关系的稳定性有助于依恋安全性的发展。早年的亲情剥夺、依恋中断对儿童的发展将产生持续的影响，如出现显著特征的焦虑和抑郁，更多的品行障碍，受教育程度低、初婚年龄小、更高的离婚风险等。安全感的缺失成为儿童心理发展出现危机的典型特征。

迫于生计，广大农民不得不将子女安顿在家而外出务工，留守儿童普遍出现了“情感饥渴”，长期的亲子分离、情感交流缺失、家庭功能缺位等，对留守儿童的安全感产生了持续的冲击。关注留守儿童的安全感，就是关注他们的身心健康；关注留守儿童的心理发展，就是关注中国农村的未来。留守儿童的安全感在什么样的层面，如何与环境刺激发生关联，从而对身心健康、社会适应等产生作用，这是探讨留守儿童心理健康必须首先澄清的问题。而要揭示安全感的作用机制，必须探清安全感的结构和内涵，继而揭示其分布特征和效用，在解析其影响因素、发展特征的基础上探索有效的教育对策。

那么，留守儿童的安全感具有什么样的心理结构？表现出什么样的特征？亲情缺失与特殊依恋经历对安全感造成了哪些影响？留守儿童与非留守儿童的安全感是否有显著差异，存在哪些差异？安全感在留守儿童应对环境刺激的过程中具有什么样的效用？哪些因素对安全感产生了影响？不同安全感的个体，如何认识环境刺激（社会生活信息）？怎样才能帮助改进和提升留守儿童的安全感？……这些都是本书要展开探讨的课题。

目　录

第1章　文献综述

1.1　概念辨析

1.1.1　留守儿童概念辨析

改革开放以来,中国出现了历史上规模最大的人口流动潮,一批又一批农民放下农具,进入城市务工或经商,这类人被称为"农民工"。受制于城乡二元户籍制度,广大农民工无法平等地享有城市公共服务,其中最突出的问题就是子女无法平等地享受城市学校教育(江立华,符平,2013;谭中长,2011;段成荣,周福林,2005;廖传景,毛华配,张进辅,2014)。因此,绝大多数农民工只能把未成年的子女留在农村,逐渐形成了人口逾六千万的留守儿童群体。留守儿童群体成为一个引发全社会广泛、持续关注的弱势群体,特别在2002年后更成为政府、社会、学界和媒体关注的焦点(段成荣,周福林,2005)。

"留守儿童"最初(20世纪90年代)是指因父母出国留学或工作而留在国内的儿童,到了20世纪90年代后期,这个概念所指产生了变化,转而指因父母离开农村外出务工而被留在乡村的儿童(范柏乃,刘伟,江蕾,2007)。中国留守儿童的数量巨大,全国妇联课题组调查发现留守儿童占全国儿童总数的21.88%,有学者提出留守中小学生占全体学生的47.7%(周福林,段成荣,2006),有的省份比例为60%(罗静,等,2009),在不同的研究中,比例有所差异,源于比较的对象及区域不同。不管如何,留守儿童已经成为中国社会转型期出现的一个独特群体。

留守儿童一般被界定为:因父母双方或一方在外务工被留在户籍所在地,并因此不能和父母共同生活的未成年儿童(中华全国妇女联合会,2013;赵景欣,2007;刘慧,2012;段成荣,周福林,2005;罗静,等,2009;范兴华,等,2009;江立华,等,2013;刘宗发,2013;朴婷姬,安花善,2013;刘慧,2012;赵景欣,刘霞,

2010;王平,徐礼平,2010;黄月胜,等,2010;卜艳艳,2013)。因此,只要父母双方皆外出或一方外出务工超过一定的时间,其子女便可被认定为留守儿童。目前,关于父母外出务工的期限,各方观点不一,有的定义为半年及以上(李骊,2008),有的定义为一年及以上(范柏乃,等,2007)。关于留守儿童年龄的界定也不一致,有的认为17周岁以下(中华全国妇女联合会,2013;赵景欣,2007),有的认为是6～16岁(吴霓,等,2004),有的认为14周岁以下(段成荣,等,2005;周福林,等,2006;华姝姝,郑捷妍,简宝婵,2012),还有的认为未满18周岁(叶敬忠,王伊欢,张克云,陆继霞,2006)。留守儿童的类型主要分为以下四种:①父母一方外出,子女交由另一方照顾;②父母双方均外出,子女交由祖父母(或外祖父母,或其他亲戚)照顾;③父母双方均外出,子女交由教师代为照顾;④父母双方均外出,子女独自留守(江立华,等,2013;段成荣,等,2005;刘慧,2012;范兴华,等,2009;赵红,等,2007;徐为民,等,2007;熊亚,2006)。

概括而言,留守儿童具有以下几个典型特征:①地域性,大多数留守儿童分布于农村地区(包括乡村和集镇);②时段性,留守儿童基本分布于义务教育的各个阶段,也包括学龄前儿童;③空间性,大多数留守儿童与其父母有较远的空间阻隔,平时见面和聚会较少也较难;④动态性,留守儿童是一个动态化的概念范畴,随其家庭关系、成长经历等的变化而变化(罗国芬,2005;江立华,等,2013),但其本质是发生了亲子分离(江立华,等,2013)。

基于以上分析,本研究将留守儿童界定为:因父母双方或一方外出务工而被滞留家乡,亲子分离半年及以上,年龄在18周岁及以下,需要其他成人监护的儿童。留守儿童产生于中国经济社会发展的特殊背景下,对广大农民工家庭来说,是城乡二元的制度格局下无可奈何的选择,也是中国农村社会发展必经的阵痛。对留守儿童而言,亲子分离、亲情缺失、特殊依恋经历和家庭教养缺位对其健康成长具有巨大的潜在风险。

1.1.2 安全感概念辨析

1.1.2.1 "安全感"的"说文解字"

古汉语中表达"安定、安全、安稳"的含义时,大多只用"安"一字,如"共给之为安"(《庄子·天地》),"好和不争曰安"(《周书·谥法》),"居安思危"(《左传·襄公十一年》),"是故君子安而不忘危,存而不忘亡,治而不忘乱,是以身安而国家可保也。"(《易·系辞下》)。以上所列的"安"多与"危"相对,意为"安全、安定"。《辞海》将"安全"界定为:"没有危险,不受威胁,不出事故",常见的词组有"安全操作、安全地带、交通安全"等。

英语中与“安全”相对应的词是“safety”和“security”。“safety”意指“安全、平安、安全性、无危险”等，“security”指“安全、保护、保卫、安保等”（Hornby, Gatenby & Wakefield, 2009）。“security”一词来源于罗马语“securus”，意为“没有担心和忧虑”，其中“se”意为“without”，“cura”表示“worry”。在古希腊，“安全”一词常常用来表述“一种精神状态”，即“一种没有悲痛和忧虑的状态”——幸福生活的基石（Waver, 2008）。总之，“安全”指的是平安、有保障，没有危害、风险和损失，不受威胁，不出事故的客观属性。

东汉许慎的《说文解字》释“感”为：“動人心也。从心咸聲。”，“感”表意为一种心理活动。在《新华字典》中“感”有动词（“思想、感情受外界事物的影响而激动”）和名词（“感触，情绪或意念”）之分。比照现代英语，“感”字对应的是“feeling”或“sense”，两者均兼有动词与名词词性，“feeling”意为“感觉、知觉、情绪，感情，气氛”，“sense”意为“感觉、官能，意识、观念，理性，识别力；感到、理解、领会，检测出”等义。

“安全感”是一个偏正结构的短语，主语为“感”，修饰词为“安全”，语义为：对“安全”的“感”。个体受到“平安、有保障，没有危害、风险和损失，不受威胁，不出事故”的外界影响而产生的“感受、感情、理解”即为“安全感”。由此可见，“安全感”是个体对客观刺激主观化的过程，是对“平安、没有危险、不受威胁”等客观属性的感知、理解（客观事物通过感觉器官在人脑中的综合反映）和判断（断定）。

与“安全感”相对应的英文有两组，即“sense of security”（Hornby et al., 2009）和“safety feeling”（《心理学百科全书》编辑委员会，1995），都有“没有怀疑、自信、肯定”和“没有担心、焦虑或者恐惧”的含义。由此，无论中文还是英文的“安全感”，都有两个方面的含义，即客观属性是否安全，个体对客观属性的感知、理解和反应。

1.1.2.2　安全感的界定

安全感是个体对客观事物的主观体验，属于心理学的范畴（Bar-Tal & Jacobson, 1998；汪海彬，2010）。安全感研究最早见于弗洛伊德的精神分析论，弗洛伊德认为，当个体面对的刺激超过了自身的控制和释放能量的界限时，就会产生一种创伤感、危险感，伴随而来的体验就是焦虑，这种焦虑被称作“不安全感”（insecurity）。霍妮认为个体降生后处于一个现实的或潜在的互相敌视的世界中，由于先赋潜能受到阻碍，安全受到威胁，会出现一种孤立无助的情绪状态，即“基本焦虑”，这种焦虑症状是不安全感的典型表现（叶浩生，1998）。

人本主义心理学家马斯洛（Maslow）用形象的语言描述了一个不安全的人

表现出来的特征:“感觉世界是一个充满威胁的丛林,大多数人是危险且自私的;感觉到被拒绝和被孤立,充满焦虑和敌意;常常感到悲观和不开心,有紧张和冲突的迹象;行为多为内在倾向,因为罪恶感感到烦恼;自尊上受到干扰,往往是神经质的;通常以自我为中心;持续不断地充满着对安全的渴望”。马斯洛将安全需要视为人类最重要的基本需要。安全需要表现为对身体或情感不受伤害或威胁的需求,希望生存有保障,在混乱的世界里获得稳定,免于恐惧(Maslow et al., 1945;Maslow, 1942)。

从认知心理学的视角来看,安全感是人们的基本观念,是个体对环境中的危险因素、现实刺激可能对自己造成威胁的认知与体验(Jacobson, 1991)。Pearlin, Lieberman, Menaghan & Mullan(1981)认为安全感是个体对生活中可能出现的风险的掌控感和自我效能感。安全感与个体对环境刺激的掌控感、效能感密切相关。个体感觉自己对生活能够进行掌控,就能对生活进行管理,就有能力去影响环境,带来预期的结果;精神上的自我效能感,是心理健康和社会交往的重要指标。

阿瑟·S. R(1996)认为心理安全感(psychological security)是一种从恐惧和焦虑中脱离出来的,能满足个体现在(和将来)各种需要的信心、安全和自由的感觉。W·布列茨(W. Blaze)认为安全感既是一种心理状态,又是一种环境条件,是人在奋斗中“主宰”行动并对行为后果“负责”的过程。要理解安全感必须深刻理解“负责”与“主宰”这两个关键词,它们是安全感的实质。安全感表现为“控制感”,这种控制感既包含对自我的控制,也包含对他人和环境的控制(江绍伦,1992)。Nowinski(2001)指出“不安全感”(安全感的对立面)是一种深刻的自我怀疑倾向,缺乏安全感的人不确定自身的基本价值,对自己缺乏自信;容易持续性地引发高度的自我意识,伴随自信的丧失,以及对人际交往与关系产生无端的焦躁和忧虑;对失败有极度的恐惧感,害怕被拒绝。

国内学者大多认为安全感是一种认知过程,如安全感是个体对可能出现的危险或风险的预感,以及在应对处置时的有力/无力感,主要表现为确定感和控制感(安莉娟,等,2003)。陈顺森等(2006)认为安全感包括个体面对风险时的主观体验,对自身风险应对能力的评估以及对可能发生的风险的预感三个方面。刘玲爽等(2009)认为安全感是个体对他人和世界的信任,包括安全需要的满足、归属需要的满足和确定感、控制感三个因素,高安全感的人感到自尊和自信,对现实和未来充满了确定感和控制感。曹中平、黄月胜、杨元花(2010)认为安全感本质上是一种意识状态,是个体的一种主观感受和体验,包括了情绪安全感、人际安全感和自我安全感三个因素。姚本先、汪海彬、王道阳(2009)认为安全感是个体对客观事物能否满足其安全需要所产生的情绪体验，分为特质安全感和状态安全感两个方面。状态安全感是个体基于安全需要而产生的即时性、冲动性、外显性的主观体验；特质安全感随着安全需要的发展、认知的深化而形成，是一种较为稳定、持久、深刻的情感体验。

依恋理论认为，安全感是个体对依恋对象在其需要的时候能否快速地应答和提供帮助的评估(Bowlby, 1969/1982；Van Ryzin & Leve, 2012；Mikulincer, Shaver & Rom, 2011)。Jacobson(1991)将安全感看作是人们的基本观念，是个体感知到自己可能被现实刺激威胁而获得的对危险因素的认知反应，Fallon et al.(2005)将这个反应过程界定为个体对生活中可能出现的风险的掌控感和自我效能感。依恋理论认为，儿童的这种精神上的效能感和掌控感的培养，与其家庭功能息息相关。个体在家庭背景下发展起依恋行为系统，成功地接近依恋对象并获得安全感受，是维持和提升心理健康、人际功能，满足亲密关系与心理发展的重要方面(Bowlby, 1982)。

1.1.2.3 留守儿童安全感的操作性定义

综合以上各家的安全感界定，归来起来安全感具有以下特征。

(1)安全感是一种主观心理活动，是个体以一定的方式对自己是否能够掌控和胜任环境刺激而产生的一种内心反应(认知、体验或感受)，是人脑对客观刺激的主观化过程。

(2)从发生过程来看，安全感是个体基于对外界的风险预测、评估而触发的，由外部实际刺激造成，表现为主体内在感受到的风险。

(3)从内涵上看，安全感包含多个要素，既表现为自我效能、信心，又表现为包括了个人对环境的掌控感和确定感。

(4)从功能来看，安全感可保护和促进个体的生存和发展，使个体处于安定、平和(稳)的状态，“没有危险，不受威胁，不出事故”，免受外界干扰或伤害。

本研究界定“留守儿童安全感”为：留守儿童在对来自外界的刺激进行主观预测和自我评定的过程中，在应对、处置风险(或挑战、任务)时产生的胜任感、确定感和控制感，是其关于生活、自我、家庭、人际交往和应激事件等的掌控感和效能感。

日常生活中另有“安全意识”(或“安全观念”)的概念与“安全感”密切关联，需要予以澄清。“安全意识”是人们头脑中建立起来的关于安全生活、安全生产的观念，是人们在生活和生产中，对各种可能带来伤害的环境刺激的警觉和戒备的心理状态(肖德成，罗河江，2011)。常见的表现形式有“安全第一意识”、“预防为主意识”、“遵守法律法规意识”和“自我保护意识”等。“安全感”则表现为个体在应对可能存在风险的外界刺激过程中来自内心的胜任感、确定感和控制感等内心感受，是个体处置生活应激时伴随而生的心理应对机制。安全感与安全意识有部分交叉，安全意识(或观念)里有个体的胜任感、确定感和控制感，缺乏安全感容易使个体在警觉和戒备外界刺激时表现出焦虑和恐惧；同时，胜任感、确定感和控制感常常影响个体处置应激时的警觉和戒备状态。安全意识能保护个体免受外界的诱惑、侵扰或伤害，但安全感与安全意识之间并没有线性关联，高安全感的个体，其安全意识可能高也可能低。

1.2 文献综述

1.2.1 安全感的理论研究

研究者基于各自不同的理论立场，对安全感提出了各具内涵与特色的理论阐释。

1.2.1.1 精神分析学派的安全感论点

安全感的研究始于精神分析学派对焦虑的探讨。弗洛伊德(S. Freud)认为个体的焦虑最初源自出生时与母体的分离，出生前的胎儿时时都有母体的保护，婴儿在出生后对环境改变及外在刺激毫无准备，因而产生了一种面对危险情境却无能为力、不能胜任的弥散性感觉。“出生”由此成为创伤性经历，伴随而来的体验就是焦虑。在其后的身心发展历程中，还将陆续出现许多无法应对的情形，使人陷入无能为力的状态，并触发焦虑。弗洛伊德发现小男孩在一定时期内存在着阉割焦虑和自卑情结，容易诱发成年后的心理症状，如神经症等。他进一步指出，由于儿童的人格尚未得到充分发展，其释放本能能量的能力也未充分发展，此时最容易出现创伤性状态。伴随着个体的创伤性经历而产生的焦虑体验，是由于缺乏安全感造成的。由于无法解决现实冲突而产生焦虑情绪，会使人退行到幼年的某种行为中去寻求安慰和平衡，这种安慰和平衡就是安全的感受。发生在早年的可能是焦虑来源的事件按照时间顺序依次是：①没有母亲(陪伴)；②对失去双亲之爱等的担忧；③幻想中因为害怕被阉割而引起的恐惧(或恋母期相应的恐惧)；④认为自己的行为不正确、不公正或不符合道德而产生的自我惩罚，或超我对自我的否定。个体对危险刺激和风险情境感到无能为力，冲突无法解决而产生焦虑情绪，个体为了应对焦虑而采取防御机制，实则是为了寻求安全感，以期得到某种安慰和平衡(《心理学百科全书》编辑委员会，1995)。

新精神分析学派的霍妮(K. Horney)认为每个人处于充满着实际的(或潜在的)互相敌视的世界之中,由于先赋潜能受到阻碍,安全受到威胁,就会出现一种孤立无助的情绪状态,那就是"基本焦虑"。儿童在早期有两种基本需要,即安全需要和满足需要,这两种需要只有得到成人的帮助才能得到满足。当处于不幸的家庭之中时,如父母死亡、离婚、分居、关系不和等,儿童无法顺利得到父母之爱,易使他们的心理受到创伤,妨碍他们的自然成长。面对父母的不当教养,儿童会产生敌意,陷入一种既依赖又敌视父母的矛盾处境之中,产生无能、无助之感,在儿童压抑基本敌意的过程中基本焦虑弥散性地存在。压抑敌意的结果使儿童将敌意泛化到一切人甚至整个世界,从而感到全世界都潜伏着危险(叶浩生,1998)。儿童的基本焦虑表现为对生活环境的不信任、不理解和不接受,感到他人的虚假和无情。这些症状就是不安全感的表现,由于不安全感主导内心,儿童对生活容易采取不现实的非理智的应对方式(策略),这种恶性循环最终会导致出现神经症(《心理学百科全书》编辑委员会,1995)。

沙利文(H. S. Sullivan)与霍妮的观点如出一辙,也认为父母的言行会影响并决定儿童安全感的形成和获得。他认为每个人都有追求生理满足和心理安全的需要,但是在儿童生命的早期阶段,他们追求需要满足的行为很可能会受到父母的批评或限制,因而担心自身安全受到威胁,忧虑失去父母之爱。由于内心没有获得安全保证,持续伴随他们的体验就是焦虑。随着年龄的增长,个体会慢慢形成一种自我系统,其功能就在于寻求满足和获得安全,以降低身心张力和焦虑状态(叶浩生,1998)。

Erikson(1968)认为儿童的安全感形成于最初发展起来的对世界的信任感中。他提出"心理社会发展理论"(Psychosocial Developmental Theory),把人生划分为八个阶段,每个阶段都有特定的发展任务。在第一阶段(0—1岁)儿童的发展任务是获得"信任",避免"不信任"。发展顺利者对他人和世界都产生信任和信心,感受到安全,而发展障碍者面对新环境会表现出焦虑不安。基本信任感是形成健康人格的基础,由于这一阶段的儿童对成人的依赖性很大,如果照看者能给予必要的照顾、爱抚,使他们的基本需要得到满足,就能使他们对他人及外部世界产生基本的信任感;反之,就容易使他们产生不信任感和不安全感。儿童最初的安全感伴随着信任感的发展而形成、发展(叶浩生,1998)。

1.2.1.2 人本主义心理学派的安全感论点

人本主义心理学对安全感有独到的见解。马斯洛(1945)将心理安全感(psychological security)解释为:从焦虑和恐惧中分离出来的一种充满信心、安全和自由的体验,是一种能满足个体现在与未来的已有和可能有的各种需要的感觉。安全需要是人类的一种基本的心理性需要，是对于稳定、安全、秩序、受保护、免受恐吓、焦躁和混乱的折磨等的需要，如果生理需要相对充分地得到满足，就会出现安全需要（黄希庭，1998）。缺乏安全感的人内心常常隐藏着强烈的自卑和敌对的情绪，易采取消极、负面的方式解读外界环境的刺激或影响；具有较高安全感水平的人则倾向于积极的自我接纳和自我认同。因而，马斯洛认为安全感是影响或决定个体心理健康最重要的因素，甚至可以被看作是心理健康的同义词，在马斯洛提出的心理健康标准中，第一条就是"有充分的自我安全感"（马建青，2005）。

弗洛姆（E. Fromm）认为家庭环境对儿童人格发展有决定性作用。儿童在其早期发展阶段无法脱离父母或照看者，父母给他们实施各种内容和形式的教养，在这个过程中体验着稳定的归属感和安全感。随着年龄的增长，儿童与父母的联系日益减少，变得越来越独立，需要他们单独面对社会，学会对自己的行为负责，这一过程的直接结果就是归属感和安全感的丧失与重构。弗洛姆认为现代社会给人们以极大的自由，但与此同时现代人与社会、与他人的联系日益减少，导致了归属感减弱，孤独感增强，经常感到不安全（安莉娟，丛中，2003）。

1.2.1.3　认知心理学的安全感论点

从认知心理学的视角来分析，安全感是人们的基本观念，是个体评估感知到可能威胁自己的现实刺激而获得的对环境中危险因素的认知反应（Jacobson，1991）。Bar-Tal & Jacobson（1998）认为安全感不单独存在于个体的认知概念之中，当个体接触到外在事件、刺激时，会对它们进行评估，然后形成关于安全状态的认识。而这个评估过程是一个基于"个人观念细目"（repertoire of personal beliefs，如：储存的知识、认知图式）的认知过程，这些个人观念的细目构成了人们关于现实的主观认知。安全感是外部事件按次序成为个人事实（personal reality）和认知处理的对象（processed cognitively），在这个过程中，主体对外部事件进行主观上的鉴定、演绎和理解。外部事件依据个体对来自环境信息的解释和评价，会产生不同的结果，当这些事件被感知为威胁事件，便诱发了不安全感（Jacobson，1991）。

W·布列茨认为安全感是人类在与自然斗争的过程中表现出来的主宰行为并对行为后果负责的心理活动过程，是人类心理状态的一种，同时又是一种达成安全目标的环境条件。个体的安全感既是内心的体验和感受，又是在与环境及他人互动的过程中形成的。W·布列茨将安全感划分为"互依安全感"（interdependent security），"不安全感"（insecurity）和"自主安全感"（independent security）三个层次，分别代表安全感发展的三个阶段，彼此交织构成层次复杂的概念系统,贯穿个人的成长过程。个体感到不安全是因为受到了外部环境的冲击,使其难以控制。在安全感的实际运行过程中,安全感的状态与水平并非一成不变的,如在面对某些事物、场所或刺激时,个体会感受到较高水平的安全感,而在另一情境中又会感到不安全(江绍伦,1992;杨元花,2006)。

Asdhaffenberg提出了“不安全感”(insecurity)的概念,Schineider提出了“不安全人格类型”,他们都认为神经症的产生与个体处于不安全感状态,或表现出不安全人格特征有密切关联(许又新,1993)。许又新(1993)发现神经症中的强迫行为和强迫观念的核心是个体出现强烈的不安全感和恐惧感,如因害怕被传染得病而出现强迫性洗手,或反复检查门锁等,均是出于对生命和财产安全的担心和焦虑,其实质就是严重缺乏安全感。

安莉娟,丛中(2003)认为安全感是个体“对可能出现的对身体或心理的危险或风险的预感,以及个体在应对处置时的有力/无力感,主要表现为确定感和控制感”,从这个概念界定来看,安全感与个体对自我能力、自我效能的认知与体验有关,是积极人性和自我价值的体现。高安全感的人体会到更多的能力、自信与自尊,同时高安全感的人也更易与他人建立信任关系(即基本人际信任),能积极地发掘自身的潜力。江绍伦(1992)认为当个体在观念上甘心承担自己行为或抉择的后果,在行为上毫不退缩或逃避时,那么他就是一个具有安全感的人,他的意识状态是安静的;反之,当他开始逃避自己的行为或抉择的后果时,他就陷入了不安全的境地,他的意识状态就是不安和焦虑的。

1.2.2 依恋安全感研究

关于家庭系统中安全感(依恋关系、依恋经历与安全感)的研究,一直是安全感研究的重要组成部分。近年来关于依恋安全感的研究取得了许多进展:理论建构不断拓展,实证研究如火如荼,应用研究方兴未艾。

1.2.2.1 依恋安全感的理论建构

依恋理论认为,个体对他人和群体的依恋行为,是人类先天遗传而来的。汉密尔顿(Hamilton,1964)认为,个体与其家庭成员或群体共同生活有利于自身的生存和发展。首先,群体生活使得个体有机会与家庭成员和其他潜在成员(如宗族、部落等)一起分享遗传物质。其次,假如个体被社会性地排除在群体的人际交往范围之外,因为缺少资源或保护而死亡的可能性就会增加,传递个人基因的可能性(如获得配偶)就会降低。因此,个体拥有安全感不仅指他摆脱了身体的危险,而且还表明他远离了社会性危险(如受排斥、被拒绝或丧失等)。

埃里克森(Erikson,1968)认为依恋安全感形成于生命发展的早期阶段。

新生婴儿如果得到父母或其他照看者良好的照顾，就会感到舒适与满足，从而对周围环境产生信任和期待，并建立起最初的安全感，为人格健全发展奠定基础。Bowlby(1969/1982)基于认知和进化理论建构了依恋安全感理论(theory of attachment security)，该理论称婴儿与其主要照顾者的关系为"依恋关系"(attachment relationship)，照顾者为"依恋对象"(attachment figure)，个体安全需要得到满足的状态则被称为"安全感"(sense of security)。当个体处于有潜在威胁的情境中或无法照顾自己时，依恋系统(attachment system)被激活，它促使人们寻求亲近更聪明、更强壮的他人——一个可以依恋的对象。这种亲近搜索策略和依恋相关行为(如哭泣、微笑、伸手)，在进化进程中可有效促进个体亲近目标，同时可增加生存的可能性，例如，使儿童与能够满足其需要的人保持亲近关系。一旦亲近需要被满足了，儿童重新拥有安全感，即意味着一切恢复正常，其他活动都可以照常进行了。只有得到父母亲有效的抚育和支持，儿童才可能发展出稳定的依恋安全感，这被视为探索系统获得最佳发展的根本基础。父母亲良好的照顾行为将使儿童衍化出更多的好奇心和探索行为，这对于儿童获得生活知识和技能(包括社交和情感管理技能)是十分有益的。

依恋安全感理论认为人类在婴儿期几乎是无助的，需要得到广泛的关心和支持，需要与一个或多个照顾者保持接近，这对于其生存和发展至关重要。个体非常脆弱的婴幼儿时期与早年发展阶段，是依恋安全感形成的关键时期，依恋系统所设定的生物功能在于保护个体远离危险、免受危害。在人类的进化过程中渐渐演化出这样一种倾向——即人们不断接近那些可以提供保护和支持的人。这个接近原则使人们获得了生存功能，并超越了生存本身，塑造了人们形成社交链接的能力和倾向。安全感产生于这样的社会背景之中：人类经过长期的进化发展成为社会性生物，在适应进化环境的过程中，不断认识到与他人的互动有益于自我的生存；个体在面临威胁时寻求接近其他依恋对象(主要照看者或重要他人)的行为，是经过进化选择的，可以使个体更好地生存下去，并最终使种群得以繁衍。

虽然在个体的早年发展阶段，依恋行为系统的发展最为关键，但并不意味着依恋行为系统在个体生命发展的后期会中断，相反，在人的整个一生中，依恋行为系统会始终处于活跃的状态。在婴幼儿时期，儿童可能会把主要照看者(父母双方或一方、祖父母、兄弟姐妹或者其他照顾者)当作自己的依恋对象。当他们生病了或者感到累了，就会寻求靠近主要照看者。在童年后期、青少年期和成年期，其他亲戚、相识的同事、教师、教练、亲近的朋友或浪漫的伙伴等都可以被当作依恋对象(Bowlby, 1982)。

关于个体依恋行为系统的作用，Bowlby(1982)认为，保持与依恋对象的联系是人类的自然和功能现象，丧失了对自然和社会资源的接近和联系，是抑郁和心理失能的表现。成功地接近并获得安全感，是个体维持和提升心理健康、人际功能，满足亲密关系与心理发展的重要方面。在任何年龄阶段，对他人的依赖并非不成熟的或病理性的行为，对丧失感到悲痛也不是病理性或不良的行为，个体成熟、自治的行为正是通过与依恋对象的积极互动而实现的。

1.2.2.2　依恋安全感理论的发展

依恋理论为理解关于亲近关系中安全感的发展和功能提供了基本的研究架构。Bowlby(1982)认为，个体对依恋对象可用性的评估，自动激活了依恋安全感的心理表征。Waters，Rodrigues & Ridgeway(1998)提出，依恋安全感的心理表征既包括了对相关原型或脚本的陈述性知识，也包括了程序性知识。依恋安全感的陈述性知识包括三个方面，它们在维持个体的情绪稳定和社会适应方面发挥了重要作用。第一个方面是对生活问题的评估，帮助人们在危机管理过程中维持积极的信念和充满希望的状态。这些信念是与敏感、可用的依恋对象积极互动的结果，在这个过程中，个体学习到危机是可以管理的，外在的困难是可以被克服的，最有威胁的事件的过程和结果至少有部分是可以控制的。第二个方面是关于他人意图和特质的观念。这些积极的表征是与有效依恋对象积极互动的结果，在这个过程中，个体从首要同伴那里学习到敏感性、责任性和善意。第三个方面是关于自我的价值、竞争力、掌控性的观念。在与敏感的、可用的依恋对象互动的过程中，个体学会了把自己当作有活力的、强壮的、有竞争力的人，因为他们能够成功地将他人的支持移植到自己身上，并且克服各种威胁，并激活依恋行为。更重要的是，他们很容易感受到自己是有价值的、可爱的、特殊的人。依恋安全感表征的程序性知识包括关注情感调整和对应激事件的有效应对，这些知识称为建设性的应对方式——激活管理问题情境，通过寻求支持和解决问题的方法存储平和、镇定的情绪而不产生负面作用。这些知识在个体与提供安全感的依恋对象的互动过程中产生，个体从与安全个体的互动中意识到他们自己的行为能够经常帮助减少压力和解决重要的问题，在面临威胁时能以有效率的方式回应他人，从而发展自己的应对能力。

基于依恋安全感理论，Brennan, Clark & Shaver(1998)提出了“不安全依恋风格”(insecurity attachment style)的概念，将之分为“依恋焦虑”(attachment anxiety)和“依恋回避”(attachment avoidance)。依恋焦虑产生于个体与照顾者之间的互动过程，是个体对重要他人在其需要时是否能提供帮助而产生的焦虑，也反映了个体对可能被拒绝的担忧程度。依恋回避来源于冷酷和具有排斥特征的照看者，成人的依恋回避水平反映了他们对伙伴关系的不信任，对伙伴善意的不接纳，希望在行为上保持独立性以及在情感上与伙伴拉开距离的倾向。这两个维度可通过可信和有效的自我报告量表来测量，如果人们在这两个维度上得分比较低，说明他们是安全的，或者说是拥有了一个安全的依恋风格，并且可以在理论上预测友谊质量和情感调整策略。

Mikulincer & Shaver(2003)提出了认知一行为导向(cognitive-behavioral oriented)的依恋系统动力模型。该模型认为依恋安全感具有多层的认知网络，包括了一个复杂的、情节异构陈列的、展示精确关系的依恋关系表征模式。依恋系统包括了选择、激活和行为的序列，主要目标是实现或维护安全，以保证个体免于威胁，进而促进生存。在实际生活中，人们拥有各种不同的依恋图式，相同或不同的与依恋相关的心理表征可能共存于这个认知网络之中。该模型假定，当个体面临一个潜在(或真实)的威胁时，由于经验和实践的引导，不管是否通过内在或通过与环境的互动，其依恋系统得到激活。一旦依恋系统被激活，个体会竭力去了解依恋对象是否能够提供帮助和发挥作用。如若可行，依恋系统将产生相应的功能，同时依恋安全感的心理表征得到增强，基于安全的情感调整策略也得到巩固。

1.2.2.3 关于依恋安全感效应的研究

依恋理论认为，与他人交往并建立联系的愿望和感知到被他人接纳等，已经进化并留存成为现今人类本性的一部分。Mikulincer & Shaver(2007)认为拥有依恋安全感的个体在整体上感觉世界是安全的，在个体需要的时候亲密关系就会出现，同时能与他人一起好奇、自信、投入地探索周围环境。从依恋安全感的表征来看，不同安全感水平的人对现实刺激及重要他人的认知评价各不相同。Berant, Mikulincer & Florian(2001)研究发现，高依恋安全感的个体，在评价各种压力事件的过程中，比低安全感或焦虑、回避的人，更少使用与威胁相关内容的表达方式，他们更相信自己拥有处理各种压力事件的能力。在关于他人意图和特质的认识方面，Collins & Read(1994)研究发现，高依恋安全感的人对人类本性拥有更积极的看法，对伙伴感到更高水平的信任；Levy, Blatt & Shaver(1998)研究发现，高依恋安全感的个体在描述朋友关系时用了更多积极特质的词语，更多地感受到伙伴是支持者。安全型依恋的人，在对伙伴行为的关注过程中，拥有积极的期待，倾向于用积极的方式来表述伙伴的消极行为(Mikulincer & Arad, 1999)。在对自我的认识方面，高依恋安全感的人普遍拥有积极的自我表征。比起那些焦虑依恋的人，高依恋安全感的人报告了更高水平的自尊(Mickelson, Kessler & Shaver, 1997)，把自己看得更有竞争力和高效率(Cooper，Shaver & Collins，1998)，用更多积极的方式描述自己，同时在真实自我表征与自我设定的标准之间表现出更小的差异(Mikulincer & Arad，1999)。

对于亲子依恋关系中断与安全感，近年来学者们也开展了不少研究。如Bowlby(1969)研究发现早年与父母亲分离的儿童，在个体成长过程中容易出现风险。O'Connor，Marvin，Rutter，Olrick，Britner & English and Romanian Adoptees Study Team(2003)研究证实，早年的剥夺对儿童的发展产生了持续的影响。对经历过父母死亡或离婚以及童年与父母亲分离的儿童进行研究发现，大多数儿童表现出了显著特征的抑郁心理，而且对其成年后的发展造成了持续的不良影响，如受教育程度低、初婚年龄小、更高的离婚风险等(Kendler，Neale，Kessler，Heath & Eaves，1993)。Bifulco，Bernazzani，Moran，& Ball(2000)研究发现，父母亲离婚对儿童的影响大于父母亲死亡，儿童在 11 岁以前缺失母爱是导致其罹患抑郁症的重要因素。儿童在 9 岁以前经历父母亲丧失，比在童年后期或青春期经历父母亲丧失会产生更严重的后果(Agid，Shapira，Zislin，Ritsner，Hanin，Murad & Lerer，1999)。儿童在 17 岁以前与父母亲分离的时间在一年以上，很有可能会得抑郁症(Kendler，et. al.，1993)。以上研究结果充分说明了亲子依恋中断与儿童的心理失调之间存在密切的关联。

亲子分离对儿童身心发展普遍存在影响，这个影响是如何发生的？Nowinski(2001)研究发现，儿童在与他们的母亲分离后，大多数儿童对分离的回应行为和情绪都贴上了悲伤(grief)的标签。儿童的悲伤经历一段时间后会渐渐消退，但是这并不意味着它消失了。特别对那些敏感的儿童来讲，当儿童再次与母亲相会时，悲伤会再次出现。当儿童再次受到分离情境威胁的时候，残余影响和症状会再次出现。最后它会变成长期的影响效应。这些延迟的效应包括从退避、抑郁到另一方面的攻击、自我虐待、逆反等。这些儿童成年之后自尊心更低，更容易焦虑，怎么瞧自己都不顺眼，这就是不安全感的典型特征。对那些受到影响的儿童来讲，这种效应是长期的。Bowlby(1982)试图考察缓解了的亲子分离对儿童身心发展的影响，把儿童置于一个有人照顾的、舒适的环境里，能够减轻一些因分离而造成的不良影响，但不能完全消除，至少不是所有的儿童都能消除。早年的亲子分离是导致儿童产生后继心理问题的重要影响因素，儿童父母剥夺的形式在当代社会日益多元化。认识和理解这些，对帮助留守儿童提升心理调适水平和能力具有重要意义(Liu，Li & Ge，2009)。

1.2.3 安全感的影响因素及作用研究

1.2.3.1 安全感的客观影响因素研究

1)国外相关研究

关于安全感的客观影响因素,学者们在各个领域开展了相关研究。Rabbani, Abbaszadeh, Kermani & Bonab(2013)研究发现,作为社会成员的一分子,个体或群体需要在职业、身体、精神或财务方面都感到安全,如果在感受安全方面出现问题,他们将无法很好地履行职责。同时,缺少社会投资可能被认为是贫困和失业的重要因素,如果社会投资资源不足,社会不安全感持续上升,将导致犯罪率上升。Lasiter & Duffy(2013)关注对患者的护理是否有助于提升其安全感,结果发现护理人员积极为患者提供便利的操控,创造良好的患者护理配送系统,营造安全的氛围和良好的护理环境,可使患者的安全感增强,康复时间缩短,减少医疗护理的费用,增加医院的效益。Rathkey(2004),Avni-Babad(2011)研究发现,个体在常规情境中报告了更多的安全感、幸福感和自信心,这些积极的情感随着常规行为的增加而提升。常规行为是个体一系列连续的自动化行为,个体在其生活背景中形成了固定的习惯,可有效促进安全感的提升,而常规的打破则可能会对个体的安全感造成负面影响。Khan(1994)研究发现23~30岁的已婚女性的安全感显著高于未婚女性,在职女性的安全感显著高于失业的女性,这些研究说明了婚姻、家庭与职业为安全感的构建提供了物质和情感基础。Badiora, Fadoyin & Omisore(2013)以尼日利亚不同居民区的居民为研究对象,发现居住在不同区域的居民的安全感水平存在显著差异,犯罪活动发生率高的居民区居民的安全感水平显著偏低。可见外在生活环境的差异在一定程度上影响了个体的环境安全感。

面向儿童和青少年安全感的研究也有类似的结论。Mooij, Smeets & De Wit(2011)研究发现,学生的年龄、受教育水平、轻微的身体侵犯经历、亲社会行为规则和规则的联合控制、学校控制逃学的措施等对学生在学校里的安全感产生了积极影响;影响安全感的消极因素为:感受不到学校的归属感、同学吸毒、有人带武器进校园、经历了社会上的暴力事件和严重的身体侵犯、性暴力。Forman & Davies(2005)发现父母亲冲突和家庭暴力等,会直接破坏儿童保护安全关系的想法、观念和能力。如果儿童目睹父母亲有效管理并解决了他们的争端,保持了家庭和谐,在某种程度上就可能会提升自信心,相信自己的家庭可以作为安全感的来源。儿童关于父母亲关系的不安全感,表现为高水平的情绪失调,过分关注成人的问题,对家庭功能有负性认知等。

Moore(2010)发现，家庭里父母亲经常争吵，一方不断地威胁说要离婚，或者他们可能相处地还算和睦，但生活中常常要为失业或者没钱而担忧，就会使儿童的内心常常感到安全受到威胁。破碎的家庭基本上会影响两代人——父母和孩子都会缺乏安全感，身患重病的家长也会带给孩子极大的恐惧感和不安全感，即便家长可能已经尽其所能地在照顾这个孩子。从儿童自身的情况来看，智力发育不良可能带来极大的不安全感，身体上的残障或是任何使一个人与众不同或低人一等的身体特征，都会引发不安全感，因为个体如何看待自己，很大程度上取决于他人怎样看待他。Al-Rihani(1985)研究发现家庭教养方式能解释12～15岁儿童安全感变异原因的49%；Ojha & Singh(1988)研究发现，儿童在民主型家庭教养方式下，其安全感显著高于严厉、拒绝和忽视教养方式下的儿童，因此，民主型的家庭教养方式对维持和发展安全感最为有利。除了家庭教养以外，媒体文化和以自我为中心的优越感是影响安全感的两个重要原因，一个从外部攻击我们的视听和感官，另一个从内部扭曲我们的价值观，它们很容易就能把整个生活搞成一团乱麻(Moore，2010)。

2)国内相关研究

国内相关研究的对象包括了学生、心理疾病患者、企业员工和教师等。刁静，黄佳，刘璐(2003)运用马斯洛安全感量表(S-I)对上海大学生进行调查，发现大学生的安定感、归属感和适应性较好，尊重感较差，并表现出显著的性别和学科差异；杨元花(2006)发现大学生的家庭类型、家庭经济收入、家庭亲密度等对其安全感有显著影响；孟海英，王艳芝，冯超(2007)研究发现，性别、专业类型、年级、是否恋爱、是否独生子女、生源地等影响大学生的安全感，是否独生子女和生源地在安全感上有交互作用，并且家庭外社会支持、积极应对和消极应对是影响大学生安全感的内部心理因素；孙群，姚本先(2009)研究发现，大学生的安全感受到性别、年级、生源地等因素的影响。孙思玉，吴琼，王海兰，罗宇茜，管健(2009)研究发现，大学生安全感中的生存安全感因子存在显著的性别差异。

关于中小学生的安全感，主要集中于探讨家庭环境的影响。安莉娟，丛中(2004)发现高中生安全感受到性别、生源地、是否独生子女和父母离异等因素的影响。杨元花(2006)发现初中生安全感不存在显著的性别差异，但存在显著的年级差异；家庭亲密度、情感表达、成功性、知识性、道德宗教观和组织性因子等与安全感呈显著正相关，矛盾性与安全感呈显著负相关；父母的情感温暖、理解养育方式，父母亲的惩罚、严厉养育方式，父母亲的拒绝、否认养育方式，父亲的过度保护养育方式，母亲的过干涉、过度保护养育方式等与安全感有显著相关，父母的受教育水平，父亲的职业类型、受教育水平、职业类型，以及家庭类型等对安全感有显著影响。卢会醒，张晓雪(2009)研究发现单亲家庭子女的安全感显著低于非单亲家庭子女，单亲家庭子女中城市子女的安全感高于农村子女，独生子女的安全感高于非独生子女。吴颖，郭华，方益敏，陈妮娅(2008)发现家庭出生顺序对个体安全感的影响不显著，多子女家庭中的幼子与独生子女的安全感有显著差异。李骊(2008)发现农村初中生的友谊质量、师生关系与安全感有显著关联。

专家对其他群体的安全感研究也有所涉猎。马锦华(2004)调查发现中学教师的安全感显著优于师范大学生。王艳芝，王欣，孟海英(2006)研究表明，收入状况影响幼儿教师的人际安全、确定控制感和安全感；领悟社会支持、生存质量满意度和安全感等显著影响其幸福感，劳动合同关系影响其心理状况、社会关系和确定控制感，工作强度影响其安全感。汪海彬(2010)对城市居民的安全感进行研究，发现安全感受到性别、婚姻状况、有无工作、文化程度和家庭收入等因素影响。刘玲爽等(2009)区分不同年龄段，探讨地震受灾灾民的安全感满足状况，结果发现安全感的满足程度从高到低依次为青年期、成年早期、学龄期、成年中期、成年晚期。

以上对安全感影响的客观因素的研究可以发现，安全感的形成和发展受到多种客观因素的影响，其中包括人口学变量。由此可见，安全感的形成、发展及表现是错综复杂的。

1.2.3.2　安全感的主观影响因素研究

1)国外相关研究

Rabbani et al. (2013)认为，影响安全感的主观因素有很多，如社会信任、社交网络、社会尊重和社交关系等，社会信任是其中最有影响力的一个。正是信任加强了人际间的联结，同时促进了社会成员之间的关系。社会成员信任度越高，社会安全感越强。反之，社会安全感水平越高，其社会成员的信任度就越强。社会信任与社会安全感互为因果。Vaismoradi et al. (2011)以生病患者为研究对象，探讨影响他们安全感的因素，结果发现任何让患者失望或者不利他们康复的事件都会严重损毁他们的安全感，相反，从备受关注到病情恢复，对生活充满希望，不被遗忘，对世界充满积极情感，维持生活的常规等都有益于患者提升安全感。Schludermann(1970)研究发现，青少年的个性、自我概念和安全感之间具有显著相关，高安全感的人的刚直个性显著弱于安全感水平低的人。McKenzie et al. (2007)在研究癌症患者的安全感过程中发现，患者感知到的社区注册护士的定期到访，以及家庭成员关于紧急情况的认知，很大程度上影响了患者的安全感。Pearlin et al. (1981)研究发现，个体的掌控感在经济困难和安全感之间发挥了中介和调节作用，个体的掌控感对安全感的形成具有直接的预测效应。Fagerström et al.(2011)认为，个体安全感的内部资源可从功能性能力中产生，功能性能力的下降可能会导致人们产生不安全感，消极的自我效能感与个体的身体能力处于较低水平有关，不良的身体能力可能会导致人们产生一种不安全的感觉。Lillbacka(2006)提出，人际信任与个体的社交网络、自我效能感紧密相关，同时自我效能感是维持社交网络良好运转的重要要求，也是预测安全感产生的重要因素。

2)国内相关研究

裴国洪，刘爱书，张若萍(2007)研究发现大学生的自信水平与安全感相关显著，进一步回归分析发现社会相互作用、总体自信、心境状态对安全感具有显著的预测效应。李彦牛，王艳芝(2008)发现大学生的领悟社会支持、自杀态度与安全感显著相关。孙群，姚本先(2009)发现大学生的人际信任与安全感之间存在中等程度的正相关。杨洁，王东华(2009)发现人格因素与大学生的安全感显著相关，人格是大学生安全感的重要预测因素，外倾人格对安全感具有正向预测效应，神经质人格对安全感具有负向预测效应。汪海彬(2010)发现负性生活事件与安全感之间存在显著水平的负相关；人格的外倾性因子与安全感呈显著正相关，神经质因子与安全感呈显著负相关；负性生活事件和人格因素对安全感的回归显著，外倾性和神经质因子在负性生活事件和人际安全感之间具有显著的调节效应。沈学武，耿德勤(1999)对强迫症患者的不安全感进行研究，结果发现强迫症患者的生存需要、人际交往需要、爱与被爱的需要、自我实现需要等四个方面存在显著不足，与普通人群相比更缺乏安全感。

1.2.3.3 安全感的作用研究

1)安全感的积极效应研究

根据马斯洛的需要层次理论，安全需要是人类的基本需要，拥有安全感意味着个体不受身体或情感伤害的威胁，还意味着有保障，在混乱的世界里获得稳定，免于恐惧(马斯洛，1942)。弗洛姆和埃里克森等认为安全感会影响到个体的自尊心、自信心等，影响到对他人甚至世界的信任感，影响到对现实世界的正确感知和对未来的积极预测与把握(杨元花，2006)。Torres, Maia, Veríssimo, Fernandes & Silva(2012)以被收养于福利机构的儿童和生活于高、低两种教育水平家庭的儿童为研究对象，让被试叙述以完成任务为主题的依恋故事，比较三组在依恋安全性表征方面的差异。结果发现，福利机构收养的儿童比其他两组的依恋安全性表征水平更低，言语技能更少，攻击行为更多。依恋表征与社交回避、攻击行为密切相关，但与年龄、言语技能、父母亲受教育状况等无关。寄养于福利机构的儿童的依恋安全性表征在自身与外在攻击行为之间发挥了完全中介作用。Van Ryzin & Leve(2012)研究发现依恋安全性表征良好的儿童,受到同伴喜欢的比例更高,卷入了更多的友谊之中,更愿意将其母亲作为安全基地;在与同伴相处中,获得了同伴更多的回应,彼此间更少出现批评;显示出更高水平的社会竞争性和更好的情绪调整能力;在学校里采用了更多建设性的应对方式。Kerns, Abraham, Schlegelmilch & Morgan(2007)研究发现,在儿童中期,儿童对家庭的依恋与其伙伴关系之间存在显著相关,依恋安全性良好的儿童更容易被同伴接纳,有更多有回报的友谊,更少孤独;对同伴要求有更多的回应,更少的批评,更多的陪伴等。Hershenberg, Davila, Yoneda, Starr, Miller, Stroud & Feinstein(2011)研究发现,无论父母的互动行为和亲子关系中的压力水平如何,青少年的安全感与更多积极行为、更少消极行为表现相关,在回应情境需要、建立亲密家庭关系的过程中,都表现出更大的积极性,更连贯的语言内容和效果,更少的尴尬,更少的情绪失调。青少年的依恋安全性既是他们情绪和行为的相关因素,又是预测因素(Hershenberg et al., 2011)。这些都充分说明了安全感与心理健康、社会适应之间存在着密切关联,但是,安全感是以什么机制对心理健康产生作用的,还需要进一步探讨。

个体的安全感包含了外部和内部维度,外部维度包括社交网络和其他系统,如医疗、金融机构和安全的环境,这些能保护个体免受外部风险因素的影响。而内在维度则包括个体对自己和自身能力的信心和信任,以及掌控生活的能力。“凝聚感”、“自我效能感”和“自我控制感”是安全感的重要因素(Fagerström et al., 2011)。控制感是心理健康的重要指标,当个体面对紧张的生活事件时,控制感是一个重要的心理资源(Pearlin et al., 1981)。安全感是整体幸福的基本特征,倚赖自己资源的人,能够找到问题实际解决途径的人,都拥有较高的安全感(Fagerström et al., 2011)。根据 Pearlin & Schooler(1978)的观点,控制感包括了“个体在多大程度上将生活的机会视为自己掌控,而不是归于宿命”,高控制感的人相信自己有能力去影响环境,并带来预期的结果:这样的人更容易感到安全。掌控感(对危机的掌控)是安全感的重要指示器,高安全感源自高掌控感,个体对自己的生活能够掌控,就能对生活进行管理(Pearlin & Schooler, 1978)。掌握感低则容易诱发抑郁等消极情绪。个体的掌控感可以通过社交支持而得到加强(Langeland, 2007)。

自我控制感聚焦于控制和解决生活中的压力事件的能力,自我效能感更多关注的是相信自己的能量和能力。安全感也被认为是个体自我效能感的解读和表达(Fagerström et al., 2011)。先前的研究已经显示,感知到自我效能的人对身体活动拥有积极的效果，拥有日常生活中自如活动和自我照顾的能力(Fallon et al., 2005)。精神上的自我效能感，被认为是心理健康和社会交往的重要指标。

生活的目标是基本的动机力量，是个体幸福感的重要指示器，掌控感和凝聚感都是心理健康的指示器(Pearlin & Schooler, 1978; Antonovsky, 1993; Eriksson & Lindstrom, 2006)，无论处于什么样的境地，个体所拥有的内在力量可以帮助他们持续生活，从而获得幸福(Nygren, Aléx, Jonsén, Gustafson, Norberg & Lundman, 2005; Nygren et al., 2005)。

对安全的追求是人类固有的倾向(O'Sullivan, 2012)，然而，人们追求安全感，并非总是能产生积极效用。Marques(2013)认为，我们寻求建立安全感，可能会对我们的幸福感造成负面影响。在我们寻求安全感的过程中，创建了社会结构，可能会压制我们的自然激情，把自己置于不快乐的位置，这样别人就可以对我们发出指令，告诉我们什么是有益的(或者什么是不好的)，这可能会导致偏离标准的社会成员的数量持续增加。

2)不安全感的消极效应

安全感能给心理健康带来积极效应，安全感的缺乏会导致一系列消极效应产生。不安全感指的是一种深刻的自我怀疑倾向，缺乏安全感的人不确定自身的基本价值，对自己的定位缺乏自信，会持续性地引发高度的自我意识，伴随着自信的丧失，对一切人际关系出现无端的焦躁和忧虑。缺乏安全感的人，无论男女，都对失败有极度的恐惧感，害怕被拒绝，同时，他们也不确定这种恐惧感是否合理(Nowinski, 2001)。

不安全感让人凡事只能看见消极的一面，不停地自我怀疑、自我否定(Moore, 2010)，缺乏安全感带来的心理问题，使我们不但不去阻止侵害我们的人，还容忍他们再三地侵犯自己，如明明知道是龌龊的事物，却因为缺乏安全感而接受(Moore, 2010)。不安全感会导致的不健康反应有：不断为自己辩解，或是极度傲慢；无节制的举动，如暴食、疯狂购物等；立即自我封闭起来，不让任何人接近；喝酒，或是用药物麻醉自己；歇斯底里地狂叫，然后进入极不理智的仇恨状态；对自己所爱的人进行无休止的审讯和盘查；变得冷酷无情，并且带有故意伤人的倾向；不断苦苦哀求，请求别人重新接纳自己、爱自己；陷入强迫性的自我满足之中，如沉溺色情片，采取有危险性的举动，如自残等。缺乏安全感的人有以下共同点：做完这些事情之后会感到反感、后悔，然后越发不安，下一次遇到同样的情况，一切还会重新上演。一旦跳入这个怪圈，就会重复做着让自己后悔不已的蠢事却无法自拔，怀疑自己是一个无药可救的人，甚至怀疑自己是否有精神病(Moore, 2010)。

不安全感的危害:不健康的友谊,不健康的亲子关系,对幸福体验的不足,什么都不敢做,无端的恐慌,不善于交际,太在意自己的缺点,不相信别人的赞美,极度害怕被拒绝,说谎成性,失去控制,伪装自己(Moore, 2010)等。学者们对不安全感的消极效应进行了实证分析。Fearon et al. (2010)指出,若家长持续忽略、拒绝或误解儿童的依恋行为,没有帮助他们减少痛苦和降低激发水平,那么他们将很难与依恋对象进行互动,若没有可用的、敏感的和积极回应的成人提供帮助或安慰,当面对恐怖情境时,低安全感的儿童不得不以其高唤起的依恋系统来应对困境,体验更高水平的内心焦虑。

1.2.4 安全感的社会认知研究

1.2.4.1 安全感的形成

对安全的专注,反映了人们有保持平安、渴望得到保护、获得肯定和存活下来的需要。这些基本需要是正常生活的基本条件,对安全感的这些需要如何得到满足?依恋理论认为只有在有效的家庭教养和支持的背景下,儿童才能发展出稳定的依恋安全性,安全感被视为探索系统优化发展的基础(Mikulincer & Shaver,2007)。Staniševski(2011)提出了"本体安全感"(ontological security)的概念,他认为本体安全是人类自然拥有的,疾病、失业、社会动乱或其他动荡会随时打击个体的安全感,但是世人继续渴望安全的感觉,因为它能够帮助我们运行各项功能。在这个世界里不稳定是常态,安全也是一个不稳定的主题(O'Sullivan, 2012),当人们从错误的安全感解脱出来后,他们变得更加小心,以免再次陷入麻烦之中。在经历了事件以后,个体需要对先前经历的事件建立起一定水平的信任感,才能继续形成和巩固安全感。许多焦虑感受从儿童时代就出现了,有的会伴随终生。在个体成长过程中,不断扩大的社会联系提升了我们对社会中各种规定、规则的理解,在这个基础上不断塑造着安全感系统(Staniševski, 2011)。

许多研究将安全感作为客观现象来研究,认为安全感可以被评估,并且受到一系列特殊因素的影响。应该说,安全感问题不能仅仅被认为是政治、社会和经济术语,应该也被分析为心理现象,理解安全感必须配合心理学的分析。关于安全感的具体表现形式,Smith & Lazarus(1993)认为有两种:一是指个体对事件、条件或情境等进行评估,将其作为威胁或危险的预测因素,另一个是指当个体感知到威胁或危险,能够提供的防卫和应对的能力。他们认为,只有当个体相信他自己在应对威胁时感到困难,不安全的观念才会形成。不安全感里包含情绪特征，伴随着不高兴、愤怒、沮丧，等等。关于安全(或不安全)的观念并不是个体内心的过程或环境因素的单独效应，而是个人主观世界与环境相互作用的结果，随着时间和情境的变化而变化(Lazarus & Folkman，1987)。

安全感首先表现为心理的感受，同时政治、军事和经济又是安全信念结构的基础。不同的人面对同样的外部信息，可能形成不同内容和形式的观念，这个过程取决于他们头脑中预先存在的认知图式，认知图式的差异，导致了观念的差异。人们收集信息和解释信息过程中的差异，导致了在储存信念、感知现实等方面出现个体差异。即使如此，人们经常认为他们的认知是“客观”的，并且将吸收的信息作为“永久的真理”(Bar-Tal & Jacobson，1998)。

个体的不安全感(或不安全观念)是基于对威胁刺激和自身应对能力的评估而形成的。不安全感是个体与环境转换的产物，个体经历的事件本身就是环境的一种。安全观念是前期事件影响的产物，是个体评估环境事件的诱发因子，导向不安全感受或焦虑。因此，不安全感可能被唤醒的范围以及它们的力量将会通过这些观念之间的互相作用而决定。个体关于情境、实际(或潜在)威胁事件，以及自身能力的期望和评估，直接指向了安全感的产生(Smith & Lazarus，1993)。

1.2.4.2 安全感的社会认知过程

感到安全，或者说拥有依恋安全感，可产生许多积极效应，包括如自尊、情绪调节和更多的友谊满足感等(Melanie，2011)。基于依恋关系的安全感被认为是自然的意向(即每个人都有一种依恋风格)，包括了关于自我和他人的期望，影响了关于人际互动的感情、认知和行为(Bowlby，1969/1982)。这个影响过程是如何实现的？Bowlby(1969/1982)提出了“内部工作模型”(Internal Working Models，IWMs)。IWMs是一种认知图式，人们借助这个图式形成关于提供支持、人际接纳和伙伴关系形成的概念，并以此指导相关信息的处理(Baldwin，1997)。工作模式由“如果/那么”命题构成的，“如果一个不幸的事件发生，那么我应该寻求依恋对象，或者寻求一个安全的避风港”，这是典型的“如果/那么”命题。如果有了安全的避难所，那么安全感就能获得，但是如果没有，另一个策略(如二次战略)就会被激发。工作模式包括对依恋相关经历的记忆、信念、态度和关于自我与他人的期望，依恋的目标和需求，以及计划和行为策略等。相比较在社会认知研究领域通常用的认知结构(如图式或脚本)，IWMs包括个体的愿望、恐惧、冲突和心理防御，并受这些心理过程所影响(Melanie，2011)。

为了获得安全感，个体将检索其安全关系内部工作模型。已有的关于安全情景的记忆、个体获得安全感的能力和他人提供安全感的能力、为了寻求和获得安全感而采取策略或步骤的知识等，都可以帮助人们获得安全感。因此，当个体感知到威胁，或对伙伴提供帮助(或安慰)的意愿及能力的期望，可能决定了他们在获得安全感方面的尝试和成功(Collins & Read, 1994)。当人们把某事评定为威胁事件，如焦虑、恐惧和压力，便需要消耗个体的心理资源。安全感既是自由的精神资源，又需要额外增加精神资源。当额外增加精神资源时，提升了人们调节情绪和应对压力的能力。而这种能力的改进使人们积极回应而不是回避后续发生的一系列事件，因为安全感的获得能释放精神资源以进一步应对情境(Fredrickson, 1998)

除了促进安全感工作模式的使用外，安全感启动还能使个体的精神能力增强，包括理解自己和他人的行为、精神状态，如情感、信仰和需要等(Fonagy, Gergely Jurist & Target, 2003)。安全感启动或安全工作模式可以提供给个体相应的认知资源，以用于解释社交和他人相关的信息，以及促进亲社会反应。安全感的内部工作模型可积极引导人们应对关于潜在帮助的期望，有效工作的应对策略，以及提出战略选择的资源等。所有这些认知加工过程积极影响了个体的自我认识，提高了他们的应对能力。Baccus, Baldwin & Packer(2004)研究发现，安全感线索启动(刺激爱和接受的表达)将会帮助提升自尊水平。同样，个体感受到被爱和接纳，在他们试图保持关于自我的积极感受的时候，可以有效减少使用防御策略(Arndt, Schimel, Greenberg & Pyszczynski, 2002; Schimel, Arndt, Pyszczynski & Greenberg, 2001)。除了增加积极的认知和降低使用防御策略外，安全感还能使个体交往的积极期望的得到增强(Carnelley & Rowe 2007; Rowe & Carnelley, 2003)。Rowe & Carnelley(2003)研究发现，安全感能改变个体对关系伙伴的期望，以使其与安全工作模型相一致。

以上这些研究强调安全感与自我、同伴、关系相关信息之间的关联，帮助人们不仅从情感角度，还能通过认知视角认识安全感。研究表明，高安全感的人可能会提供更多新的认知策略，以影响个体的期望，从而减少防御行为。高安全感的个体出现更多好的思想和自我控制，允许人们选择认知图式与策略。就这一点而言，安全感看起来像一种改进信息处理程序的精神资源(Melanie, 2011)。

1.2.4.3　安全感启动研究

Mikulincer, Shaver & Horesh(2006)研究证实，无论是短期的还是长期的安全感增强都有积极效应，如提升种族宽容度(人种容忍性)、认知开放性、情绪稳定性和幸福感等。很显然，安全感启动具有增加精神资源，提升积极情感，平静内心感受等效用。安全感启动是指通过设置一定的情境，如在任务完成之前以特定刺激方式呈现人物刺激，让个体进入安全的感受状态，个体依循线索或刺激激活特定的认知网络，引发进入情感状态，从而影响后续的响应（Baldwin，1997）。启动安全感把人们置于这样一种状态：他们能获得资源或策略，能得到伙伴的接纳和支持（Higgins，2000），安全感启动意在激活或增加个人对舒适性、安全性和社会支持的感受，可以采用不同的技术启动安全感相关的心理网络。已有研究发现，安全感启动导致个体在认知、情感和行为方面产生了诸多反应，在人们感到安全时，其他行为系统在一定程度上得到了激活（如探索、归属和照顾）（Gillath，Selcuk & Shaveret，2008；Mikulincer & Shaver，2007）。

Gillath，Mikulincer，Fitzsimons，Shaver，Schachner & Bargh（2006）研究发现，不安全依恋和安全感启动之间有相互作用，不安全依恋影响了被试对安全感启动的回应；依恋避免得分低的人倾向于寻求工具性支持。根据 Mikulincer & Shaver（2007）的研究，由安全感启动而改变的领域主要有：心理健康、关于自我与他人的概念、利他主义和群际过程等。当人们感到安全的时候，其他行为系统将会变活跃——帮助别人，探索环境；高安全感的人愿意帮助一个需要帮助的人（Mikulincer，Shaver，Gillath & Nitzberg，2005）。在另一项研究中，Gillath & Shaver（2007）探讨在不同安全感水平下，被试的行为反应是否有差异。在增加了被试的安全感（相对于不安全感）后，要求他们回想一个敏感的、充满支持的社会关系，结果被试选择了更安全的行为策略，如对伙伴敞开心怀或为其提供支持。对个体进行依恋启动，也同样增强了他们对新经历或探索的开放度。Green & Campbell（2000）发现安全感启动者表现出更多参与社交活动的兴趣，如参加群体任务和参与神秘实验等。

在一组包括阈下和阈上安全感启动的研究中，Mikulincer & Shaver（2011）发现安全感启动促进了创新行为的出现。Gillath，Sesko，Shaver & Chun（2010）发现增强安全依恋影响人们的行为，相比起那些没有启动的人，他们会报告更多积极的品质和经验；安全感启动使人们在智商测试中更少撒谎，导致人们使用行为策略以促进社交关系。Melanie（2011）发现安全感促进行为发生，包括利他、对威胁的建设性行为、经验的开放性、更多的创造性、真实与诚实等。这些研究都表明，安全感启动不仅增加积极影响，促进人们使用安全的工作模式，而且也激发其他行为。

安全感启动的情绪、情感影响表现为个体消极影响的衰减，积极影响的增加，产生平和与安全的感觉等（Melanie，2011）。Magai，Hunziker，Mesias & Culver（2000）研究发现，依恋安全性与个体的幸福感与喜悦感呈正相关。安全感发挥了与情绪有关的作用，导致个体处于放松和整体上的积极情绪状态。Mikulincer & Shaver（2001）证实了提升安全感增加积极效果。他们收集了参与者亲密他人的信息,然后在实验过程中,不经意地向他们展示其依恋对象的名字,要求他们评定喜欢中性图像的程度。对依恋对象的启动,激活了对安全的感受,导致了更高水平的中性刺激喜欢度。这种情感启动表明,安全感线索带来积极的影响,可以转移到先前中立的线索中。他们还发现,在威胁情境下,安全感将促进积极效应的提升(如,在安全感启动前阈下呈现词汇“死亡”或“失败”)。安全感启动消除了威胁的不利影响,但非依恋相关线索却没有这种积极效应。关于威胁情境的安全感启动实验结果说明安全感线索通过机制产生效应,超越了单纯的积极影响。安全感线索(如积极线索)会导致积极影响的增加,如果安全感有内在工作机制,那么积极情绪也同样包含同样的机制(如安全感和爱拥有相同的大脑激活模式)。

Carnelley & Rowe(2010)发现,安全感启动的被试在写作中使用更多积极的情绪和怀旧的词语,表明提高安全感可促进关于积极经历的回忆。Wildschut, Sedikides, Routledge, Arndt & Cordaro(2010)认为怀旧包含了关于人际关系和积极情感的思想,能潜在地提升人们对有安全感的人或事的认知通达性(cognitive accessibility),安全感启动产生了积极的效应。也有研究证实,安全感可以减少负面影响,Mikulincer et. al. (2006)探索安全感是否可减轻创伤后应激障碍(PTSD)的症状,如情感过度反应。研究发现,具有较重创伤后应激障碍症状的被试较之低症状者,在 Stroop 任务上产生更长的颜色命名延迟(说明注意力偏向这些词汇)。然而,这种影响在随之而来的安全感启动中是不显著的。在 Stroop 任务中提高安全感,可能会产生安慰或镇静效果,减少了高度负性情绪的反应,降低了创伤相关观念的接近性,消除了 PTSD 组和非 PTSD 组之间在面对恐怖相关词时颜色命名延迟的差异。

Cassidy, Shaver, Mikulincer & Lavy(2009)研究发现,安全感启动增加了人们更高的回避和焦虑。安全感启动降低了高焦虑者对伤人事件强烈的情绪反应,包括更少哭泣和被排斥感;同时,高回避的人表现出更多的开放性去体验与伤人事件相关的负面情绪,表现出更少的防守敌意和更强的排斥心理。安全感让人们更充分地体验了自己的情绪,减少回避他人策略的使用。Mikulincer et. al. (2001)在安全感启动试验中展示一些与安全感有关的词汇,被试看到一些有效依恋对象的脸部图片后,其安全感表征得到了加强,实验期间出现了更多的积极情感;同时安全感启动能使被试对中性刺激产生积极效应。以上研究都表明,安全感启动引发人们产生更多安全情感反应。研究结果告诉我们,增强安全感后,通过增加积极的影响和减少负面影响的方式来改善情绪,安全感启动让人们在解释和经历情感刺激时表现得更加开放和健康。

1.2.5 安全感的测量与干预研究

1.2.5.1 安全感的测量研究

归纳国内外已有的对安全感测量工具的研究，主要有以下几种问卷或量表。

1)马斯洛“安全感-不安全感问卷”(Security-Insecurity，S-I)(Maslow et al.，1945)

马斯洛根据需要层次理论，编制了一份“安全感-不安全感”问卷。S-I共75个题项，由安全、归属和受尊重三个维度构成，每个维度包含25个题项，采用三级评分制，得分越高表明安全感越低，反之则表明安全感越高。分量表与总量表的相关在0.9以上，量表的Cronbach α系数为0.907，分半信度为0.884，具有较好的稳定性和内部一致性。

2)青少年依恋安全感量表(Security Scale as a Measure of Perceived Attachment Security in Adolescence)(Van Ryzin & Leve，2012)

安全感量表是一个单维度量表，包含15个题项，评估青少年感知到的对母亲的依恋安全感。问卷采用强迫选择的方法最大限度地减少应答偏差，如“有些儿童相信他们的母亲，但是其他孩子不相信”，问卷采用1～4分计分法，分数越高表明儿童感知到对母亲的依恋安全感越强。问卷量表的Cronbach α系数为0.87。

3)不安全感问卷(Questionnaire of Insecurity)(Rabbani et al.，2013)

本问卷由Rabbani等以伊朗伊斯法罕大学的女大学生为样本(18～30岁)，探索后得到的不安全感包括生命不安全感、财务不安全感、法律不安全感和心理不安全感四个维度，未见其信效度报告。

4)成人依恋量表(Adult Attachment Scale)(Collins & Read，1990)

本量表用于测量成人感知到的一般安全依恋心理(与特定个体无关)，由18个题项构成，包含自主性、焦虑和孤立三个因子，其Cronbach α系数分别为0.81、0.71和0.69。问卷采用5点计分法(1～5表示“完全不符合”到“完全符合”)，得分越高表示感知到的安全感越强烈。

5)初中生安全感问卷(曹中平，黄月胜，杨元花，2010)

曹中平等将马斯洛的“S-I”运用于中国文化背景中，在初中生群体中对“S-I”75个项目进行修订。修订后的问卷包含44个项目，三个因子分别是情绪安全感、人际安全感和自我安全感。问卷采用“是”、“否”和“不清楚”三级记分，总分得分越高，表明安全感越高。同质性信度为0.907，分半信度为0.884，重测信度为0.823，改编后的问卷与小学亲子依恋安全感的相关非常显著，具有较好的效标效度，适用于中国初中生。

6)大学生安全感问卷(丛中,安莉娟,2004)

丛中与安莉娟以大学生为研究对象,编制了安全感量表,为评价神经症和正常人群的安全感提供量化工具。该问卷共有16个项目,包含两个主要因子:人际安全感和确定控制感。该问卷的Cronbach α系数为0.796,重测信度为0.742,结构效度、效标关联效度、专家效度良好,可用于正常人群安全感的测查,也可用于神经症的安全感检测,具有较广的实际应用价值。

7)不安全感心理自评量表(沈学武,耿德勤,李梅,胡燕,赵长银,黄振英,2005)

该量表是正常人群和神经症患者"不安全感"的测量工具,包括生存、人际交往、爱与被爱和自我实现与成功四个因子,各因子与总体的相关系数为0.477~0.721,总体重测信度为0.878,与症状自评量表(SCL-90)、马斯洛的"S-I"相关为0.751和0.674,具有良好的实证效度。

8)大学生安全感量表(陈顺森,等,2006)

该量表有23个题项,包含能力评估、主观体验、具体情境的风险预感、虚幻情境的风险预感、模糊情境的风险预感五个维度。量表采用Likert 6点计分法(1~6分别表示"完全不符合"到"完全符合"),分数越高表示安全感水平越高。问卷的总体Cronbach α系数为0.85,五个维度的α系数在0.60~0.80之间。

9)灾后安全感问卷(刘玲爽,等,2009)

研究者以地震受灾居民为研究对象编制了该问卷,共10个题项,包括安全需要的满足、归属需要的满足、确定感与控制感三个维度。采用Likert 5点计分(1~5表示"非常不符合"到"非常符合")。问卷总体Cronbach α系数为0.71,三个维度的α系数分别为0.41、0.80和0.48。

10)企业员工工作不安全感问卷(胡三嫚,2008)

该问卷有72个题项,包含工作丧失不安全感、工作执行不安全感、薪酬晋升不安全感、过度竞争不安全感、人际关系不安全感等五个因子,五个维度和整体的Cronbach α系数分别为0.911、0.752、0.798、0.745、0.829和0.922。

11)城市居民生活安全感问卷(汪海彬,2010)

该问卷用于测量城市居民的安全感,由22个题项组成,包含社会稳定、家庭安全、公共安全、社区安全、职业安全和身体安全等6个因子。整体问卷的Cronbach α系数为0.882,分半信度为0.849,各因子的Cronbach α系数在0.609~0.784之间。

12)心理安全感作用问卷(李幕,刘海燕,2012)

该问卷用于测量普通人群对心理安全感作用的认识,包含14个题项,三个维度(生活积极和谐、工作/学习成效和工作/学习动机)。问卷采用三级计分制,三个因子及总问卷的信度分别为0.850、0.829、0.693和0.916。

13)中国居民生活安全感量表(夏春,涂薇,2011)

该量表用于测量中国文化背景下居民的生活安全感,包含经济安全感、人际安全感、社会安全感、环境安全感、生存安全感等五个维度,量表的Cronbach α系数为0.741,与效标相关显著。

关于安全感的测量,学者从不同的理论设定出发,编制了不同的测量工具,建构了不同的结构。汇总国内外已有的相关研究,安全感的结构构成如表1-1所示。

表1-1 国内外关于安全感结构的研究汇总(以时间先后为序)

研究者(时间)	研究对象	问卷名称	安全感构成
Maslow et al.(1945)	普通个体	安全感-不安全感问卷	单维度
Collins et al.(1990)	普通成人	成人依恋量表	自主性、焦虑、孤立
丛中,等(2004)	普通个体	大学生安全感问卷	人际安全感、确定控制感
沈学武,等(2005)	普通人群与神经症患者	不安全感心理自评量表	生存、人际交往、爱与被爱、自我实现与成功
陈顺森,等(2006)	大学生	大学生安全感量表	能力评估、主观体验、具体情境的风险预感、虚幻情境的风险预感、模糊情境的风险预感
胡三嫚(2008)	企业职工	企业员工工作不安全感问卷	工作丧失不安全感、工作执行不安全感、薪酬晋升不安全感、过度竞争不安全感、人际关系不安全感
刘玲爽,等(2009)	受灾居民	灾后安全感问卷	安全需要的满足、归属需要的满足、确定感和控制感
曹中平,等(2010)	初中生	马斯洛"安全感-不安全感问卷"的修订	情绪安全感、人际安全感、自我安全感
汪海彬,等(2010)	城市居民	城市居民生活安全感问卷	社会稳定、家庭安全、公共安全、社区安全、职业安全、身体安全
夏春,等(2011)	城市居民	中国居民生活安全感量表	经济安全感、人际安全感、社会安全感、环境安全感、生存安全感
李幕,等(2012)	普通人群	心理安全感作用问卷	生活积极和谐、工作/学习成效、工作/学习动机
Van Ryzin et al.(2012)	儿童	依恋安全感量表	单维度
Rabbani,等(2013)	女大学生	不安全感问卷	生命不安全感、财务不安全感、法律不安全感、心理不安全感

心理学取向的安全感测查工具，更多倾向于考察个体安全感的人格特征，这些量表(问卷)符合心理学关于安全感的理论建构，也与中国的国情较为契合，都具有较高的信度和效度，得到了一定程度的推广和应用。从已有的安全感测量工具来看，安全感的结构是多样化的，对安全感的结构进行探讨是开放的。但是，现有的问卷所探讨出来的安全感的构成并非其内在有机组成要素，而是安全感类型的简单罗列。对安全感内在结构的探索尚未体现安全感的根本特征，也未概括出作为人类生存和发展基本心理需要的特征；同时，在测量工具的开发上，与特殊群体生活现实及心理发展特点的结合尚有不足。国内外尚未有适用于留守儿童这个特殊群体的安全感测量工具，关于这方面的工作需要进一步深入探讨与研究。

1.2.5.2　安全感的干预研究

已有的关于安全感干预的实证研究并不多。Bratina(2013)提出，对性犯罪分子的居住场地进行严格限定，将在一定程度上控制性犯罪率，对于减轻潜在性犯罪受害对象的恐惧感、焦虑感，帮助提升其安全感等都起到了显著效用。Regan(2014)提出一些措施帮助提升学生在学校里的安全感，他认为发生在校园的突发事件等容易给学生造成身体伤害，同时也会给学生带来心理上的负面影响，降低安全感。学校应做好计划、准备和演练，建立动态的长期和短期行动计划，积极应对偶发事件，在计划中确定危机干预的责任人，分配好责任，准备好应急预案和备选方案，学校心理健康教师应是危机干预团队的核心人员。Torres et al.(2012)提出，为失去家庭护佑的儿童提供一个可预见的、安全的照顾环境，如能够在照顾的时间上提供保证，提供有保护作用的稳固和强大的依恋关系，为其探索和了解未知世界提供机会，可有效缓解因依恋中断而造成的安全感伤害，这是使儿童从被忽视和虐待的经历中恢复过来的最基本的条件。

不少学者对如何提高安全感提出了一些思辨性的建议，如 Lang(2005)认为当个体陷入困境时，如想有效渡过难关，最需要得到周围人群的帮助和支持。Moore(2010)提出不能只针对安全感缺乏的表面症状，抵御不安全感最有效的办法就是去追求生命的价值和意义，用有意义的生命应对虚伪和表面的虚浮。她认为，我们之所以感到害怕，是因为这个世界不断向我们证明外面的世界是不安全的，我们应当时常警惕和畏惧，故而，当个体感受到不安全的时候，内心通常是充满“惧怕”的，无论反应激烈还是温和，个体一般都会有所惧怕。Moore(2010)劝导人们在头脑中要绷紧一根弦，一旦发现自己有不安全感爆发的趋势，就马上省察自己的内心，拨开表象，看看自己到底害怕什么，同时要明白有些惧怕完全不必要，因为所惧怕的那些事根本不会发生，而绝大部分我们害怕的事情，也都很正常，根本没有什么可怕的。

情绪安全感理论(Theory of Emotional Security)认为，儿童对保护、安全和保障的感觉，以及对其父母亲关系和作为一个整体的家庭的安全感受，时时与他们的幸福感、适应行为密切相关(Cummings, George, McCoy & Davies, 2012)。Rathkey(2004)认为，对儿童来说，父母亲给予的常规(Routine)、爱(Love)和诚实(Honesty)会带给他们生活中的安全感，所有这些将有助于他们减轻恐惧感，帮助他们顺利地战胜痛苦和困难。随着安全感的增加，孩子对自己感觉更好，作为父母亲要持续不断地展示爱、常规和诚实，爱他们、保护他们，才能让他们感到安全。让孩子了解父母亲对他们怀有的骄傲和自豪情感；让孩子知道经历痛苦的过程是一件多么困难的事情，伴随着痛苦，孩子需要学着去感知更好的自己；允许孩子和痛苦逐步说再见，当他们获得成功的时候，哪怕是小小的不显眼的成功，也要为他们感到骄傲。学着去庆祝生活，尽力为孩子扮演积极的角色，当父母亲常常处于积极状态时，会让孩子感到更多的安全感。

Rathkey(2004)提出，他人帮助也能在一定程度上提升儿童的安全感，但是起到决定性作用的还是父母亲与孩子之间建立起来的良好的亲子关系和关于亲子关系的认知。如果父母亲能够给孩子以安全的感受，孩子就拥有力量去发展自信，并成为一个有责任心的成年人；同时，他们还能把得到的力量返还给父母亲。父母亲还可以通过提供良好的教养方式，毫不迟疑地去爱和保护孩子，使自己拥有强大的安全感，支持孩子所有的努力，鼓励孩子去面对恐惧和挑战，享受孩子的特殊时刻，让孩子知道父母亲如何为他们感到自豪，了解孩子的想法，支持他们的行动，并为他们的行为提供保护等，都将使儿童提升安全感。Nowinski(2001)提出，要获得安全感，需要努力改变对自己和他人的期望，积极设想人们是可以信赖的；学会解开情绪，通过实在的努力改变期望，会导致一个怀有不安全感的人体验到各种情绪；改变个人解决人际冲突和分歧的方法，因为不安全感会使人们在问题没有得到解决的时候远离冲突并接受它，个体应该更有建设性地应对生活中的矛盾和冲突；学会倾听、学习和妥协，倾听批评的意见，从他人那里学习积极行为，从对双方都有益的方案中选择解决方案。

1.2.6 留守儿童安全感研究

1.2.6.1 国外“类留守儿童”群体的相关研究

留守儿童是我国社会转型时期形成的较为独特的一个儿童群体，西方国家也有类似的儿童群体，由于其父母死亡等各种原因，儿童交由国家或其他亲戚（如祖父母辈）抚养。Torres et al.（2012）提出，个体早年成长的培育环境是影响其行为与认知健康发展的主要影响因素，足够好的环境容易促进其良好发展。足够好的环境包括一系列典型的社会参数和资源，如能行使保护职能的照顾者，能提供支持的家庭环境和可以持续探索的机会。如澳大利亚政府要求祖父母辈在抚养孙辈的过程中必须为儿童提供包含积极心理经历的家庭教养，他们被要求掌握关于儿童是否生活在安全、舒适、可以预测的家庭里的知识（Dunne & Kettler, 2008）。Poehlmann（2005）通过对 60 例因母亲被关进监狱而由亲戚抚养的儿童的研究，结果发现 2/3 的被试出现了明显的不安全表述倾向。Lennie, Minnis & Young（2011）对澳大利亚的流浪儿童进行研究，结果发现大多数流浪儿童生活在被剥夺了基本需要、关注和支持的环境中，被剥夺了来自父母的关注、支持和引导，在其成长道路上很容易出现抑郁、品行障碍和行为失调。受忽视儿童常常感受不到被爱，得到较少的帮助，更容易失去控制。研究发现，受忽视儿童在识别情绪差异方面存在困难，还存在短时注意困难，对其成长过程将造成不可逆转的影响（Lennie et al.，2011）。

许多研究进一步证实，由亲戚抚养的儿童较之其他由非原生家庭抚养的儿童，获得了更多的成长指导和支持，其行为不良的比例显著降低（Keller et al.，2001），亲戚抚养在一定程度上挽回了因缺少亲子关爱而造成的对儿童的负面影响。Downie et al.（2010）在西澳大利亚州以祖父母辈抚养的儿童为对象，结果发现儿童在祖父母辈的照顾下，得到了积极的发展，几乎有一半儿童的自我概念量表得分在平均水平以上。亲戚抚养能够为儿童情绪和社交行为的发展提供一定的保护。

1.2.6.2 留守儿童安全感总体状况研究

近年来学者们围绕着留守儿童的心理健康开展了不少研究，相比社交行为、自我概念、孤独感等，安全感的研究还较为薄弱。李骊（2008）提出农村留守儿童安全感发展处于不利境地，华姝姝，等（2012）发现留守儿童的安全感缺乏极其显著。朱丹（2009）发现初中留守儿童的安全感与非留守儿童存在显著差异，其人际安全、确定控制与安全感总分均显著低于非留守儿童；曹中平，杨元花（2008），刘永刚（2011）在探讨亲子分离对留守儿童安全感发展的影响时，也得到了相同的结论，留守经历还会对儿童身心发展产生持续性的影响。王平，徐礼平（2010），徐礼平，方倩，陈晶，王平，陈剑（2012）探讨留守经历对医学院学生安全感的影响，结果发现有留守经历的学生与普通学生的安全感在各维度上均有显著差异。在依恋类型上，前者表现为不安全依恋，以惧怕型（焦虑、不信任和害怕拒绝、消极对待自我和他人)为主,“留守”经历对大学生的安全感产生了直接影响(李晓敏,罗静,高文斌,袁婧,2009)。

以上研究皆认为留守儿童的安全感较之非留守儿童更差,也有与之不同的结论。唐明皓(2009)研究发现,留守与非留守儿童的安全感没有显著差异;张娥,訾非(2012)发现留守与非留守高中生的安全感的差异无统计学意义,但是居住在农村的留守高中生人际安全感显著低于居住在城镇的留守高中生。以上研究无法从总体上验证留守儿童的安全感是处于正常状态还是异常水平。这与前人所使用的测量工具与留守儿童这一群体的适用性之间存在偏差有关。大多数研究在起始时,均假设留守儿童的安全感较之非留守儿童有显著差异,且处于更低的水平。本研究试图在这一方面进一步展开深入的探讨。

1.2.6.3 留守儿童安全感影响因素研究

关于影响留守儿童安全感的因素,学者们开展了相关研究。

1)人口学变量对留守儿童安全感的影响

朱丹(2009)和陈明明(2012)发现留守儿童安全感中的人际安全感维度存在年级差异,但华姝姝,等(2012),李骊(2008)和唐明皓(2009)发现留守儿童的安全感在性别、留守类型(包括父母都打工、父亲打工、母亲打工)、年龄等方面没有显著差异。以上差异很大程度上是因抽样误差或统计误差造成的,人口学变量对留守儿童安全感的影响还需要继续深入探讨。

2)外在因素对留守儿童安全感的影响

留守儿童与父母交往、接触的时间等因素对安全感产生了显著影响,华姝姝,等(2012)发现父母回家间隔在1年以上的留守儿童比父母回家间隔在半年左右的留守儿童更缺乏安全感,由此可知留守儿童与父母交往接触的时间是影响安全感的重要因素。刘永刚(2011)也得出了相似的结论,一年中亲子相处的时间、替代养育方式、分离时间等对留守儿童的安全感及依恋安全性的发展有着显著的交互影响。曹中元,杨元花(2008)发现与父母分离时的年龄越小,分离时间越长,一年内相处时间越少,留守儿童不安全感的倾向越明显,隔代教养和独立生活的留守儿童安全感显著好于寄养儿童。亲子分离后,亲子相处时间和替代养育方式显著影响着留守儿童安全感的发展(杨元花,2006);有无可信赖的老师与同学、留守时间、留守年龄、父亲的文化、与父母联系的频率等因素都对农村留守儿童安全感有明显影响(李骊,2008)。李翠英(2011)发现留守儿童的安全感在性别、年龄、留守时间等变量上的差异不显著,但是亲子沟通越频繁,其安全感越高;不同的沟通方式下其安全感有显著差异,正面积极的沟通有利于留守儿童安全感的发展。由此可见,亲子分离后的亲子沟通频率与沟通方式显著影响留守儿童的安全感。

从以上诸项研究可见，对留守儿童来说，亲子接触、沟通与交往所形成的依恋关系和替代养育方式等外在因素显著影响着他们的安全感，外在的生活因素、环境因素对其内在身心发展产生了直接影响，也为提升和改进留守儿童安全感提供了参考。

3）内在因素对留守儿童安全感的影响

各种因素中，最重要的是亲子依恋对安全感的影响。刘永刚（2011）发现安全型依恋对留守儿童的安全感有一定的预测作用，是影响安全感的重要变量，影响主要表现在亲子信任方面。与留守儿童的亲子依恋类似的社会性影响因素，如人际信任等，也对安全感的形成和发展产生了直接影响（陈明明，2012）。李骊（2008）研究发现，友谊质量与师生关系对留守儿童的安全感具有显著的正向预测作用，良好的同伴关系、师生关系对农村留守儿童的安全感发展具有调节作用。朱丹（2009）发现应对方式、自我效能感、社会支持与安全感呈显著相关，且能预测安全感弹性发展。唐明皓（2009）发现问题解决和求助这两种应对方式使用频率较高学生的安全感水平显著高于使用频率低的学生；使用自责、幻想、退避和合理化等四种应对方式的结果则恰恰相反；应对方式作为亲子分离等生活事件与安全感的中介变量，发挥了显著的中介效应，与生活事件共同作用于安全感。

1.2.6.4 留守儿童安全感效用研究

针对留守儿童安全感对其身心健康的作用，张娥，訾非（2012）发现留守高中生的安全感、自尊与生活满意度呈显著正相关，安全感既直接影响生活满意度，也通过自尊作为中介变量间接影响生活满意度。因此，安全感和自尊是影响留守高中生生活满意度的重要因素。留守儿童的人际交往对心理健康直接产生影响，同时还通过安全感的中介作用间接影响心理健康（陈明明，2012）。徐礼平，等（2012）发现安全感在社会支持对有“留守”经历的大学生的总体幸福感的预测中起着部分中介作用，即社会支持通过安全感对总体幸福感起作用。

从以上研究来看，对留守儿童安全感现状的探讨，结论还存在争议；研究工具多采用一般安全感的测量工具，如丛中，安莉娟（2004）编订的“安全感量表”（SQ），曹中平，黄月胜，杨元花（2010）根据马斯洛的“S-I”改编的初中生安全感问卷等，这些测量工具对留守儿童的适用性还有待检验；对安全感影响因素的探讨还停留于较低层次和较窄范围内；关于留守儿童安全感效用的研究还很少。对与留守儿童学习、生活密切相关的社会性影响因素的探讨，如学校、家庭、社会支持和自我效能感等仍有待继续深入。

1.3 研究述评

1.3.1 研究不足

综合以上研究，尚有以下不足。

(1)缺乏对留守儿童安全感的系统研究。安全感是一个巨大的、全球性的健康问题(Coupland，2007)，但学界对安全感的界定尚不统一，出现了心理学和社会学呈相对割裂状态的研究取向(姚本先，汪海彬，2011)。不同学者基于不同的理论框架，对安全感做了不同的界定，概念的统一性、严整性缺乏界定。对特殊群体留守儿童的安全感研究缺少理论探讨和实证分析，尚缺乏从安全感视角探讨留守儿童的身心发展与心理健康，对留守儿童安全感的特征、影响因素等研究尚有争议。这些都给本研究探讨关于留守儿童安全感的结构、特征、效用等提供了较大的空间。

(2)对一般安全感的关注较多，对特殊依恋背景的安全感关注较少。已有的许多研究局限于对一般安全感的探讨，对特殊依恋经历的安全感关注不够。依恋经历影响个体的亲子关系模式及特点，特殊依恋导致特殊安全感受产生。已有的关于安全感的研究涉及了学生、教师、企业员工和身体疾病患者等，对于亲子分离(亲情缺失、依恋中断)背景下的留守儿童安全感的关注更多停留在对现状的探索。留守儿童安全感的内涵是什么？呈现出什么样的特点？这些问题还需深入探讨。

(3)缺少对安全感作用机制的研究。首先，对安全感的效用研究不足。安全感被视为个体心理健康的基础和根本特征，在个体的生活实践中扮演着重要的角色。而从已有的研究来看，缺少相关的实证依据，对认识安全感的效用尚处于比较狭窄的范围内。其次，对安全感的心理社会因素的探讨存在不足，已有的研究多从人口学变量的视角从外在视野对安全感的影响因素进行探讨。对于影响安全感的内部因素的研究，更多的停留于自尊、自信心、自我效能感等方面，而对于个体感知到的家庭功能、学校氛围及社会支持等的关注较少。最后，对不同安全感的社会认知特征研究不足。安全感既具有显著的情绪特征，也具有典型的人格倾向。个体对外界的情绪、情感体验，在很大程度上受到已有认知结构(认知图式)的影响，安全感的社会认知具有哪些特点，有待进一步研究。

(4)关于留守儿童安全感的测量工具研究的不足。已有的关于安全感的测量工具,多半基于其自身的理论建构,针对特定的人群对象,是否适用于特殊依恋背景下的留守儿童仍有待考证。留守儿童作为中国社会转型时期出现的新生事物,对现实的农村社会发展及将来的城市社会建设等都将产生持续而深远的影响,亟须引发学界从新的视角展开新的研究。开发适用于留守儿童群体的安全感测量工具,成为诸多研究的基础。

(5)干预研究相对较少。当前安全感的研究多集中于对现状的调查,少数学者提出的关于安全感教育的措施和方法多停留于思辨层面,其效用和针对性等还有待检验。而广大农村教育工作者,留守儿童家长,社区及其他教育、辅导机构等,迫切希望学界能为他们的教育、辅导、咨询及转化工作提供坚实的理论指导,提供操作性和针对性较强的教育辅导方案,以帮助更多的留守儿童改善安全感,减少心理症状,进而提升心理健康水平。

综上所述,关于安全感的研究方兴未艾,拥有巨大的研究空间。关于留守儿童的安全感,对其内涵、结构、特征、影响机制等的研究尚待深入,研究领域有待拓展,需要不断深入、发掘和提高。

1.3.2 研究趋势

关于安全感的研究发展方向有以下趋势。

1)更加注重安全感与生活现实的结合

个体的安全感来自于生活,也反映生活现实,在特殊的生活实践(留守经历)及环境(留守处境)中,留守儿童的安全感拥有什么样的结构、特征,这是首先必须解决的问题。然后以此为基础,继续开展安全感效用等相关研究。

2)从外在的现象描述转向内在的过程与机制探讨

当前的心理学研究已普遍从现状描述转向原理探讨,安全感作为个体对生活应激的认知与感受,形成了独具特征的社会认知图式(机制)。这个认知图式在对应的社会认知加工阶段具有什么样的特征,对于如何改善个体安全感,将提供基础性的作用。

3)从静态的单因素分析转向动态的多因素分析

生活环境是一个综合影响要素,无论是留守经历还是生活事件,都不可能单独对个体的安全感产生作用,已有的研究尚未系统地揭示影响安全感的心理社会因素。而系统化地探讨安全感的影响因素将对于帮助改善个体的安全感产生积极作用。

4)从单一方法探究走向综合研究

同样经历了各种生活事件,只有一部分人出现了安全感缺失,这说明安全感受到了综合因素的影响,对安全感的研究将更多地注重系统性,从多个层面、多个视角展开研究。既要探索内在结构,又要探索影响效应;既要探索一般状况,又要分析典型个案;既要探讨一般原理,又要探讨实际应用。研究方法上要融合文献法、测量法、实验法、个案法等于一体,形成安全感研究的综合体系。

第2章　研究设计

2.1　选题分析

2.1.1　为什么选择留守儿童

1)基于严峻的社会现实

在中国的广大农村,许多家长把刚出生没多久的孩子交给祖父母抚养,或者寄养在其他亲戚家里,自己外出务工,留守儿童在成长过程中必需的天然的亲子感情被人为地割裂。虽然“替代母亲”(监护人)能够在一定程度上帮助他们缓解因缺失父母亲之爱而产生的孤独、焦虑和烦恼,但在儿童的内心深处会时常感到焦虑、不安、失望,并产生对丧失的莫名担心,这就是典型的安全感缺失(Bowlby, 1969/1982;吴丽,2010)。当前,留守儿童的数量已超过6 100万,如此多的儿童身处特殊的家庭,经历不完整的依恋关系,这是一个严峻的社会现实,对每个个体来讲,负面效应还将在其今后的成长历程中一一显现。关注留守儿童就是关注中国农村社会的未来,关注留守儿童就需要关注其身心健康问题。而关注留守儿童的安全感,就为关注其心理健康问题提供了全新的思路和视角。

2)基于留守儿童生理、心理发展的需要

留守儿童是我国社会转型时期出现的特殊群体,也是弱势群体。他们处于生命发展的早期敏感阶段,其心理发展最需要来自父母亲关爱的滋养与呵护。儿童健康成长的需求是包括方方面面的,其中最大的需求是:和父母在一起(段成荣,2015)。然而,由于较长时间的亲子分离,导致他们的依恋中断,使他们的内心很容易产生不安全感,进而出现各种不良行为、品行障碍、适应困难等一系列问题(江立华,等,2013;赵俊超,2012;周宗奎,等,2005;范兴华,等,2009)。所以,从留守儿童所处的社会处境及其身心发展特点来看,把他们作为被试是合适的,同时也是非常有必要的。

3)基于留守儿童社会化的要求

由于大多数留守儿童生活在状态不稳定的家庭之中,父母亲外出务工,生活飘摇，缺少来自父母亲的关爱，导致其实现社会化的过程中出现了许多缺陷和困难。许多留守儿童年岁尚浅，正经历个人社会化进程中一个十分重要的阶段，缺少了来自父母的有效的社会教化，对其成长过程及成年后的心理健康、能力发挥、社会奉献、家庭生活等都将产生直接或间接的影响。许多研究都已证实，早年的留守经历对个体人格的健康发展都有显著的影响（廖传景，韩黎，杨惠琴，张进辅，2014；王平，等，2010；徐礼平，等，2012；段成荣，2015）。探讨留守经历对安全感的作用和影响，有助于人们从独特的视角理解留守儿童的成长问题。

2.1.2 选题意义

2.1.2.1 现实意义

1）有助于学校、家庭和社会深化对留守儿童心理与行为问题的认识

处在生命早期发展关键时期的留守儿童，由于亲子分离、亲情缺失，正常的依恋关系受到破坏，导致其安全感受到威胁。而留守儿童的心理健康问题又与其安全感水平低下有密切的关联。不安全感的产生，常常表现为个体亲情感受性下降，内心不可控制感上升，行为上表现出对人际交往和人际关系的漠视、戒备、疏远和敌对，并伴随产生自我封闭、退缩或屈服等行为。本研究将有助于学校、家庭和社会进一步提升对留守儿童心理与行为问题的认识。

2）为解决留守儿童的心理健康问题提供新的方法

拥有安全感是个体心理健康的一个重要指标，甚至与心理健康同义（Maslow et al.，1945）。安全感的建构，需要良好的家庭环境和融洽的亲子关系，更需要在此基础上形成对社会生活和事物正确而合理的感知、认识和理解，形成一套积极、健康的认知加工方式。留守儿童的安全感具有什么样的结构与特征？外在的心理社会因素如何作用于安全感的形成与发展？不同安全感水平的社会认知表现出哪些特征？是否可以通过改善留守儿童的安全感进而提升其心理健康水平？本研究意在探讨以上问题，为解决留守儿童的心理健康问题，开展心理健康教育提供新的方法和思路。

3）为学校及教育部门制定有关教育对策提供参考

构建和谐社会，提出了许多亟待解决的人格与社会心理学问题，这就要求我们进行中国化研究（黄希庭，2007），而开展留守儿童心理健康研究，就是心理学研究中国化的重要内容之一。在当前中国的农村和城镇，留守儿童的比例很高，形成了一个数量庞大的弱势群体，解决留守儿童的心理健康问题是一个复杂的系统工程。虽然当前对农村留守儿童的心理健康教育已有不少教育对策，

但仍缺少针对安全感的教育对策和方法。本研究通过探讨留守儿童安全感的结构、特征，探索安全感的效用、心理社会影响因素、社会认知特点等，以期为各级教育部门制定相应的教育政策提供实证依据。

4)为留守儿童健康教育提供心理学参考和依据

对个体来说，与父母长期分离的留守经历，无论在人格发展、人际交往、学业绩效、工作业绩等方面，都将产生一定的影响。当前的许多研究大都集中于探讨留守经历对心理健康的影响，对其中的心理机制及对策的实证研究仍显不足。本研究致力于探讨安全感在生活应激、留守处境影响个体心理健康过程中的作用，探讨安全感的结构、特征、心理社会因素等，从心理健康影响机制的内在视角(安全感的视角)，挖掘心理健康教育的新思路、新方法和新路径，为开展有效的心理健康教育活动提供参考和依据。

2.1.2.2　理论意义

1)基于安全感阐释留守经历对个体心理健康的影响

转型时期的中国留守儿童人数众多，由于他们特殊的成长经历，容易在心理发展与社会适应方面面临各种挑战和问题。当前的许多研究，更多地是从表层关注了社会生活现实对留守儿童心理与行为的影响过程，而未从内在安全感的角度来解读，本研究将从安全感的视角对这个问题进行进一步的澄清和深化。

2)为建构符合中国国情的儿童安全感理论提供现实基础

我国现有的安全感研究大多是在介绍国外相关研究的基础上做一些本土化的探讨或调查，在立足本国国情和文化背景，探讨留守儿童这个特殊群体，有效指导留守儿童安全感问题解决方面还需要做大量工作。本研究的完成将为建构符合中国国情的儿童安全感理论奠定现实基础。

3)将拓展留守儿童研究的新领域

留守儿童研究一直受到学界关注，除了关于社会学、教育学层面的留守儿童问题研究外，关于留守经历、留守处境对其心理发展的研究亟待加强，需要从外在的现象描述走向内在的机理探讨。对留守儿童的安全感进行研究，将深化人们对依恋中断影响个体安全感问题的认识，帮助拓展依恋关系与安全感建构的相关研究。

4)拓展社会认知研究的范畴

当前，社会认知(social cognition)心理学得到迅猛发展，成为研究社会心理现象的一种思路和范式。抑郁心理、自闭行为、成瘾行为、竞争态度、人际困扰、攻击行为、情绪智力和刻板印象等的社会认知机制多为学界所关注。但是，对安全感的社会认知特征尚未涉及，本研究将进一步扩大社会认知研究的领域。

2.2　研究总体构想

2.2.1　研究目的

本研究以 5～8 年级的留守儿童为研究对象，综合运用多种方法，探究安全感的结构、特征、效用、影响因素、社会认知特点等，探讨改善和提升留守儿童安全感的教育对策。

2.2.2　研究思路

研究依循“现象”—“机制”—“应用”的思路，对留守儿童安全感进行系统化研究。整体思路为：立足于文献梳理，对留守儿童安全感受进行现象归纳（研究一）；依循测量心理学的程序编制留守儿童安全感测量工具，对其结构进行探析，开展问卷测评，揭示留守儿童安全感的特征（研究二）；从本体、外在和内在三个视角探析留守儿童安全感的“机制”：效用（研究三）、心理社会因素（研究四）和社会认知特征（研究五）；开展干预实验研究，探讨改进和提升留守儿童安全感的对策和方法（研究六）。

六项研究由表及里，从个别到一般，从现象到理论，从理论再回到实践，逐层推进，从多个视角开展留守儿童安全感研究（现象、机制和应用）。多种研究方法配合使用，深入探究留守儿童安全感，各方法互为印证，互相配合与补充。研究思路如图 2-1 所示。

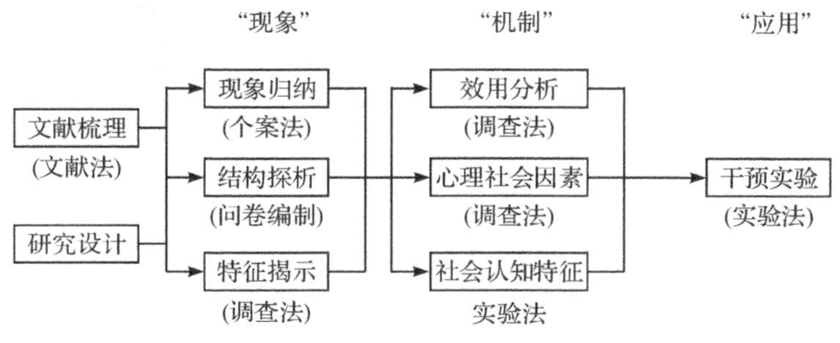

图 2-1　研究思路示意图

2.2.3　研究假设

综合已有研究成果及前期访谈和调查，提出以下基本假设。

假设 1：留守儿童的安全感是一个边界完整、内涵丰富的概念，具有多维度的结构。

假设 2:留守儿童与非留守儿童的安全感水平存在显著差异。

假设 3:留守儿童的安全感因不同人口学变量而出现差异,各人口学变量对安全感产生不同程度的预测。

假设 4:安全感在留守儿童生活事件与心理健康之间发挥显著的调节效应,在生活事件、留守处境与心理健康之间发挥显著的中介效应。

假设 5:留守儿童的安全感受到多种心理社会因素的影响,各心理社会因素之间具有显著相关,并对安全感有直接或间接的预测效应,构成安全感的心理社会因素模型。

假设 6:不同安全感水平的留守儿童具有不同的社会认知加工(编码、记忆、再认)特征。

假设 7:团体辅导可有效改善留守儿童的安全感。

2.2.4 研究提纲

第 1 章:文献综述。主要介绍国内外关于留守儿童、安全感等已有的研究,对现有文献进行回顾和综述,提出已有研究的不足和趋势。

第 2 章:研究设计。介绍选题背景、意义和研究构想,包括研究思路、假设、内容、拟突破的重难点、研究对象和方法等。

第 3 章:留守儿童"安全—不安全感受"个案访谈。以典型个案对留守儿童在特殊依恋背景下的安全—不安全感受进行访谈,基于个别现象的整理,归纳得到留守儿童安全感的表现、影响因素及其认知、理解特点。

第 4 章:留守儿童安全感量表编制及常模建构。依循测量心理学程序,编制留守儿童安全感测量工具,探索安全感的结构,对问卷进行标准化,建立留守儿童安全感的常模。

第 5 章:留守儿童安全感的特征研究。运用"留守儿童安全感量表"进行调查,考察安全感的分布特点和规律。

第 6 章:留守儿童安全感的效用研究。在问卷调查的基础上,分析安全感、生活事件、留守处境与心理健康的关联,考察安全感在生活应激、留守处境影响心理健康的过程中所发挥的效用。

第 7 章:留守儿童安全感的心理社会因素研究。在调查研究的基础上,探讨影响留守儿童安全感的心理社会因素,探讨不同心理社会处境的安全感特点,建构心理社会因素模型,揭示影响安全感形成和发展的外部因素及其相互关联。

第 8 章:不同安全感水平的社会认知加工实验研究。通过 Tversky &

Marsh(2000)的实验范式,编制实验素材,开展实验研究,探讨留守儿童处于不同安全感水平的社会认知加工(编码、回忆、再认)特点。

第9章:留守儿童安全感的团体心理辅导干预实验研究。探讨改善和提升留守儿童安全感的教育方法和措施,为现实工作提供参考和借鉴。

第10章:总结论与讨论。对研究过程及结论进行探讨,分析研究的价值、意义、创新和局限,提出相关的教育建议。

以上研究内容既相互独立又彼此相关,以"留守儿童安全感的结构与测量"为中心点,既承接、延展前期的"文献综述"和"个案访谈"的结果,又辐射、推及安全感的"特征"、"效用"、"心理社会因素"、"社会认知特征"等,由"团体辅导干预实验"收尾,回应安全感的结构与测量,观照特征和效用等。研究的主轴清晰,内容丰富,范围界定合理,层次分明,渐次推进,各项研究之间既相互支撑,又相互印证,彼此勾连,成为有机的整体。

2.2.5 拟突破的重难点

2.2.5.1 安全感概念的界定

安全感与自我效能感、胜任感,不安全感与恐惧感、焦虑感等心理交织混杂在一起,所以界定安全感的概念,揭示留守儿童安全感的独特性,是本研究的重点,也是难点。

2.2.5.2 留守儿童安全感的结构与特征研究

由于独特的留守经历给留守儿童的心理与行为造成了独特的影响,本研究拟以5~8年级(大多处于9~15岁)的留守儿童为研究对象,编制安全感测量工具,揭示安全感的结构并建构常模。由于留守儿童人数多,分布广,类型多样,文化和经济条件各异,难以选取足够多的典型样本来代表全体留守儿童。本课题拟区别不同地区(如西部、中部、东部和东北地区的城镇与农村)、文化(汉族和少数民族)、留守时间、经济条件等变量,随机选取研究对象,以获得研究所需的有效样本。

2.2.5.3 留守儿童安全感的心理社会因素模型建构

影响安全感的心理社会因素多而杂,如何在影响留守儿童安全感的各种因素中进行筛检,建构起合理的心理社会因素模型,是全新的尝试,也是本研究的重点和难点。本课题拟选取与留守儿童生活实际密切关联的心理社会因素,通过数据采集、统计分析与数学建模等方式,力争构建较为合理的心理社会因素模型。

2.2.5.4 留守儿童安全感的社会认知加工特点研究

从社会认知加工的角度对安全感开展实验研究,期望揭示留守儿童安全感的社会认知加工(编码、回忆和再认)特征,这是本研究的难点。

2.2.5.5 留守儿童安全感改善干预研究

在现有的条件下,探索可行、有效的改善留守儿童安全感的教育对策,具有一定的难度。团体辅导内容的选取和实验方案的制定、实施,是本研究的重要任务。

2.2.6 研究对象

本研究区分不同的研究内容,选取相应的研究对象。

2.2.6.1 留守儿童“安全—不安全感受”个案访谈

在重庆市和浙江省的农村学校选取 10 个典型的留守儿童个案,就其“安全—不安全感受”的特征、影响因素、社会认知特征等展开个案访谈。

2.2.6.2 问卷编制

拟以在西部、中部、东部地区省(市)的农村和城镇学校就读的留守儿童为样本,开展问卷编制工作,拟收集 1 500 份样本。同时,在上述地区收集一定数量的非留守儿童样本,与留守儿童进行对比,探讨留守儿童安全感的独特性。

2.2.6.3 留守儿童安全感的特征研究

在问卷编制及调查的基础上,继续选取 2 500 份留守儿童的样本,开展安全感特征的调查,分析不同变量的安全感分布特征。

2.2.6.4 留守儿童安全感的效用及心理社会因素模型调查

以后期的问卷调查获得的 2 500 份样本为依据,分析留守儿童安全感的效用及心理社会因素。

2.2.6.5 不同安全感的社会认知特征实验研究

以 70～80 名在重庆市或浙江省农村的初中、小学就读的留守儿童为研究对象开展实验研究,探讨不同安全感的社会认知特征。

2.2.6.6 留守儿童安全感的团体辅导干预研究

拟在重庆市或浙江省农村的学校开展改善留守儿童安全感的团体心理辅导干预实验,干预组与控制组均设置为 30 人左右。

2.2.7 研究方法

本研究在研究方法上采用静态文献梳理与动态调查访谈相结合,调查与实验相结合;量的解析与质的研究相结合;宏观与微观相结合。具体研究方法如下。

2.2.7.1 文献研究

综述前人关于留守儿童、安全感的相关研究,梳理国内外关于留守儿童安全感研究的现状、问题和趋势;探讨影响留守儿童安全感的心理社会因素、社会认知特征等。

2.2.7.2 个案研究

选取留守儿童个案对其“安全—不安全感受”的特征、影响因素、认知特征等进行深度访谈,验证留守儿童安全感的相关研究结果。

2.2.7.3 调查研究

根据测量心理学的原理和方法,编制留守儿童安全感的测量工具。同时收集非留守儿童的数据,进行比对,建构留守儿童安全感的全国常模。开展留守儿童“安全感”、“生活事件”与“心理健康”的问卷调查,建构结构方程模型,揭示多个变量之间的关系,检验安全感的效用。开展留守儿童安全感的心理社会因素问卷调查,建构并验证安全感的心理社会因素模型。

2.2.7.4 实验研究

根据不同安全感的社会认知特征的假设,运用实验法进行验证。拟采用“2×3”的被试间实验设计,自变量为安全感水平、不同性质(正性、中性和负性)的社会性刺激,因变量为编码、记忆和再认特征,通过实验揭示留守儿童安全感的社会认知加工特点。

2.2.7.5 干预研究

设置实验组和控制组,对实验组被试开展团体心理辅导,控制组被试不进行辅导。预设的干预次数为 9 次,每次 1 小时左右。对实验组和控制组进行前后测,探讨团体辅导的干预效果。

第3章　留守儿童"安全—不安全感受"个案访谈

3.1　引言

马斯洛等人(Maslow et al,1945)认为,安全感是影响和决定心理健康最重要的因素,甚至可以被看成与心理健康同义。他详细分析了个体从"安全"到"不安全"感受的典型特征:缺乏安全感的人容易感到被拒绝、被排斥,感到受冷落,或者受到嫉恨和歧视,还会感到孤独、被遗忘、被遗弃;经常感到被威胁,处于危险之中,表现出焦虑;容易产生坏人推定,将他人视为坏的、恶的、自私的或危险的;对他人不信任,甚至嫉妒、仇恨和敌视;悲观倾向明显;总是倾向于不满足;常常感到神经紧张和疲劳,因疲劳而出现噩梦;具有强迫性内省倾向,病态的自责,敏感心重;普遍具有罪恶和羞怯感,自我谴责倾向,甚至出现自杀行为;不停地为更安全而努力,表现出各种神经质及自卫倾向等。而具有安全感的人常常感到被人喜欢,被人欣赏和接纳,易感温暖和热情,普天之下皆友善;归属感强;将人生和世界理解为温暖、惬意、仁爱、平和、慈善;对他人持信任、宽容、友好、热情的态度;具有乐观倾向;倾向于满足;性格外向、开朗,表现出客体中心、问题中心、世界中心的倾向,而不是自我中心;容易悦纳自我,常常自我宽容;为问题的解决而争取必要的力量,关注问题而不是关注于对他人的统治;坚定而积极,具有恰当而良好的自我评价;以现实的态度来面对现实;关心社会,合作、善意,富于同情心等(安莉娟,丛中,2003)。Maslow et al(1945)结合自己的临床实践,编制了"安全感—不安全感问卷"(Security-Insecurity Scale,S-I)。学者们普遍认同安全感与不安全感相对应,安全感与不安全感是个体"安全感受"的两端(Moore, 2010;Jacobson, 1991;Rabbani et al., 2013;Maslow et al., 1945;Gillath & Shaver, 2007;Smith & Lazarus, 1993;Nowinski, 2001;Fagerström et al., 2011;Bowlby, 1969;沈学武,等,2005;许又新,1993;安莉娟,等,2003),安全感是一个动态发展的概念,其一端是正性的"安全"特点,另一端表现出负性的"不安全"的特性。

在亲子分离、亲情缺失的特殊依恋背景下成长，留守儿童的安全感是否与马斯洛关于“安全—不安全感受”的界定相吻合？具有哪些独特性？留守儿童的安全感是否集中反映了他们独特的生活现实与经历？安全感与社会认知之间是否具有独特的关联？本研究意在通过个案访谈的方式对留守儿童的安全感进行个案访谈，初步整理和归纳。

3.2　研究方法

3.2.1　研究设计

采用目的性抽样的方法选取典型留守儿童个案进行访谈。依据前期对留守儿童安全感的结构、特征及影响因素等的研究结果和不同人口学变量的分布，在重庆市和浙江省选取了 10 名留守儿童作为访谈对象。

3.2.2　访谈过程

在征得受访者及监护人的同意后，说明访谈的目的、过程和要求，开展个案访谈。研究者结合访谈提纲所列的问题(见附录 1)与受访对象一一展开问答。与每位受访者的访谈时间为 30～40 分钟，访谈地点为所在学校的办公室，在征得受访者同意的情况下进行录音和纸笔记录。访谈过程中尽量创设轻松、愉快的谈话氛围，尽量降低受访者的拘谨和阻抗，使受访者轻松、自如地表达。尽量使用通俗、生活化的语言使受访者充分理解问题；鼓励受访者在访谈过程中随时说出自己的想法，以获得更多有效的信息；当受访者出现遗漏或表达不清的情况时，访谈者认真倾听并对信息进行及时澄清和确认，并做必要的提示或补充，以确保访谈信息的准确性。必要的情况下，访谈者还可就所收集到的信息求证班主任老师或监护人的观点。访谈过程中，受访者有权因任何原因拒绝或中途退出；如受访者在访谈过程中出现情绪困扰，访谈者对其进行情绪疏导和提供心理支持。个案访谈结束后，赠予其一份小礼品以示感谢。

3.2.3　访谈对象

本次个案访谈的对象取自重庆市北碚区澄江镇和浙江省泰顺县筱村镇，这两个镇都坐落于山区，经济状况一般，都有大量的农村劳动力流向沿海经济发达地区和中心城镇，有的甚至流向了海外。镇上分别有小学和初中，是典型的农村办学单位。由儿童所在学校推荐、介绍了 20 名留守儿童作为备选对象，研究者根据需要从中选取了10名进行访谈。受访对象包括了不同的性别、年龄、民族和留守类型，基本情况见表3-1。

表3-1 个案访谈对象的基本资料

代号	省份	性别	民族	年龄	年级	独生子女	留守类型	家庭类型	开始留守年龄
A	浙江省	女	汉族	13	8	否	父母皆外出	正常	8岁
B	浙江省	女	汉族	12	7	是	父母皆不在	问题[a]	1岁
C	浙江省	男	汉族	14	7	否	父母皆外出	正常	12岁
D	浙江省	女	汉族	11	5	否	父母皆外出[b]	正常	1岁
E	浙江省	男	畲族	12	6	否	父母皆外出	正常	9岁
F	重庆市	女	汉族	11	5	否	父母皆外出	正常	8岁
G	重庆市	男	汉族	14	8	否	父母皆外出	问题[c]	7岁
H	重庆市	男	汉族	12	6	是	父母皆外出	正常	4岁
I	重庆市	女	汉族	12	6	否	父母皆外出	问题[d]	1岁
J	重庆市	男	土家族	13	7	是	仅父亲外出	正常	7岁

注：a：父亲亡故，母亲遗弃；b：父母皆在意大利务工；c：父母离婚；d：父亲亡故，母亲生病。

3.3 个案访谈记录

3.3.1 留守儿童"安全—不安全感受"的典型表现

3.3.1.1 对家境和亲人安危的感受

由于父母亲常年在外打工，亲子之间缺少交流和沟通，这更加深了留守儿童对父母亲的思念和牵挂，强化了他们对父母亲安危状况的感受。在问到与父母亲打工有关的问题时，最典型的回答是："特别想他们！"(A)；"希望他们早点回家！多多回家！平安回家！他们回家我就会感到很开心！"(F)；"好想他们能陪在身边！照顾我！"(H)；"希望家里越来越好！希望爸爸妈妈一切都好好的！"(J)。父母不在身旁，留守儿童内心表现出强烈的思念之情，这并不属于安全感的范畴，但如果留守儿童对父母亲的工作及安危充满了不安、焦虑或担忧，便表现为安全感缺失。

"我总是担心他们在外面会出什么意外。"(C)

"很担心他们的安危，他们在意大利。"(D)

"去年我爸爸在建筑工地上摔伤了，我很担心他的身体。有几次晚上做噩梦，梦见他浑身血淋淋的……"(F)

"听人说城里人常常欺负去打工的人，我一直很担心爸爸妈妈会不会被欺负。"(J)

"希望他们不要两个人都出去打工，留一个在家里！"(D)"这样意味着什么呢?"研究者追问,D答:"这意味着我可以得到更多的照顾,我就可以和别的孩子一样无忧无虑地生活了!"。

留守儿童种种对父母亲的忧虑和担心,反映出他们内心对与自身有关的生活的无力感和不可控制感。

3.3.1.2　面对突发事件的应激感受

在留守期间,无论是在学习还是在生活方面,留守儿童多多少少都会遇到意想不到的困难和问题,有的甚至陷入了困境之中,面对突发事件的感受和体会反映了留守儿童安全感的典型特征。关于"你最害怕什么"的问题,受访者H说,"我最害怕的是看到大人们吵架。"

"能具体说说吗?"访谈者追问。

"有一次过年,我还小,大概是六七岁的样子,爸爸妈妈打工回家,本来是合家团聚的好事情,有一天我爸爸出去喝了点酒,还去赌了钱,输了不少,回到家还跟我妈大吵一架,还动手打了她,我妈被打出血来了。我在一旁惊呆了,被吓得哇哇大哭,我害怕极了,不知道他们为什么要吵架,他们每喊一声,我的心都被吓得哆哆嗦嗦的,到现在想起来还感到有点惧怕。"

访谈中还有一个留守儿童(G)也谈到了家庭暴力对他的消极影响:"最怕看到爸爸和妈妈吵架,我害怕妈妈会受伤,他们打起来太凶了。后来他们离婚了,可能是因为妈妈实在受不了爸爸的暴力,但是我依然希望他们能和好,可是这好像不可能实现了。"Moore(2010)说,令家庭不再安稳的最大问题就是家庭暴力,任何一种虐待都会直接摧毁孩子的信念体系,包括情感上、精神上、身体上、言语上的伤害,还有性侵犯,一旦儿童的信念体系被毁坏了,不安全感就会成为伴随一生的噩梦。这种对突发事件的不可控制感、无力感是典型的缺乏安全感的表现,也是个体在成长过程中,在内心尚未成熟的情况下对动荡不稳的外部世界的直接解读。这种对突发事件的亲身经历往往是刻骨铭心、印象深刻的,有的还会泛化到他们对外部世界的感受上。"自从那次我爸妈吵架之后,我就十分担心他们会再吵。有时候我看到街上或者电视里有人吵架、打架,我都会感到有点害怕。"(H)

3.3.1.3　人际交往过程的信心与自我敏感性

在访谈中,个案I表现出很高的警觉性,双手一直在紧张地揉搓着,讲话时很少与访谈者的眼神有交流,眼光中充满了惶恐和不安,似乎非常希望访谈尽快结束。研究者判断她在本能地排斥陌生人的靠近。经过与班主任老师进行沟通,老师反映个案I"在课堂上从来不主动举手发言,老师提问时总是低头回答,声音小得像蚊子一样。课间休息也总是默默地待在座位上,不愿意和同学们交往。上课时精神恍惚，注意力难以集中，作业写得很马虎，学习成绩也较差，稍微批评几句，就会眼泪汪汪……感觉这个孩子的心理与同龄人相比要小一些。”经过与老师的进一步沟通了解到更多关于个案I的信息。她的父母曾经到云南打工，在一个矿井里挖煤，后来发生了一件矿难事故，她的父亲被压在矿井里，母亲得知这个消息后哭得歇斯底里，后来变得精神失常，家里发生这样的事情，在她幼小的心灵里留下了阴影，久久难以恢复，造成了她现在胆子特别小，很少和老师、同学交往，在和陌生人交往时表现出强烈的不安和焦虑。受访个案I的人际自信水平较低，对发生在身边的事件具有较强的敏感性。

留守儿童在与陌生人的交往和接触过程中表现出超出一般水平的警觉和不安，既有其内在性格的因素，也与他们尚未形成良好的人际交往能力有关，同时也会受到重大生活事件的影响。在探讨和关心留守儿童的心理问题过程中，这种特殊案例应引起特别的关注。

3.3.2 留守儿童安全感的影响因素

在问到“哪些情况出现会让你产生内心不安或感到无能为力”以及“哪些事情发生让你感到很无奈”等问题时，受访者大多指向了亲子关系和留守经历等。

3.3.2.1 长期亲子分离导致孤独无力

D:“爸妈在我很小的时候就到意大利去打工了，有时候好几年都不回来，有时候我甚至觉得他们不要我了，每次听说他们要回家来，我是多么高兴啊!”

A:“我很想念爸爸妈妈，有时候想想他们心真狠，带着弟弟去城里，而把我一个人留在乡下，我恨他们偏心。但是当他们回家过年见到他们的第一眼，我立刻就原谅了他们。”

J:“我跟姑姑她们住在一起，她对我不好，时常嫌弃我。要是能够在爸妈身边，我就不用受这么多委屈了。”

以上这些来自留守儿童的声音，从一个侧面反映了亲子互动的缺失导致了他们孤立无助，从而使他们的安全感受到损害。那么如何才能帮助改善他们的心境，提升安全感受呢？大多数受访者提到了父母的关爱和家庭的支持。

D:“爸爸妈妈长期不在身边，又隔得非常遥远，我不知道意大利在哪里，我非常想念他们，希望他们能赶紧结束打工生活。”

A:“如果能够和爸爸妈妈生活在一起，当我碰到困难和问题的时候，就有人给我帮助和支持了。”

E:“我的学习成绩不太好，平时碰到很多学习问题，总是找不到人帮我辅导一下，奶奶也不会，没办法，我想如果爸爸妈妈在的话，也许我的成绩能提高一点点。”

3.3.2.2　家境不良导致自卑体验

在我国，外出务工的农民工大多数来自物质匮乏、经济贫困的家庭。家长外出务工，除了无法延续与子女的真实互动外，在这样的家境背景下，还容易导致留守子女对家庭、家境产生消极的反映和认知。如个案J说：“我家很穷，别人常常看不起我们，我也不太想跟他们一起玩。我希望爸爸妈妈能够早点回来，多赚点钱，把房子修好，给我买一些好的衣物，也给我一些零花钱，我的同学就不会那么瞧不起我了。”

F：“家里很穷，爷爷身体又不好，每年的收成很少，所以爸妈外出打工了。但是每一年他们赚来的钱，却怎么都不够用。生活过得苦一点，我倒是没关系，但是身边有些家里有钱的同学常常看不起我们，让我们感到很不舒服。”

E：“我十分希望我的家庭经济条件能够得到改善，那样我就可以抬头挺胸不自卑了。”

关于家境对自我成长的作用，也有不同的观点，如C说：“我不怕家里穷，老师经常跟我们讲‘人穷志不短’，我感觉虽然家庭生活比较贫困，但是它很能锻炼人，生活在我的家里，我们家人彼此都很好，很少埋怨和诉苦，我觉得家庭经济状况对我影响不大。”可见，困境（或逆境）对个人的成长的确是一把双刃剑，既能产生破坏力，也能给予锻炼的机会（廖传景，等，2014）。在当今的留守儿童家庭里，如果不是家庭残缺或经济特别困难，经过家长和子女的良好沟通和协调，也许能够转化留守经历的劣势为优势，给予儿童更多锻炼的机会，从而开出美丽的花（赵俊超，2012；廖传景，等，2014）。

3.3.2.3　长辈之间的关系影响内心安定

“我最希望爸爸妈妈两个人能好好相处，希望他们不要吵架，让人感觉很烦的。”（J）

“我特别希望爸爸妈妈不要离婚！”（G）

“爸爸先出去打工的，隔了一年妈妈也出去了。每年过年他们都会回来，回来的时候他们带回了很多好吃的好玩的，有这样的父母亲我感到很开心，很幸福。”（F）

“我和爷爷奶奶、叔叔婶婶住一起，叔叔和婶婶对爷爷奶奶很好，常常帮他们干活，还给他们钱，爷爷奶奶会给我零花钱，我很喜欢他们。”（B）

访谈中收集到的这些来自留守儿童关于父母亲和长辈相互关系的心声，较为集中地展示了长辈交往以及抚养关系等对他们内心情感和安全感的影响和作用。Cummings & Davies（2011），Davies & Forman（2002）等研究发现，父母亲之间的和睦行为对儿童的情绪安全感具有决定性的作用，儿童感受到的父母之间的吵架行为，在很大程度上瓦解了他们建立起来的安全感。

3.3.2.4 性格因素与安全感

“我觉得有些人感到内心不安是因为他们的内心太脆弱了。我觉得坚强的人，在生活中无论碰到什么样的困难都能够想出办法的，我希望自己不要那么孤独。”(C)

“那怎样才能让自己更加坚强呢?”访谈者追问。

“我觉得要向性格坚强的人多学习。我身边有好多同学，他们跟我一样，父母亲在外地打工，但是他们很坚强，碰到困难从来没有屈服，我很佩服他们。”

这是为数不多的从留守儿童口中说出的关于性格因素与安全感关系的观点，说明了他们对自我的探索已经具有了一定的深度。关于性格特征与安全感之间的关联值得进一步探讨。访谈过程中，发现缺乏安全感的留守儿童的性格更多地给人留下了敏感、被动、内向、退缩等印象；相反，安全感较高的个案，更多地表现出外向、开朗、乐观、自信等性格特征。Nowinski(2001)提出，敏感性水平高的人容易感受到来自周围世界的抵触，感觉自己被孤立，因而容易出现安全感降低的情况。已有研究较少地涉及人格特征与安全感的关联，但还需进一步探讨。

3.3.2.5 特殊的家庭背景下产生特殊的观念和行为

访谈中，研究者发现留守儿童队伍中，有一部分在特殊的家庭里生长。现实生活中有不少留守儿童生活于特殊的家庭之中，他们的父母或离婚，或亡故，或放弃抚养。在这种家庭背景下成长，他们的身心发展和行为健康，现实状况及未来发展颇让人担忧和牵挂，可以作为典型个案深入探讨。研究者在浙江省泰顺县筱村镇初级中学的访谈中发现了一个特殊的个案 B，父亲在她 18 个月时患病离世，母亲在她 20 个月时抛弃了她，从此以后的十几年时间里，小 B 和爷爷、奶奶、叔叔、婶婶还有几个堂姐妹生活在一起。童年的记忆里没有任何与爸爸或妈妈有关的记忆，没有撒过娇，也没有机会躺在父母的怀里倾诉任何的委屈和痛苦，从未享受过任何形式和内容的父母之爱。看到别的孩子依偎在爸爸妈妈的怀里，看到别的父母亲带着孩子一起嬉戏玩耍，她无数次地向爷爷奶奶讨要爸爸妈妈。想念父母的时候只能呆呆地看着他们的照片发愣，默默哭泣。也不知道流了多少泪，哭了多少次，随着年龄的长大，她的心慢慢变得越来越坚强。她说：“一直以来，我有爷爷、奶奶的关心，有叔叔、婶婶的照顾，有堂姐、堂妹可以一起玩耍，在学校里有老师和同学可以寻求帮助，还有社会上的爱心人士……这样我可以尽量不去想爸爸或者妈妈。”“如果要对这些人说一句话你会说什么?”访谈者追问。“我特别地爱他们!”B 说完,眼里泛起了泪花。

访谈者被深深地震撼了,震撼于小小的身躯里竟蕴藏着一颗不同寻常的无比坚强的心!从与小 B 的访谈中,研究者分明看到了她历经了磨炼后成长起来的坚强不屈的强大内心。不知道看起来坚强的表面背后,孩子的内心世界经历了怎样的令人无法想象的心灵历练,但愿小 B 表面坚强的内心能够筑造起强大的信念体系,以备接受成长过程中持续的考验。

3.3.3　对于安全感相关因素的认知和判断

如其他许多心理活动一样,安全感受是个体基于已有的认知图式,对发生在自己身上的现实刺激的主观体验,既表现为一种情绪、情感感受,也是个体的认知观念的集中体现(Lazarus & Folkman, 1987)。那么在特殊的依恋中断的背景下,留守儿童如何看待发生在身边的生活事件,呈现了什么样的认知特征?这是对留守儿童“安全—不安全感受”进行归整的基本内容。

3.3.3.1　对家人及家境的认知:积极与消极杂合,纠结矛盾中不断澄清观念

绝大多数留守儿童在成长过程中无法持续且健康地获取来自父母的关爱,但这并不表示他们在缺少了关爱的情况下不理解他们的处境与生活。

“你怎样看待你的父母外出打工?”“怎么看待你家的经济状况呢?”研究者对访谈对象抛出了这两个问题。研究者试图从个案对家庭经济状况的认知、理解的视角归结其对于自身处境的感受。

A:“我在家里单独一个人,碰到困难和问题没人能够帮助我,这让我感到很无奈。”

J:“现在还比较穷,但是我想会越来越好的。”

B:“还可以,爸爸妈妈赚了不少钱,家里盖起了新房子,不过我还是希望他们能有一个留下来陪着我。”

F:“家里很穷,所以爸爸妈妈才出去打工。每一次接到他们的电话,我会很高兴,每一次看到他们回来过年,我就更开心了!”

D:“要是爸爸妈妈没有出去打工,就有人管我了。”

从个案的回答中,研究者看到了留守儿童内心深处关于生活处境在效能感、控制感和力量感方面的相关信息。受访对象 G 来自一个不健全的家庭,父母亲因为性格不合而离婚,母亲会偷偷地回家看望他,如果一旦让他父亲得知,会从外地赶回来把妈妈打跑。

“发生这样的事情,你是怎样想的呢?”研究者问。

“我实在搞不懂大人们到底在干什么?他们之间的矛盾一定要发泄到我身

上，每次看到他们吵架、打架我就很害怕，我害怕妈妈会受伤，担心奶奶会被打伤。”

“那你对爸爸的行为怎么想的呢?”

“我只是感到害怕，我不恨爸爸，他很爱我，也许是有什么原因，他跟妈妈就不能好好的，我多么希望他们能复合啊。”

“这对你来讲意味着什么呢?”

“这样我就可以过上幸福的生活了。”

从该个案的回答中可以总结出影响安全感的重要因素，即外在应激事件。来自外界的生活应激，特别是一些突发事件，如重要他人(父母亲或其他监护人)的非理性行为，给留守儿童的内心安宁带来了直接的负面效应。这些来自留守儿童的心声时刻提醒教育者，特别是家长，一定要注意自己的言行可能对儿童的思想和心理造成的不良影响。

3.3.3.2 对自我能力的认知:既有负向又有正向

自我效能感与个体的“安全—不安全感受”具有密切关联(Moore, 2010; Nowinski, 2001)，自我效能感首先来自于对自身能力的认识和评价。广大留守儿童处于独特的生活环境中，缺少父母的导引，对自我的认识尚不成熟，对自我能力的评价呈现多样化特征。10 个受访者中有 4 人对自己最擅长的能力回答了“不知道”，经过访谈者的提醒，4 人分别做了如下回答:“我唱歌还不错。”(F)“作文写得比较好。”(H)“我的学习成绩不错，我希望将来能考上一所好大学，我还要去读博士!”(B)“上个学期的手抄报获奖了。”(G)这些回答基本上与学业能力的自我评价有关。也有认识较为深刻的，如受访者 E 说“我不知道自己能做什么，看到别人考试成绩挺好，还有同学有特长，很羡慕他们，我好像什么都不会，我希望能像他们那样自信。”从儿童纯真的视角看来，拥有一定的能力就能给自己增加不少的信心。也许不是儿童身上缺少某种能力，而是他们尚未认识到自己已经拥有某种能力。本研究中的访谈对象基本上都处于 Erikson (1968)提出的青春期“自我统一性对角色混乱”的斗争之中，无论家长和学校都需要进一步加强对他们认识自我的引导。

对自我能力的认识，受访对象中也有较为积极正面的，如受访者 A(一个初二女生)说:“不必在意别人如何评判我，我不羡慕别人的家庭条件，虽然我家没有钱，但是我觉得我不比他们差，我学习成绩不错，每次考试都在班级前 5 名，我从小就会帮助家里分担家务，我觉得自己比起那些娇生惯养的人来要好多了。”言语中充满了正能量，是她对自我的肯定和对通过自己的努力塑造自己美好未来的憧憬，这是安全感水平较高、自我效能感强的内心感受。

3.3.3.3　对学校作用的认知:留守儿童安全感建构的坚强后盾

作为留守儿童学习和生活的另一个重要场所,学校在其安全感的发展过程中起到了不可替代的作用。学校的影响和作用主要表现在两个方面,即人际关系(师生交往和生生交往)和他人支持。"和同学在一起,让我感到安心。"(A)"平时住在学校里,人比较多,不感到害怕。"(C、H)"有什么困难都可以得到老师的帮助。"(B、D)"我有几个比较要好的同学,我们经常互相帮忙,共同应对困难。"(E、F)"在学校里有很多像我一样的留守儿童,学校对我们很关心,经常组织活动,我也经常参加,就感到不那么孤独了。"(J)"在学校里常常有社会上的爱心人士来给我们捐赠,学校还给我们配了营养餐,让我感觉很温暖。"(I)

访谈过程中,研究者让受访者就"在学校的感受"选择几个词语表达内心的感受,有8人选择了"快乐"和"安全",6人选择了"充实",5人选择了"好奇",3人选择了"自在",无一人选择"无聊"、"烦闷"、"压抑"或"痛苦"。总体来讲,留守儿童生活在校园环境里,能体会到更多的安全和自在,也能让家长感到更多的放心和宽慰。Regan(2014)认为,发生在校园的突发事件等容易给学生造成身体伤害,同时也会带来心理上的负面影响,造成安全感的降低,学校应该做好计划、准备和操练。建立长期和短期行动计划,积极应对偶发事件,在计划中确定危机干预的责任人,分配好责任,准备好应急预案和备选方案,建议将学校心理健康教育的师资确定为危机干预团队的核心人员。

3.3.3.4　对来自社会的支持的认知:感恩与珍惜

来自社会的资助或支持总能让留守儿童的内心无限放大他们的感恩之情。小B说:"我曾经参加了学校组织的'大手拉小手'活动,社会上的爱心人士来到我们学校,给我们捐赠图书、文具用品,有的同学还受到了经济资助,我们非常开心,也非常感谢他们提供的帮助。""那么你怎么看待这些人给你们提供的帮助呢?"研究者追问。小B回答:"这些帮助可以帮我们解决不少困难,更重要的是让我们感到社会是在关心我们的,因此我们的内心非常感激他们。那些提供帮助的人还鼓励我们要树立信心,战胜困难,好好学习,做得更好。"虽然不是所有的留守儿童都能接受到来自社会的帮助或捐助,但希望各种形式的帮助或捐助能够具体落实到每个儿童的身上,同时落实到他们的心坎上,化物质资助为精神支持,更加注重对心灵的扶助,使他们更懂得感恩社会,珍惜生活,增长能力,久而久之成为一种习惯,以便更好地应对困难和挑战。

3.4　讨论

本研究聚焦留守儿童"安全一不安全感受"的表现、影响因素、社会认知特征、学习、生活等内容进行了个案考察和记录，对获取的信息资料进行初步整理和归类，为进一步分析留守儿童安全感的内涵、结构、特征、效用等奠定基础。

3.4.1 受访个案“安全—不安全感受”基本情况分析

由于个体的生活经历、留守背景、性格特征、所受教育等的差异，使访谈个案的“安全—不安全感受”出现了明显的个体差异。早年便开始留守的B、D、I三个个案中，除了较为特殊的B以外，依据研究者已有经验的判断，另两个留守儿童的安全感处于较低水平，说明在幼儿期家庭教养的缺失使他们的身心发展受到更为深刻的影响。江立华，等(2013)提出，在幼儿期到儿童期(1～5岁)，家庭是儿童心理发展和社会化最主要的作用载体，父母亲的教养方式对儿童的安全感及心理品质的培养最为关键。个体的“安全—不安全感受”与内在和外在各种因素密切相关，说明安全感在很大程度上受到内在因素(如自我效能感、人格特质等)，外在因素(如社会支持、家庭教养等)的影响。高安全感个体表现出较高水平的内心确定性、控制力和自信心，而低安全感者则更多地表现出焦虑、悲观、无力和无助。

生活于独特家庭里的三例留守儿童的“安全—不安全感受”各不相同，B更多具有积极特征，G表现一般，I的安全感受最为消极。从访谈来看，B虽然在早年便失去了父爱和母爱，但爷爷奶奶收留了她，叔叔婶婶等也能接纳她，她所在家庭的结构基本健全，家庭教化功能仍能维持，以此作为保障，她渐渐发展成为内心坚定、自信自爱，懂得感恩的人，成为一个懂事的小大人。而个案I的情况与B有较大反差，其父亲不幸因务工事故而过世，之后其母精神渐生异常，成为家庭生活事件的重要应激源，再加上生活于贫困的家庭环境之中，I的担心与焦虑、人际敏感(自信不足)、自我无助、应激掌控(失控)等安全感缺失的特征都比较明显。G虽处于离婚的家庭里，其父母情感不和，但是他渐渐长大(14岁)进入青春期，已能慢慢懂得、接纳和学会处理所发生的事情，故而其安全感处于中等状态。仅从以上分析来看，个体的安全感及其发展与其生活环境、留守经历、个性特征、家庭教养、经济状况等密切相关。对留守儿童安全感特征的分析，应结合其具体不同的成长经历、家庭环境、受教育状况等予以探讨。

3.4.2 家庭教养维系和巩固着儿童的安全感

留守儿童的家庭生活环境最基本的特征就是亲子分离，亲子之间的情感交流减少。江立华，等(2013)研究发现，儿童由于与父母长时间分离，他们之间的情感日渐淡化，甚至出现了父母亲感觉与子女的关系日渐疏远的情况。张鹤龙

(2004)和林宏(2003)研究发现，相比非留守儿童，留守儿童更容易出现性格内向、易激惹、焦虑、神经过敏等特点，还表现出更多的交往困难，独立性差，坚持性差，不愿积极参与集体活动等特点。诸多研究都认为，儿童的健康成长要求具备完整的家庭关系和家庭功能，父母亲应该和儿童生活在一起，而不应出现父母教养缺位和关爱缺失。

Moore(2010)提出，担心没有人来照顾我们，这种原始的恐惧心理可能是长期缺乏安全感的病根。很多事会强化这种恐惧，为不安全感提供温床。失去双亲常常成为一个人的人生转折点，无论他是成人还是小孩。童年时丧失亲人，会使人不可避免地在成长过程中丧失安全感，从而无法建构起基本的对世界的信任感。Moore(2010)还提出，家庭、玩伴、情人、知己、母亲不在的时候负责照顾自己的阿姨或大姐姐等，都是能提供安全感的人，一旦失去了他们，那种失落感所造成的阴影是很难消除的。本研究中，多数个案在谈及内心的安定及自我成长方面，多次谈到了亲子关系、亲情交流对自己的生活的作用和影响。在维系和建构儿童的心理安全感方面，父母亲发挥着无可替代的作用，同时也具有天然的优势。这一点，应该引起留守儿童父母足够、充分的认识。

现实生活中也有例外，那些在成长过程中失去父母关爱的儿童(对留守儿童而言是无法正常、持续地获得来自父母亲的关爱)，如若还存在较为正常的家庭教养功能，则对身心健康和安全感发展等仍将产生保护效应。赵超俊(2012)认为，如果家长在务工之余能多多与子女交流和沟通，隔着时空给孩子提供帮助和指导，也能够培养留守儿童的自我调整能力，使他们不至于出现严重的身心健康问题。廖传景，等(2014)也证实了贫困留守儿童的心理韧性比非贫困留守儿童更强，使其可以更从容地应对来自生活的挑战。

3.4.3 关于社会支持的作用分析

客观存在的社会支持与社会支持系统，以及个体主观感知到的社会支持对个体身心健康的重要意义已被诸多研究所证实(Herman-Stahl & Petersen, 1999; Langeland & Wahl, 2009; Cattell & Herring, 2002; Quimby & O'Brien, 2006)。作为社会弱势群体的留守儿童，其社会支持系统是不健全、不完善的，所能提供的社会支持也是严重缺乏的(江立华，等，2013)。对广大留守儿童而言，首要的社会支持来自家庭(包括父母亲和祖父母辈以及其他监护人)，其次是学校，再次是社区和社会。然而，现实的情况却是：父母关爱缺失，学校教育体制不完善，农村社区存在不良影响，社会关爱机制不完善，这些都严重阻滞了留守儿童的健康成长，使留守儿童在教育学习、身心健康、家庭教养和权益保障等方面出现了危机和困扰(江立华,等,2013),进而导致他们出现了情绪情感问题,引发了心理紧张、焦虑等,使安全感受到削弱。

在访谈过程中,留守儿童们对来自外界的社会支持基本上都是持欢迎和感恩的态度的,来自社会的对捐助者来讲微不足道的物质或心理支持,对留守儿童个体来讲,却会成为巩固他们“内心城防”的重要力量。研究者鼓励这样的社会支持!从个案访谈来看,那些得到并感知了较多社会支持的留守儿童在自我发展和安全感建构方面都有积极的成效。因此,既要强化家庭支持,提高学校支持,优化社区支持,还要教育学生积极领悟和感受支持,转化成主观的力量,这对于消除留守儿童的不安全感,培育和提升安全感受等将产生积极的效用。

3.4.4 关于自我效能感的作用分析

自我效能感是个体对自己是否有能力来完成某一行为的推测和判断,常常表现为对生活事件的控制力和自我评价的确定性。自我效能感强的人具有较强的控制和应变能力,在身体活动中更易产生积极效应(Fallon, Wilcox & Ainsworth, 2005),自我效能感是个体安全感形成和发展的重要影响因素。面对挫折倾向于采用积极的,解决问题的方式来应对,有效调节了来自学校生活事件和社会适应过程中的各种挑战和应激,使安全感得到保护(Bandura, 1977)。从个案访谈来看,多数留守儿童对自我能力的认识和评价还不甚清晰,而且多数集中于学习和生活方面,这体现了留守儿童的年龄特征,也与其生活经历有关,留守儿童的一般自我效能感还有待进一步提升。

3.4.5 关于留守儿童安全感的社会认知特征分析

社会认知是个体对社会生活信息的识别、判断、采择、归类和推理等的心理活动,涉及对社会性客体,如人、人际关系、社会群体、自我、社会角色、社会行为、社会关系、社会规范等,及其之间关系的认知、判断、理解和推理(乐国安, 2004)。个体的许多行为,如判断、决策等都是依据社会认知的结果而做出的,并对个体的行为进行着调节和指引,如个体对自身能力的评价和判断,在环境和个体的行为之间起着重要的中介作用(Bandura, 1977)。

从本次个案访谈来看,留守儿童对家人、家境、自我、学校、社会支持等的感知、判断与思考,表现出典型的受留守生活和留守经历影响的特征,他们基于简单、纯朴的生活经历和特殊的成长环境,不断对生活做出自己的解读,积极认知与消极感受相结合,在矛盾纠结中不断澄清和发展各种观念,既有对现实的无奈,也有对亲长、教师、爱心人士等的感恩,这些社会认知持续作用于安全感。

谭中长(2011)认为,由于缺少家庭的温暖,留守儿童难以形成对周围人的信任感,容易破坏安全感受的发展。赵超俊(2012),廖传景,等(2014)则提出,在基本的家庭教养仍能发挥作用的情况下,大多数留守儿童反而能从实际生活境遇中汲取有益成分为我所用,不仅磨炼了意志,同时也提升了生存能力、心理韧性等。反过来,不同安全感水平的留守儿童对现实的认知和解读也存在积极和消极、正向和负向、乐观和悲观等的差异。

以上通过访谈归纳而来的留守儿童关于自我、生活、学习和人际等的"安全—不安全感受",更多表现负向的"不安全感"的特点,如更多的人际敏感、自我无助、焦虑体验和应激无力感。这也与广大留守儿童生活与亲子分离、亲情缺失、依恋中断的生活实际是吻合的,同时,这也与大多数留守儿童处于身心发展尚未成熟的年龄段有关,普遍表现出安全感不高的特点。

3.4.6 个案访谈讨论

个案访谈法,又称实地调查法、田野考察法(field work),是选取典型个案,实地观察某种社会现象或社会问题、社会群体,总结规律的方法。董奇(2004)认为,定性研究(如个案访谈法)可以对复杂且有代表性的问题进行深入探究,收集到与研究课题紧密相关的社会生活的实际情况和背景资料。在质性研究中,最为关键的内容是研究资料的获取及对资料的分析、理解和意义建构,这些都需要借助研究者与研究对象之间的互动。本研究试图尽可能全面地收集留守儿童安全感的相关信息资料,并对信息资料进行尽可能客观、真实的整理和归纳。在质性研究中,对信度和效度等的操作、执行不如定量研究那样有据可依。本研究的个案访谈主要通过以下方式来提高信度和效度:①创设良好的访谈氛围,鼓励和支持受访对象回答问题,提供观点;②对同一问题从不同角度来获取资料,如关于某些重要信息征求班主任老师和监护人的看法,从而使不同信息材料得以相互印证;③访谈过程注意围绕提纲但又不拘泥于提纲,根据受访对象的反应进行灵活机动的调整;④在资料分析时,综合运用类属分析和情境分析的方法,即一方面通过反复的比较和归纳,使研究结果得以明确地呈现,另一方面尽量采用受访对象的语言进行描述,以更贴近受访对象的真实情况。

本研究开展针对留守儿童安全感受的典型个案访谈和考察,期望能从分散、凌乱的个体安全感现象中,总结和整理出具有一定类别、规律的信息,为后期研究提供参考。本研究中,这个目标已经基本实现:对10个个案的访谈,帮助澄清了对留守儿童"安全—不安全感受"的基本认识,归纳了来自人际交往、自我、家庭状况、生活应激、社会支持等方面的信息,既有内在的自我认识和体验,又有外在的生活事件应激,有助于进一步认识和理解留守儿童安全感的内涵、结构、特征及效用。

3.5 小结

基于以上分析,得出以下结论。

(1)留守儿童的“安全—不安全感受”存在明显的个体差异。

(2)留守儿童的“安全—不安全感受”表现为对家庭和亲人的担忧、牵挂,面对突发事件的不知所措以及在人际交往过程中的敏感和焦虑体验等。

(3)留守儿童的安全感存在多重影响因素,主要有长期亲子分离、家境不良、长辈之间的关系、性格因素和特殊的家庭背景等。

(4)不同水平的安全感,存在各自差异的社会认知特征,不同的社会认知加工过程显著影响了留守儿童对现实世界的安全感受和体验。

第4章　留守儿童安全感的结构、问卷编制及标准化

4.1　引言

对于安全感的测量，最早见于 Maslow et al.（1945）编订的“安全－不安全感量表（S-I）”，由于其编制年代较早，所含题项较多（共 75 题），且未见信度和效度的报告，所以在我国未得到推广。国内有不少学者对安全感的结构进行了探讨，但是已有的研究并未涉及安全感的内在本质，有的对安全感的表现领域进行了归类（如，Rabbani et al.，2013；曹中平，等，2010；夏春，涂薇，2011；汪海彬，姚本先，2013；胡三嫚，2008），有的反映安全需要的表现（如，孙思玉，等，2009；沈学武，等，2005；刘玲爽，等，2009），有的把安全感作为一种心理过程，反映其情绪特征和认知特征（如，丛中，安莉娟，2004；陈顺森，等，2006）。综合来看，安全感的结构尚未有明确界定，各家基于自身的理论假设，从某个视角探讨特定群体的安全感内涵，至今尚未有基于特殊依恋背景（如留守儿童）和依恋理论的安全感结构研究。留守儿童是我国社会转型时期出现的特殊群体，他们中的大多数在父母教养缺位、亲子关爱缺失的环境中成长，缺少了来自父母的关注、支持和引导，容易出现焦虑、抑郁、品行障碍和社会适应失调等，在受忽视的生活背景下成长更容易出现安全感的缺失（Lennie et al.，2011）。特殊的成长经历和生活环境，使他们的思想情感和心理发展表现出独特性，已有的安全感测量工具及结构是否适用于留守儿童，有待进一步探究。

Jacobson（1991）将安全感视为人们的基本观念，是个体感知到自己可能被现实刺激威胁而获得的对环境中危险因素的认知反应，Fallon et al.（2005）将这个反应过程界定为个体对生活中可能出现的风险的掌控感和自我效能感。依恋理论认为，对儿童的这种精神上的效能感和掌控感的培养，与其家庭功能息息相关（Bowlby，1982；Mikulincer et al.，2011）。他们认为，儿童的安全感反映的是儿童对特殊依恋对象在其需要的时候应答和提供帮助的程度（Bowlby，1982；Mikulincer et al.，2011；Van Ryzin & Leve，2012）。个体在家庭背

景下发展起依恋行为系统，成功地接近依恋对象并获得安全感，是个体维持和提升心理健康、人际功能，满足亲密关系与心理发展的重要方面(Bowlby，1982)。

第3章已就留守儿童的“安全—不安全感受”进行了典型个案的访谈和信息梳理，从纷繁芜杂的个别现象中初步归纳了关于留守儿童安全感的基本认识。本章旨在探索留守儿童安全感的结构，开发一个符合测量心理学标准的、适用于中国留守儿童的安全感测量工具。

基于上述论析，本研究提出如下假设。

(1)留守儿童的安全感是一个具有多维度的结构模型，这些维度对应于留守儿童的生活现实和心理特征，符合留守儿童的自我评价及对生活的认识、理解、感受和体会。

(2)留守儿童与非留守儿童的安全感具有显著差异，可在大样本调研的基础上建立常模。

4.2 留守儿童安全感的结构探索

4.2.1 内容分析

4.2.1.1 开放式问卷调查与半结构化小组访谈

笔者选取浙江省和重庆市各一所农村中学和小学开展开放式问卷调查和半结构化访谈。

1)研究工具

开放式调查问卷为自编问卷，由4个问题构成，由于安全感的概念对5～8年级的学生来说，在理解上有一定难度，故在题后举例以启发学生回答。

(1)请结合自己的感受谈谈，拥有(或缺乏)安全感主要表现在哪些方面？举例1：我常常(或从不)担心爸爸、妈妈在外面打工是否会被别人欺负；举例2：我在做事情的时候常常觉得有把握(或感到不确定)。

(2)在日常生活中，什么情况下，发生什么事情的时候，会让你感觉到内心不安，如担心、害怕、无能为力或不能控制等？举例：家里有人来讨债的时候，我常常会担心、害怕。

(3)你认为缺乏安全感会给自己和别人(包括家庭)带来什么不好的影响？举例：我常常不敢相信自己是否能把老师交代的事情做好。

(4)你认为生活中应该怎么做才能让自己的内心不再担心或害怕？举例：如果爸爸妈妈不出去打工，我就会觉得自己很有信心和力量。

以上4个问题，要求作答者结合自身的生活实际以及对现实生活的理解做出回答，各写出3～5条答案，并要求列举具体的情形或用词语、短句概况出具体的情况。

半结构化访谈的问题与开放式问卷调查相同，在受访者回答完问题后，研究者继续追问回答的原因，同时允许受访者在问题设定的范围内就安全感的认识与感受表达自己的观点和看法。

2）被试

开放式问卷调查的被试80名，具体分布如表4-1所示。访谈的被试20名，具体分布如下：男生9人，女生11人；独生子女6人，非独生子女14人；5～8年级每个年级各5人；父母均外出12人，仅父亲外出6人，仅母亲外出2人。

表4-1 开放式问卷调查的样本构成情况

人口学变量	类 别	人 数	比 例/%
性别	男	39	48.8
	女	41	51.2
独生子女	是	25	31.2
	否	55	68.8
年级	5年级	20	25.0
	6年级	20	25.0
	7年级	20	25.0
	8年级	20	25.0
父母务工类型	父母均外出	51	63.8
	仅父亲外出	24	30.0
	仅母亲外出	5	6.2

3）研究过程

首先，采用纸笔作答的形式进行开放式问卷调查。然后，进行半结构化访谈。在访谈之前先请学校组织学生，初步告知访谈内容(关于留守儿童的学习和生活方面)，访谈者与受访对象见面，以团体游戏热身暖场，活跃气氛。为保证质量，访谈时间限制在60分钟以内。在征得受访者同意的情况下使用录音笔录音，同时辅以文字记录。所有受访者和调查对象均获得了一份小礼物。最后，对问卷调查和访谈所得进行整理。

4）结果

对80份问卷的内容进行条目汇总，经初步整理得到289个内容条目；根据访谈的记录和录音，整理出文字材料，再进行适当性转换和修改，得到104个内容条目；加上从已有相关理论、问卷编制、网络资源搜集而得的56个内容条目，总共449个内容条目。

按照以下规则，对449个内容条目进行筛选和适切性评价。

(1)合并意思相同或相近的内容条目。例如,"家里欠了很多钱,让我很担心"和"爸爸妈妈向别人借了很多钱,怕还不起",将这两条合并为:"家里的经济情况让我担忧"。

(2)剔除明显不属于安全感范畴的内容条目。例如"爸爸妈妈回家应该乘坐火车",或者"我常常要干很多家务活"等。

(3)剔除语义表述不清的内容条目。例如"安全感就是心情平静","我常常一个人在家"等。

(4)拆分多重含义表达的内容条目。例如"每次放学看到同学们都有父母来接,我总想给他们打电话,看看他们怎么样,有没有出事",将这条多重语义表达拆分为"常常希望父母亲陪伴身边"和"常常担心父母亲在外打工会出事"。

(5)对有分歧的条目,暂时予以保留。

(6)计算经过以上5个步骤筛选后剩余内容条目出现的频次,剔除出现频率小于5%的条目。

通过以上程序初步获得120个题项。

4.2.1.2　*原始问卷的内容分析*

根据留守儿童安全感的界定,参照已有的安全感问卷及其结构,研究者对120个题项进行了内容分析,初步判断留守儿童的安全感由以下几个部分构成。

(1)关于自我能力的感受,包括勇敢尝试、把握、信心、直面问题、掌控局面、犯错感受、内心安宁、能力感、被接纳、自我存在、容貌评定、单独胜任、独处感受等。

(2)关于人际交往的感受,包括主动交友、面对拒绝(丧失)、应对嘲笑、友情(被关注或陪伴)需要、帮助期待、自我孤立、交往感受等。

(3)对于家庭、家人与自身安危状况的关注与体验,包括家庭安全、家庭经济维持、经济负担控制、父母安全、亲长陪伴、父母关系、父母工作、父母健康等。

(4)对陌生人、陌生情境的感受与认定,包括生人交往感受、好坏人判断、生人警惕、生人无畏、受人伤害等。

(5)对学业的感受,包括师生交往、学业胜任、面对批评、学习焦虑、学业困难等的感受。

(6)对应激事件的感受,包括对突发事件的认识,冲突避免,事件应对、应急处理等。

以上内容基本涵盖了留守儿童在学习、生活、人际交往、自我认识、情绪体验等方面的安全感受,也符合本研究的安全感界定。将这六个方面汇总成预测问卷的初始题项。

4.2.1.3　留守儿童安全感维度的初步构想

根据开放式问卷调查和小组访谈所得的结果，结合安全感的理论和实证研究，参照已有安全感测量工具的维度设置，初步建构的留守儿童安全感维度如下所示。

(1)人际自信，反映留守儿童对自身的人际交往和人际关系状况方面的感受和体验，包括对人际交往过程的确定感、控制感等。

(2)安危感知，反映留守儿童对自己及家人的安危处境，对家庭成员工作、生活、家庭经济状况等状况或处境的认知、判断和感受。

(3)自我接纳，反映留守儿童的自我效能、自我价值、自信心等方面的感受，包括对自己的留守状态、容貌、能力等是否能接纳，以及内心是否安宁等。

(4)生人应对，反映留守儿童在与陌生人交往的过程中，或身处陌生情境里的内心感受。

(5)应激控制，反映留守儿童对应激事件，特别是突发事件的理解、判断、控制和感受等。

(6)学业胜任，反映留守儿童在与老师、同学的交往中，是否能完成学业任务，是否能有效应对学习困难时的个人感受。

留守儿童安全感的预设维度构建如图4-1所示。

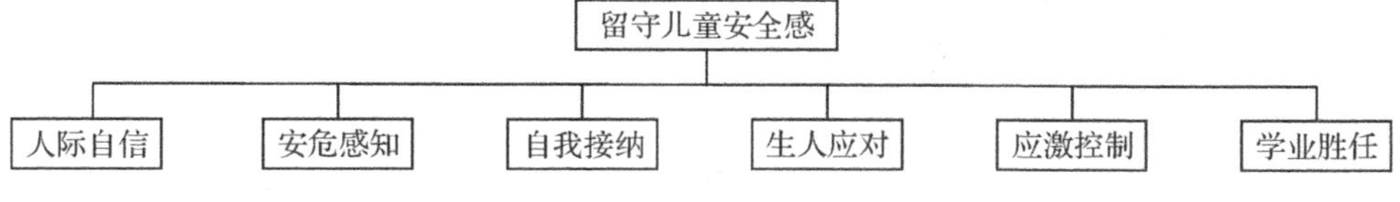

图4-1　留守儿童安全感的预设维度示意图

4.2.2　预测问卷的编制与施测

4.2.2.1　预测问卷的编制过程

笔者在预测问卷编制完成以后，邀请了一名心理学博士研究生和一名小教高级职称教师对问卷进行审阅，征求关于问卷指导语，题目合理性、可读性、适当性以及简洁性等方面的意见，特别是关于问卷条目是否适合10～14岁留守儿童作答，查看是否有与现实不符，语义模糊，或超出被试理解能力的地方。在听取了两位专家的意见后，笔者修改或删除了部分题项，最后形成了含有109个题项的预测问卷。

1)被试

选取在重庆市、湖北省和浙江省6所农村学校(初中和小学各3所)就读的留守儿童作为预测问卷的被试。共发放问卷300份，回收295份，剔除无效问卷6份，得到有效问卷289份。被试构成如表4-2所示。

表4-2 预测问卷被试的构成

人口学变量	类别	人数	比例/%	缺失值	缺失比例/%
性别	男	166	57.4	4	1.4
	女	119	41.1		
独生子女	是	99	34.3	6	2.1
	否	184	63.7		
民族	汉族	239	82.7	8	2.8
	少数民族	42	15.2		
年级	五年级	83	28.7	10	3.5
	六年级	68	23.5		
	七年级	60	20.8		
	八年级	68	23.5		
父母务工类型	父母均外出务工	182	63.0	14	4.8
	仅父亲外出务工	69	23.9		
	仅母亲外出务工	24	8.3		

2)施测方法

问卷题项随机编排，采用自评法，参照Likert 5点计分(1=非常符合，2=比较符合，3=不确定，4=比较不符合，5=非常不符合)，被试根据自身实际比对与题项陈述的符合程度，在5个答案选项中进行选择。有27个题项采用反向计分，得分越高表明安全感水平越高。

问卷由研究者(或委托所在学校心理健康教师、班主任)集体施测。测试选择在静校时间或自习课、班会课进行，保证被试有宽裕的答题时间。答题前告诉被试：问卷调查与智力评定或成绩无关，所得结果仅供研究之用；答题时独自完成，不受他人影响，也不影响他人。介绍指导语后，施测者对其中一题举例予以示范。所有被试均获得一份小礼物。

3)数据处理

笔者采用SPSS 20.0和Amos 20.0进行分析。

4.2.2.2 预测问卷的项目分析

采用四种项目分析法(item analysis)来筛选题项，以使测验具有较高的信度和效度。

1)临界比值法(critical ratio)

临界比值法又称极端值法、临界比，意在求出题项的决断值。本研究根据测验总分区分高、低分组(前27%和后27%)，进行独立样本t检验，以t值作为决断值，t值越高，表示鉴别度越好。删除t检验结果未达到($p>0.05$)或仅达到显著差异($p<0.05$)的题项,保留极显著差异的题项($p<0.01$)。经此研究程序删除了第30题($t=-1.924$,$p=0.056$)。

2)题项与总分的相关度

删除与总分低度相关的题项,保留相关度高的题项,可使测验趋于同质(吴明隆,2010)。计算题项与总分的相关度,如果相关度越高,表明该题项与整体的同质性越高,相关度未达到显著水平或$r<0.4$,表示该题项与整体的同质性不高,予以删除。依据此方法删除了第1、3、5、12、15、18、22、26、27、30、42、48、50、54、58、60、75、79、81、83、88、89、94、95、101和108等26个题项。

3)信度检验

信度(reliability)代表问卷的一致性(consistency)或稳定性(stability)。Likert问卷的信度估计多采用Cronbach α 系数检验法。信度检验旨在考察删除某一题项后,问卷的信度系数是否产生变化。如果题项删除后,问卷的Cronbach α 系数提高,表明该题与其他题项的同质性不高,可予以删除。本研究中,问卷的α系数为0.963,删除第30或81、94题后,α系数就升高为0.964,故予以删除。

4)共同性与因素负荷

共同性(communalities)是指题项解释共同特质(或属性)的变异量,数值越高表明测得心理特质的程度越高,反之则越低;因素负荷(factor loading)表示题项与因素的相关程度,数值越高表明与共同因素的关系越密切,反之则越低(吴明隆,2010)。一般来说,若因素负荷小于0.32,共同性值小于0.1,则表明该题项无法有效反映共同因素,可予以删除(吴明隆,2010)。本研究采用主成分分析法抽取1个共同因素进行因素分析,发现第2、4、7、11、16、17、25、39、43、47、49、51、52、56、64、69、85、90、93、104、105、106、107等23题的共同性小于0.2,且因素负荷量小于0.45,因此予以删除。

经以上项目分析程序笔者删除了49个条目,剩余60个作为初测问卷的题项。

4.2.3 初测问卷的编制与分析

4.2.3.1 初测问卷的编制

1)工具

笔者经由项目分析保留了60个题项,组成初测问卷。为使题项表述更适合青少年阅读,结合预测过程中部分被试对部分题项提出的意见,笔者对题项进行了适当修改。初测问卷的计分方法、填答方式与预测问卷相同。有7个题项采用反向计分,得分越高表明被试的安全感水平越高。初测问卷、效标量表和人口学变量题目共约 200 项,被试完成填答时间 20～40 分钟不等。

2)施测过程

问卷由研究者(或委托所在学校班主任、心理健康教师)集体施测。施测过程与预测一致,每个参与者均获得一份小礼品。

3)样本

选取在重庆、四川、贵州、云南、湖北、河南、江西和浙江等 8 个省(市)的农村学校就读的留守儿童作为初测样本。共发放问卷 1500 份,回收问卷 1491 份,剔除明显敷衍回答或大部分回答缺失的无效问卷,得到有效问卷 1447 份,有效率为 97.0%,样本分布如表 4-3 所示。

表 4-3　初测问卷样本的分布

人口学变量	类　别	人　数	比例/%	缺失值	缺失比例/%
性别	男	713	49.3	22	1.5
	女	712	49.2		
独生子女	是	350	24.2	31	2.2
	否	1064	73.6		
民族	汉族	1192	82.4	16	1.1
	少数民族	239	16.5		
年级	五年级	376	26.0	31	2.1
	六年级	357	24.7		
	七年级	347	24.0		
	八年级	337	23.3		
父母务工类型	父母均外出	1009	69.7	63	4.4
	仅父亲外出	300	20.7		
	仅母亲外出	75	5.2		

4.2.3.2　初测问卷的分析

1)项目分析

第一,进行临界比值检验。计算问卷总分,按高低 27%的比例分组,进行独立样本 t 检验,删除 5 个差异不显著($p>0.01$)的题项。第二,考察题项与总分相关,删除 9 个 $r<0.4$ 的题项。第三,信度检验,初测问卷的 α 系数为 0.931,删除第 4、12、39、50、53、55 和 59 题后,α 系数就所升高,因此删除以上各题。通过以上程序,总共删除 9 个题项,保留 51 个题项进行因素分析。

2)初测问卷的探索性因素分析

因素分析(factor analysis)是一种多变量统计分析方法,用少量的因子概括和解释大量的观测数据,从而建立起简洁的、更具有一般意义的概念系统。因素分析可用于探索和建议问卷的结构,分为探索性因素分析(exploratory factor analysis,EFA)和验证性因素分析(confirmatory factor analysis,CFA)两种。

因素分析的程序是：首先进行适合度检验，然后进行项目筛选和因素抽取，最后对因子进行命名与解释。本研究将初测所得样本(n=1 447)分为大致相同的两个部分，用其中的一部分(n=723)进行探索性因素分析，另一部分(n=724)进行验证性因素分析。

(1)因素分析适合度检验。

采用巴特利特球形检验(Bartlett-test of sphericity)和KMO取样适合度检验(Kaiser-Meyer-Olkin measure of sampling adequacy)方法来检验问卷因素分析的适合度。如若Bartlett's球形检验的χ^2值较大，且$p<0.05$，表明适合作因素分析。KMO值介于0～1之间，如果$KMO>0.90$，表明极适合做因素分析，介于0.8～0.9适合性良好，介于0.70～0.80效果尚可，大于0.60勉强可以，若$KMO<0.50$，则表明极不适合进行因素分析(吴明隆，2010)。本研究进行适合度检验(n=723)，结果发现Bartlett's球形检验$\chi^2=14264.708$，$df=1275$，$p<0.001$，$KMO=0.946$，表明极适合进行因素分析。

(2)项目筛选和因素抽取。

采用以下标准进行项目筛选：题项的共同度<0.4；题项有跨因素负荷且负荷值>0.4；题项在单因素上的负荷<0.45(吴明隆，2010)。因素抽取的方法为：主成分分析法(principal factor analysis，PFA)和方差极大方差旋转法(varimax)。因素抽取的标准为：特征值(eigenvalue)大于1；抽取的因素在旋转前至少能解释2%的总变异；因素必须符合碎石检验(scree test)；每个因素至少包含3个题项；因素比较容易命名(吴明隆，2010)。

根据项目筛选和因素抽取的标准，经过多次探索，最终删除了初测问卷中的第5、7、8、11、15、21、22、23、25、27、28、29、30、31、32、33、34、35、36、37、38、40、43、51、58等题，余下26个题项组成留守儿童安全感正式问卷(详见附录2)，共抽取五个因素。

对由26个题项组成的问卷进行因素分析适合度检验，Bartlett's球形检验的$\chi^2=7009.772$，$df=325$，$p<0.001$，$KMO=0.921$，表明极适合进行因素分析。26个题项共抽取5个维度，共解释56.080%的变异。问卷总变异量解释见表4-4，碎石图见图4-2(从第五个因素以后曲线明显趋于平缓)，旋转后的因子负荷矩阵见表4-5。所有项目的因素负荷值都超过了0.45，且不存在交叉负荷，五个因素结构清晰。

(3)因素命名。

通过探索性因素分析得到留守儿童安全感问卷，共包含26个题项，五个因素，解释总体变异的56.080%，题项的最高负荷为0.813，最低负荷为0.477。基于留守儿童安全感的操作性定义和因素内诸题项所反映的内容特征，因素命名如下。

表 4-4　问卷的总变异量解释(旋转后)($n=723$)

因素	初始特征值			提取平方和载入			旋转平方和载入		
	合计	方差的/%	累积/%	合计	方差的/%	累积/%	合计	方差的/%	累积/%
1	7.993	30.744	30.744	7.993	30.744	30.744	3.678	14.145	14.145
2	2.438	9.378	40.121	2.438	9.378	40.121	3.460	13.306	27.452
3	1.661	6.389	46.510	1.661	6.389	46.510	2.665	10.250	37.702
4	1.322	5.085	51.595	1.322	5.085	51.595	2.429	9.343	47.045
5	1.166	4.485	56.080	1.166	4.485	56.080	2.349	9.035	56.080

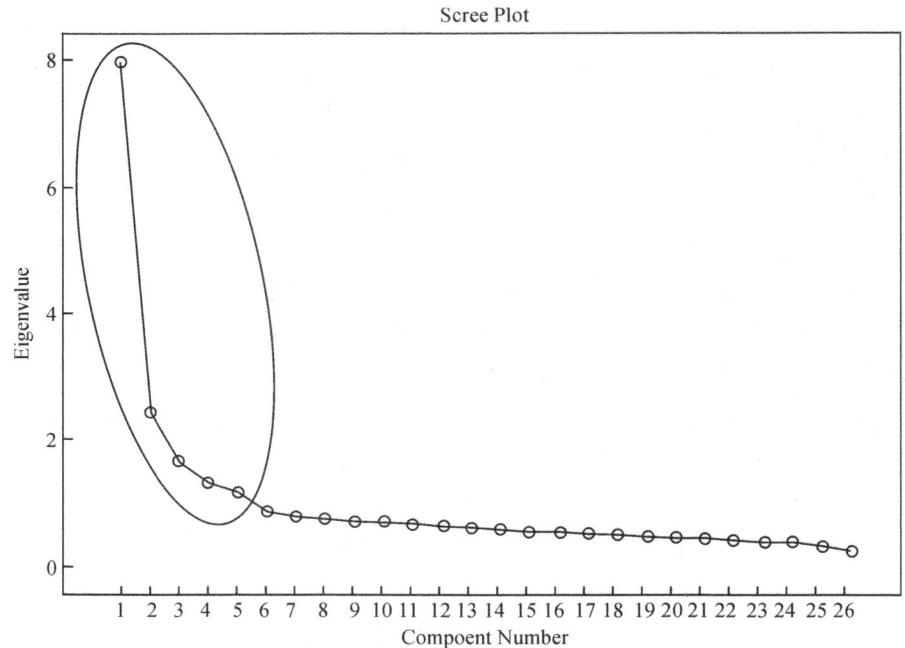

图 4-2　问卷的因素碎石图

因素一："人际自信"。由 7 个题项组成，主要涉及留守儿童在人际交往过程中对自身及人际关系状况的感受。高分表示对人际关系状况感到自信和满意，体会到自己容易被他人喜欢和接纳；低分表示对人际交往常常感到自卑、担心，容易感到被他人拒绝、排斥、受伤害等。

因素二："安危感知"。由 7 个题项组成，主要涉及留守儿童对当前家人及自身的安全状态的确定感、控制力，如希望家境改善，家人顺利、平安、健康等。高分表示内心镇定和安宁，忧虑度低，感受到父母外出务工、家庭安全及自身安全等有保障；低分则表示对家庭成员健康、安危状况等感到担忧和焦虑。

因素三："应激掌控"。由 4 个因素组成，主要涉及留守儿童对应激事件的掌控感受。高分表示不容易受到外界应激事件的负面影响，遇事能平静处之，如发生在身边的吵架等；低分表示在突发事件或重大应激面前感到无能为力，不知如何处置与应对，易感惶恐与不安。

因素四："自我接纳"。由 4 个题项组成，主要涉及留守儿童对自我能力、表现、容貌等的内心感受。高分表示对自己各方面的接纳度、自信水平高，自我效能感强；低分表示对自己各方面的评价和接纳度低。

因素五："生人无畏"。由 4 个题项组成，主要涉及留守儿童对与陌生人交往的感受和体会的评定。高分表示与陌生人坦然交往，内心平静，没有产生坏人认定；低分表示在与陌生人交往过程中内心的负面反应强烈，容易产生坏人认定。

表 4-5　旋转后的因子负荷矩阵(n=723)

题项	因素					共同性
	1	2	3	4	5	
T45	**0.726**	0.187	0.149	0.036	0.163	0.611
T46	**0.724**	0.271	0.090	0.061	0.230	0.663
T48	**0.709**	0.066	0.041	0.279	0.145	0.607
T47	**0.630**	0.180	0.103	0.173	0.025	0.470
T54	**0.596**	0.217	0.095	0.167	0.009	0.439
T57	**0.574**	0.025	0.083	0.260	0.127	0.420
T41	**0.508**	0.179	0.125	0.350	0.121	0.443
T16	0.086	**0.748**	0.159	0.132	0.059	0.614
T18	0.110	**0.739**	0.188	0.128	0.050	0.612
T17	0.170	**0.714**	0.090	0.022	0.201	0.588
T24	0.090	**0.666**	0.117	0.179	0.164	0.524
T20	0.275	**0.565**	0.145	0.006	0.143	0.436
T19	0.256	**0.562**	0.092	0.025	0.267	0.462
T26	0.209	**0.477**	0.074	0.143	0.297	0.455
T42	0.203	0.198	**0.813**	0.090	0.165	0.776
T6	0.072	0.130	**0.803**	−0.022	0.148	0.689
T1	0.077	0.109	**0.760**	−0.006	0.069	0.601
T44	0.133	0.227	**0.713**	0.133	0.116	0.609
T60	0.177	0.078	0.073	**0.797**	0.124	0.694
T52	0.185	0.150	0.027	**0.782**	0.088	0.676
T56	0.389	0.161	0.024	**0.616**	0.065	0.562
T49	0.211	0.072	0.028	**0.556**	0.159	0.509
T9	0.049	0.090	0.121	0.093	**0.745**	0.589
T10	0.108	0.182	0.092	0.026	**0.707**	0.554
T14	0.173	0.236	0.091	0.141	**0.657**	0.546
T13	0.211	0.192	0.207	0.145	**0.536**	0.432

注：因素提取方法为主成分分析；旋转方式为具有 Kaiser 标准化的正交旋转法。

在预测问卷的内容分析中曾预设“学业胜任”因子，但是未在探索性因素分析中被抽取，有关题项在项目分析时被筛除，故而在确定留守儿童安全感的结构时未有此因子。以上五个因素反映了留守儿童对现实环境、人际关系、自身、应激事件等，在是否能被掌控，是否能胜任，是否有较强的效能感，是否有力量感等方面的特征。五个因素既反映了安全感的基本特征，又体现出了留守儿童学习、生活和心理发展的特点，反映了留守儿童安全感的不同构面。

4.2.4 问卷的信度分析

为了检验问卷的可信度和稳定性，本研究考察了问卷的内部信度（internal reliability）和外部信度（external reliability）。

4.2.4.1 内部信度检验

考察内部信度主要为检验问卷题项是否属于单一概念，以及题项之间的内部一致性情况。对态度问卷一般采用内部一致性系数（Cronbach α）来检验其信度（吴明隆，2010）。若整体问卷的 α 系数超过 0.8，表示内部一致性程度较高；如果 α 系数小于 0.7，则应考虑对问卷进行修订或重新编订。如果整体问卷中含有维度（或分问卷），α 系数应不小于 0.6，如果各维度的 α 值在 0.7～0.8 之间则表示信度较高。本研究采用 Cronbach α 系数考察问卷整体及各维度的内部一致性，结果发现整体问卷的 α 系数为 0.908，说明问卷总体上有着较好的内部信度。五个维度的 α 系数在 0.708～0.834 之间（详见表 4-6）。

表 4-6　问卷的内部信度和外部信度

信　度	人际自信	安危感知	应激掌控	自我接纳	生人无畏	总体安全感
内部信度	0.833	0.834	0.827	0.780	0.708	0.908
外部信度	0.798	0.663	0.603	0.702	0.842	0.821

4.2.4.2 外部信度检验

考察外部信度主要检验重测信度（test-retest reliability），即检验相同被试在两个不同时段测评所得分数的一致程度，一般以两次测评分数的相关系数作为指标。本研究选择浙江省某山区县农村小学 45 位留守儿童作为被试，间隔三周时间进行第二次测评。两次施测中问卷的题项编排顺序不同，但均随机排序。问卷的整体重测 α 系数为 0.821，除了安危感知与应激掌控因子的系数有些许波动外，其余因子的稳定性都较高（详见表 4-6）。可见问卷整体的重测信度较好，重测信度在可接受的范围之内，具有较好的跨时间稳定性。

4.2.5 问卷的效度检验

效度（validity）反映的是问卷在什么程度上测到了所要测的目标，是评量问卷准确性的重要指标(顾海根,2010),一般可分为内部效度(internal validity)和外部效度(external validity)。内部效度是指研究的真实性与准确性,包括内容效度(content validity)和构想效度(construct validity)。外部效度是指研究推论的正确性,主要通过效标关联效度(criterion-related validity)判断(吴明隆,2010)。

4.2.5.1 内容效度分析

内容效度也称逻辑效度(logical validity),是指测验题项取样的适当性(顾海根,2010),主要通过同行专家的审阅、修订和规范等来保证(吴明隆,2010)。本研究共邀请了20名同行专家(高校心理学教师、心理学硕士、博士和中小学心理健康教师各5名),对问卷条目与所在维度的关联性进行判断。采用Licket 5点记分法:1=不相关,2=弱相关,3=不确定,4=较强相关,5=非常相关。结果发现,各题项的平均分在3.70~4.45之间,各维度的平均分在3.94~4.18之间,问卷所有条目的总平均分为4.09。因此,从同行专家评价的视角来看,问卷具有较高的内容效度。

本研究基于安全感相关论述确定安全感的操作性定义,通过开放式问卷调查和半结构化访谈收集资料,力争涵盖留守儿童安全感的主要方面。邀请专业人士对调查和访谈所得进行分析和编码,条目表述尽可能简明扼要、通俗易懂,适合5~8年级学生理解,还邀请专家对问卷条目的关联性进行审查。以上步骤基本上保证了问卷具有较好的内容效度。

4.2.5.2 构想效度检验

构想效度也称建构效度、结构效度或构念效度,反映问卷是否能够测量到某一理论构想或心理特质。构想效度验证是一种严谨的效度检验方法,需要以理论的逻辑分析为基础,并根据实际所得数据和资料来检验。本研究采用验证性因素分析和相关分析两种方法来检验问卷的构想效度。

1)验证性因素分析

经过探索性因素分析得到安全感的五因素结构,但是它是否合理,是否为最优结构,尚需进一步验证。本研究借助Amos 20.0对五因素结构的合理性和优越性,在另一半问卷中($n=724$)进行验证性因素分析。

验证性因素分析是一种通过数学程序来检验预设模型是否能准确拟合观测数据的统计分析方法,通常借助结构方程模型来验证,在允许有误差的情况下对潜变量、观察变量以及潜变量的关系进行检验。通过模型拟合的结果进行数据解读,以验证预设模型的有效性。主要判断指标有三类:绝对拟合指标(absolute fit indices)、增值拟合指标(incremental fit indices)和简约拟合指标

(parsimonious fit indices)(吴明隆,2009)。

(1)绝对拟合指标。

绝对拟合指标包括:χ^2 值、*SRMR*(标准化残差均方根)、*GFI*(拟合优度指数)、*AGFI*(调整的拟合优度指数)和 *RMSEA*(近似均方根误差)等。χ^2 值越小,拟合越好,但由于 χ^2 容易受样本量影响,一般不直接作为评价指标,而是考察 χ^2/df 的数值。一般的,$\chi^2/df>10$ 表示观测数据与模型不能拟合;$\chi^2/df>5$ 表示拟合不好;$3<\chi^2/df<5$ 表示拟合较好;$1<\chi^2/df<3$,表示拟合很好;$\chi^2/df<1$ 则表示拟合过度。由于 χ^2/df 仍易受样本量影响,所以还要结合其他指标进行考察,其中 $RMSEA<0.08$ 表示拟合较好,$RMSEA<0.05$ 表示拟合很好,$RMSEA<0.01$ 表示拟合极好;*SRMR* 越小越好,小于 0.1 表明拟合可接受;*GFI* 和 *AGFI* 越接近 1 拟合越好,大于 0.9 表示拟合良好(吴明隆,2009)。

(2)增值拟合指标。

增值拟合指标包括:*CFI*(比较拟合指数),*NFI*(常规拟合指数)、*TLI*(不规范拟合指数)和 *IFI*(差别拟合指数)等,这些指标越接近 1 表示拟合越好,大于 0.9 表示拟合良好(吴明隆,2009)。

(3)简约拟合指标。

该指标用于评价模型的精简程度,包括 PNFI(简约拟合指数)和 PGFI(简约拟合优度指数)等,两者越接近 1 越好,一个良好的模型其 PGFI 应大于 0.5(吴明隆,2009)。在发展模型或竞争模型中,可通过比较简约拟合指标,选出较精简的模型。

本研究的验证性因素分析分为两步,第一步:判断预设模型与观测数据的拟合情况。从模型拟合的结果来看,五因素模型(M1)与数据的拟合适配情况良好,各项指标均符合测量心理学的要求(详见表 4-7),说明另一半观测数据很好地支持了五因素结构模型。验证性因素分析路径图表明,观察变量与相应的潜变量之间以及各个潜变量之间均有适当的负荷和相关,也说明了 M1 是较好的(见图 4-3)。第二步:检验五因素模型是否为最优模型。本研究设置了两个竞争模型:四因素模型(M2)和单因素模型(M3)。M2 合并“生人无畏”与“应激掌控”两个因素,这两者都是留守儿童的环境应激变量,定义为“环境控制”,与其他三个因素一起组成四因素模型。相关分析发现留守儿童安全感的五个因素存在中等强度的相关,单因素结构(M3)是否合理或更优呢?检验结果发现,M2 的各项拟合指标均可被接受,M3 的拟合指标则不符合测量学要求。从 *PNFI* 和 *PGFI* 来看,五因素模型更为精简。由此可知,五因素结构相对于可能存在的四因素结构和单因素结构,对于观测数据有着更优的拟合适配度(详见表 4-7)。

表 4-7　留守儿童安全感五因素、四因素及单因素模型验证性因素分析结果

模型	χ^2/df	*RMSEA*	*SRMR*	*GFI*	*AGFI*	*CFI*	*NFI*	*TLI*	*IFI*	*PNFI*	*PGFI*
M1	2.374	0.044	0.084	0.931	0.916	0.932	0.889	0.924	0.933	0.791	0.766
M2	3.602	0.060	0.120	0.890	0.868	0.874	0.834	0.860	0.874	0.752	0.743
M3	6.535	0.087	0.149	0.772	0.732	0.726	0.693	0.702	0.727	0.637	0.657

2)相关分析

根据测量学理论,如果问卷各维度之间的相关太高,可能会使各维度界限不清、彼此重合;如果相关太低,则可能有关维度与想要测量的内容并不相同。Tucker & Lewis(1973)认为,良好的问卷其项目和总体的相关最好在 0.30～0.80 之间,各因素间的相关最好在 0.10～0.60 之间,在这些相关全距之内的项目能为测验提供满意的信度和效度。本研究中问卷题项与总分之间的相关在 0.451～0.678 之间;各因素之间的相关在 0.213～0.619 之间;各因素与总问卷的相关在 0.668～0.792 之间(详见表 4-8)。以上的相关系数及水平都符合 Tucker & Lewis(1973)的推荐。这说明留守儿童安全感的五个因素既相对独立,又有较为一致的集中趋势,能较好地反映问卷所要测查的内容,问卷的构想效度良好。

表 4-8　问卷各因素及与总问卷的相关矩阵

因素	人际自信	安危感知	应激掌控	自我接纳	生人无畏	总体安全感
人际自信	1					
安危感知	0.517**	1				
应激掌控	0.352**	0.439**	1			
自我接纳	0.619**	0.380**	0.213**	1		
生人无畏	0.435**	0.523**	0.385**	0.358**	1	
总体安全感	0.792**	0.777**	0.668**	0.701**	0.727**	1

4.2.5.3　效标关联效度检验

效标关联效度又称实证效度(empirical validity)、预测效度(predictive validity)。效标(criteria)是检验测量工具有效性的参照标准。效标应与所要测量的心理特质有关,一般为经典或权威的量表(或维度)。效标关联效度检验是一种实证分析,即计算问卷得分与效标之间的关联度,常用相关系数表征,相关越高表示效标关联效度越高(郑日昌,2005)。本研究采用与留守儿童安全感有一定关联的问卷(或维度)来验证问卷的效标关联效度,分别是:安全感量表、儿童孤独感问卷、症状自测量表(部分维度)、状态—特质焦虑问卷和儿童自我意识量表(部分维度)(见附录 3-1 至 3-5)。本研究还通过"学生总体安全感教师评定题项"来检验留守儿童安全感问卷的实证效度。

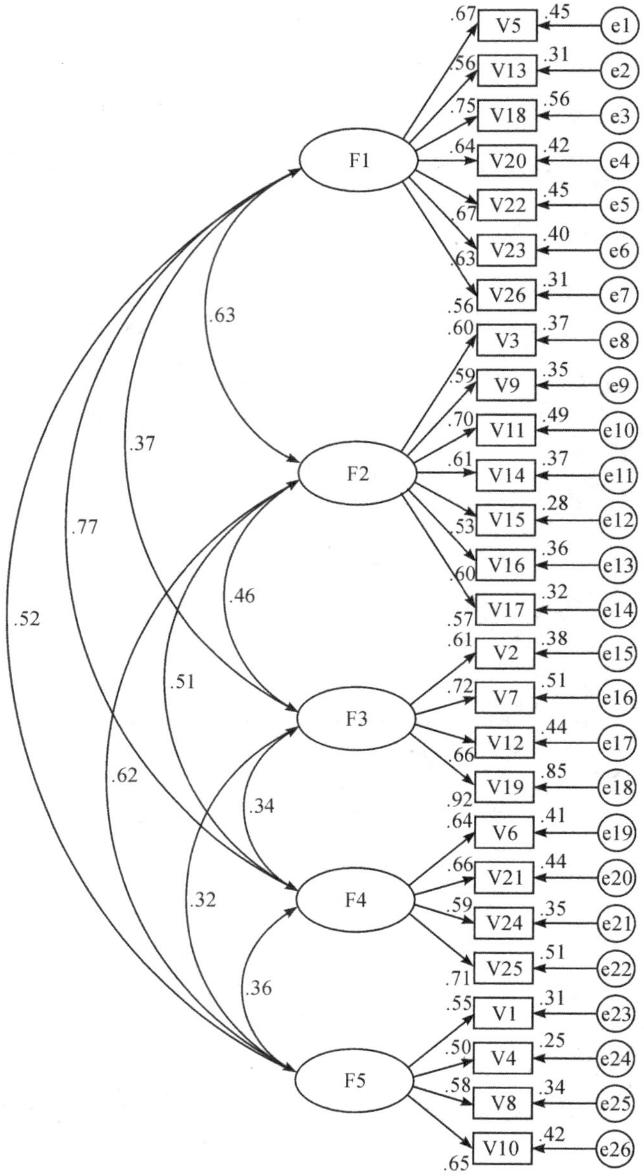

图 4-3　留守儿童安全感五因素模型的验证性因素分析路径图

注：F1 为人际自信，F2 为安危感知，F3 为应激掌控，F4 为自我接纳，F5 为生人无畏。

1）安全感量表（Security Questionnaire，SQ）

SQ 由丛中，安莉娟（2004）编制，有 16 个题项，包含“人际安全感”和“确定控制感”两个因子，该问卷条目较少，界定明确而清晰，操作简便，被当前诸多关于安全感的研究选为测评工具，其题项及因子与留守儿童安全感的操作性定义有相似之处，因而被选为本研究的效标之一。SQ 采用 Likert 5 点计分法，分数越高表示安全感越高。两个因子及总量表的 α 系数分别为 0.747、0.720 和 0.796，本研究中 α 系数分别为 0.710、0.795 和 0.852。对 *SQ* 的结构进行验证性因素分析，结果：$\chi^2/df=1.715$，$RMSEA=0.066$，$GFI=0.886$，$AGFI=0.849$，$IFI=0.881$，$ILI=0.858$，$CFI=0.878$，整体拟合较好。

2)儿童孤独感问卷(Children's Loneliness Scale，CLS)

CLS 由 Asher，Hymel & Renshaw 编制，用于评定儿童的孤独感、社会适应与不适应感，而留守儿童安全感缺失常常表现为行为退缩、内心孤独和适应不良等特征，与孤独感之间有较多的相似之处，因而被选为本研究的效标之一。CLS 采用 Likert 5 点计分法，分数越高表示孤独感及社会不满越严重(汪向东，王希林，马弘，1999)。该量表的 α 系数为 0.90，本研究中的 α 系数为 0.873。对 *CLS* 的结构进行验证性因素分析，结果：$\chi^2/df=4.715$，$RMSEA=0.076$，$GFI=0.867$，$AGFI=0.826$，$IFI=0.828$，$ILI=0.800$，$CFI=0.827$，整体拟合较好。

3)症状自评量表(Symptom Checklist 90，SCL-90)

SCL-90 由 Derogatis 编制，包含较广泛的精神病症状学方面的内容，采用 10 个维度，分别反映 10 个方面的心理症状，采用 Likert 5 点评分，分数越高表示心理症状越严重(汪向东，王希林，马弘，1999)。本研究选取 SCL-90 的"人际关系敏感"与"恐怖性"维度作为效标，这与 Nowinski(2001)及 Moore(2010)提出的安全感缺失时常常出现人际敏感和恐惧、害怕等特征是吻合的。两个维度分别有 9 个和 7 个题项，α 系数分别为 0.803 和 0.779。

4)状态-特质焦虑问卷(State-Trait Anxiety Inventory，STAI)

STAI 由 Spielberger(1970)编制，可区别短暂的情绪焦虑状态和人格特质性焦虑倾向。弗洛伊德提出，个体在应对超限的环境刺激时，内心会产生创伤感和危险感，伴随而生的体验就是焦虑(安莉娟，丛中，2003)，缺失安全感的个体在应对环境刺激时，容易出现焦虑心理，因而被选为效标之一。STAI 有 40 个项目，采用四点评分法(1～4，从几乎没有到几乎总是如此)来评定个体的主观感受(汪向东，王希林，马弘，1999)。两者的重测信度分别为 0.88 和 0.90，本研究中的 α 系数分别为 0.850 和 0.822。

5)儿童自我意识量表(Children's Self-Concept Scale，PHCSS)

PHCSS 由 Piers & Harris 编制，主要用于测量儿童的自我意识，包括对自身所处地位和所扮演角色的认知，可作为儿童自我评价的工具。2001 年国内学者对量表进行了本土化修订，广泛用于儿童行为、情绪的研究(汪向东，王希林，马弘，1999)。量表采用“是”与“否”二分选择法，正性记分，适用于8～16岁的儿童，得分越高表明自我意识水平越高。本研究采用了该问卷的“合群”、“幸福与满足”分量表，这两者可以反映高安全感者的心理特点与行为效能，与本研究中安全感的操作性定义相符，因而被选为留守儿童安全感问卷的效标之一。两个分量表分别有12个和10个题项，α系数分别为0.724和0.754。

6)“学生总体安全感水平教师评定题项”

为检验留守儿童安全感问卷是否具有较强的实证效度，本研究设置了“留守儿童总体安全感的教师评定题项”，表述为“该生的总体安全感水平如何”。请评定者在一条标有0～10刻度的数据线上画出相应的标记，0为最低，10为最高，分数越高表示该学生的安全感水平越高。在问卷最后请学生填写自己的姓名，然后将问卷提请班主任或任课教师，根据他们印象中的该生的心理与行为表现进行评定，以此验证本问卷的实证效标效度。

将问卷因子及总问卷得分与以上效标问卷(或维度)进行相关分析，结果如表4-9所示。问卷各维度及总体与各效标效度量表(或维度)呈现显著相关，表明留守儿童的安全感与一般安全感、孤独感、人际关系敏感、恐怖性、状态一特质焦虑、合群性、幸福与满足等维度有较高关联，能在相当大的程度上预测这些心理品质。从测量结果来看，留守儿童的安全感越高，其确定控制感和人际安全感便越高，其孤独感会越低，其人际关系敏感与恐怖性会越低，其状态-特质焦虑会越弱，其合群、幸福与满足感会越强。教师评定与留守儿童自我评定的安全感之间存在显著相关，表明问卷具有较高的效标关联效度。

表4-9 问卷的效标关联效度检验结果

因素	人际自信	安危感知	应激掌控	自我接纳	生人无畏	总体安全感
确定控制感	0.680**	0.461**	0.285**	0.583**	0.359**	0.684**
人际安全感	0.589**	0.341**	0.111*	0.511**	0.332**	0.541**
安全感	0.699**	0.445**	0.227**	0.602**	0.379**	0.678**
孤独感	−0.490**	−0.244**	−0.095*	−0.413**	−0.242**	−0.410**
人际关系敏感	−0.599**	−0.346**	−0.253**	−0.535**	−0.309**	−0.564**
恐怖性	−0.473**	−0.347**	−0.212**	−0.367**	−0.339**	−0.478**
状态焦虑	−0.541**	−0.355**	−0.240**	−0.458**	−0.322**	−0.531**
特质焦虑	−0.528**	−0.338**	−0.229**	−0.464**	−0.285**	−0.511**
合群	0.452**	0.233**	0.126**	0.385**	0.221**	0.392**
幸福与满足	0.367**	0.190**	0.129**	0.356**	0.192**	0.342**
教师评定[a]	0.467**	0.530**	0.296**	0.424**	0.422**	0.509**

注：由于问卷组织施测的问题，实际完成教师评定的样本数为551。

效度分析的结果表明，留守儿童安全感问卷可较好地测得所要测查的安全感，能够清晰地区分留守儿童安全感的内在结构，可以作为留守儿童安全感的测量工具。留守儿童的安全感具有五因素结构，且与其生活实际、心理特点等有着较好的契合，本研究的假设得以验证。

4.2.6　留守儿童安全感的常模

鉴于问卷具有较高的信效度，本研究采用了目的抽样与整群随机抽样的方法，收集了留守儿童重点分布区域（贵州、重庆、云南、四川、湖南、湖北等中西部省市）的样本，考虑了样本的性别、是否独生子女、民族、年级、父母外出类型、生活地点（城镇与农村）和家庭经济状况等变量的代表性，本研究决定在问卷编制与后续调查的基础上建立留守儿童安全感的常模。

4.2.6.1　留守儿童与非留守儿童的样本分布

留守儿童安全感常模的样本由初测所得的 1 447 份问卷与后续调查所得的 2 219 份问卷组合而成，共计 3 666 份。样本来自重庆、四川、贵州、云南、湖南、湖北、河南、江西、安徽、浙江、黑龙江和辽宁等省（市）的农村与小城镇的中、小学。调查样本涵括了各种不同的人口学变量（见附录 4）。初测共发放问卷 1 500份，回收问卷 1 491 份，有效问卷 1 447 份，有效率为 97.0%；后续调查共发放问卷 2 400 份，回收 2 306 份，有效问卷 2 219 份，有效率为 96.2%。两次施测的参与对象不同，时间间隔约 1 个月。

非留守儿童的数据是后续调查所得，取样的地区与留守儿童的取样地区相同，既有农村学校也有城镇学校。共发放问卷 1 400 份，回收问卷 1 355 份，有效问卷 1 315 份，有效率 97.0%。留守与非留守儿童的性别、年级、民族分布无显著差异，是否独生子女变量的分布有非常显著的差异，基本可以对两个群体的安全感得分进行同等条件的比较（详见表 4-10）。

表 4-10　留守儿童与非留守儿童的样本分布

人口学变量	类别	留守儿童（n=3 666）		非留守儿童（n=1 315）		χ^2
		人数（比例/%）	缺失值（比例/%）	人数（比例/%）	缺失值（比例%）	
性别	男	1 838(50.1)	35(1.0)	663(50.4)	39(3.0)	0.678
	女	1 793(48.9)		613(46.6)		
独生子女	是	960(26.2)	79(2.2)	624(47.5)	24(1.8)	204.157**
	否	2 627(71.7)		669(50.7)		
民族	汉族	2 961(80.8)	53(1.4)	1 081(82.2)	33(2.5)	3.685
	少数民族	652(17.8)		201(15.3)		
年级	五年级	891(24.3)	42(1.1)	311(23.7)	26(2.0)	1.095
	六年级	907(24.7)		326(24.9)		
	七年级	957(26.1)		328(24.9)		
	八年级	869(23.7)		328(24.9)		

4.2.6.2 非留守儿童安全感的测量工具

为测评非留守儿童的安全感,本研究将原问卷中专门涉及留守儿童的条目进行等义转换。此类条目共有两个:将"常常担心父母会被别人欺负(打骂或不给工钱)"转化成"常常担心父母会被别人欺负(打骂或不给发工资)",将"我常常担心爸妈在外面打工会出意外(或事故)"转化成"常常担心爸爸妈妈工作会出意外(或事故)",其余条目在测查儿童的安全感方面没有显著的差异,仍然保持不变。

将所采集的非留守儿童的数据与留守儿童安全感问卷的结构进行拟合,结果发现:$\chi^2=1\ 315.482$,$df=289$,$\chi^2/df=4.552$,$RMSEA=0.052$,$GFI=0.925$,$AGFI=0.909$,$IFI=0.907$,$TLI=0.895$,$CFI=0.907$,$NFI=0.884$,整体上拟合良好,表明留守儿童安全感的结构也适合非留守儿童。问卷五个维度及整体的 α 系数分别为 0.828、0.806、0.619、0.762、0.669 和 0.911,表明留守儿童安全感问卷在非留守儿童群体中测量时具有良好信度。

4.2.6.3 留守儿童与非留守儿童安全感数据的比对

将留守儿童的数据与非留守儿童进行对比,结果如表 4-11 所示。

表 4-11 留守儿童与非留守儿童安全感问卷得分比较

因素	留守儿童(n=3 666)		非留守儿童(n=1 315)		t	p
	M	SD	M	SD		
人际自信	3.49	0.89	3.60	0.98	−3.690	0.000
安危感知	3.38	0.93	3.74	0.93	−12.243	0.000
应激掌控	2.74	0.95	3.38	0.92	−21.424	0.000
自我接纳	3.46	1.00	3.68	1.04	−6.977	0.000
生人无畏	3.33	0.92	3.73	0.88	−13.435	0.000
总体安全感	3.28	0.69	3.63	0.74	−15.403	0.000

从表 4-11 可知,留守儿童与非留守儿童在安全感问卷的各个因素及总均分上均有非常显著的差异,表现为留守儿童的得分非常显著地低于非留守儿童。这说明本研究所得的数据能典型地反映留守儿童群体的特征,所建常模在全国留守儿童中具有代表性。

4.2.6.4 留守儿童安全感常模的建立

以性别和年级为自变量,以安全感各因子及总均分为因变量进行多元方差分析(MANOVA)。结果发现,所有因子及总均分的性别主效应显著;除了自我接纳外,年级主效应显著;人际自信、自我接纳和总体安全感的年级×性别交互效应显著(见表 4-12)。

表 4-12　性别、年级在安全感上的多元方差分析表(MANOVA)

因素	性别			年级			性别×年级		
	SS	*df*	*F*	*SS*	*df*	*F*	*SS*	*df*	*F*
人际自信	98.908	1	129.537**	11.046	3	4.822**	14.083	3	6.148**
安危感知	18.480	1	21.420**	31.395	3	12.130**	2.047	3	0.791
应激掌控	20.666	1	22.938**	11.911	3	4.407**	3.828	3	1.416
自我接纳	63.500	1	65.091**	1.936	3	0.661	16.534	3	5.649**
生人无畏	32.950	1	40.165**	127.078	3	51.635**	1.606	3	0.652
总体安全感	42.247	1	91.425**	9.815	3	7.080**	5.117**	3	3.691*

通过多重比较和简单效应检验发现:在所有项目的得分上,留守男童的得分均显著高于留守女童;从年级变量来看,除了自我接纳因子外,其余均有显著差异,除了人际自信外,其余的项目得分均是随着年级的增长而上升。基于以上分析,本研究分别建立留守儿童安全感的总体、性别和年级常模。

4.2.6.5　留守儿童安全感常模

表 4-13 呈现的是留守儿童安全感测量原始分的总体常模、性别常模和年级常模。

表 4-13　留守儿童安全感的常模(n=3 666)

常模类别		人际自信	安危感知	应激掌控	自我接纳	生人无畏	总体安全感
总体常模		3.49±0.89	3.38±0.93	2.74±0.95	3.46±1.00	3.33±0.92	3.28±0.69
性别常模	男	3.66±0.84	3.35±0.92	2.81±0.95	3.59±0.97	3.43±0.92	3.39±0.68
	女	3.34±0.91	3.32±0.94	2.67±0.94	3.34±1.00	3.24±0.92	3.18±0.69
年级常模	五年级	3.56±0.80	3.23±0.92	2.69±0.93	3.45±0.94	3.04±0.91	3.19±0.65
	六年级	3.51±0.90	3.37±0.93	2.73±0.95	3.48±1.00	3.31±0.93	3.28±0.69
	七年级	3.50±0.93	3.45±0.95	2.70±0.96	3.47±1.03	3.44±0.90	3.31±0.72
	八年级	3.42±0.93	3.46±0.91	2.83±0.95	3.45±1.01	3.55±0.88	3.34±0.70

4.2.6.6　量表的标准化

为方便研究者或留守儿童个人对安全感水平进行参照评估,本研究对问卷进行了标准化。采用较为通用的平均数(M)、标准差(SD,也记为“σ”)和标准误(STD. error)作为常模的主要指标,计算出相应的百分位数和 T 分数,形成了标准分数常模表。T 分数的计算过程如下:

(1)计算 Z 分数(Z-score)。Z 分数也叫标准分数(standard score),Z 分数能够真实地反映一个分数距离平均数的相对标准距离,因而可以通过 Z 分数确定某个体在整体分布中的相对位置。Z 分数的计算公式为:$Z=X-M/SD$,即将每一个得分与平均数的差再除以标准差。如果把每一个原始分数都转换成 Z 分数,就可以得知这个原始分数到平均数的距离或离差。

(2)将 Z 分数转换成 T 分数。由于 Z 分数含有小数和负数,比较起来较难操作，故而需要将 Z 分数转换为 T 分数。T 分数的转换公式为：$T=10Z+50$。这样就得到了一组平均数为 50，标准差为 10 的标准分数。

本研究以 T 分数分布为基础，按“$<-2\sigma$”、“$-2\sigma\sim-1\sigma$”、“$-1\sigma\sim+1\sigma$”、“$+1\sigma\sim+2\sigma$”、“$>2\sigma$”的分组归类，将量表原始得分的标准分转换为 1～5 的等级分。把个体的测验得分转换成标准分数，不仅可以了解个体在团体中的位置，而且标准分数是等距量表，其应用范围更加广泛。一般认为“$-1\sigma\sim+1\sigma$”区间的分数为中间型，即这个区域内的分数属于常态，“$-2\sigma\sim-1\sigma$”的分数较低，“$<-2\sigma$”的分数为极低，“$+1\sigma\sim+2\sigma$”的分数较高，“$>2\sigma$”为分数极高。

本研究还确定了各原始分的百分等级，同时估计出百分等级对应的 Z 分数、T 分数。依据留守儿童安全感的发展特点，制定了留守儿童安全感量表的百分等级常模和 T 分数常模，分为总体常模、性别常模和年级常模三种（见附录 5-1～5-7）。

4.3 讨论

4.3.1 关于留守儿童安全感问卷的内容结构

马斯洛等把安全感看作是心理健康的基础（马建青，2005），现实生活中许多人的心理与行为问题正是由于缺少安全感引发的。与拥有安全感相对，缺失安全感会直接引起人们的内心冲突和焦虑（沈学武，等，2005）。开展面向留守儿童的心理教育，需要澄清安全感的概念，揭示其内在结构，以便深入探讨个体不安全感的表现及特征，为心理问题的预防、咨询与指导提供一个较为明确的方向。

本研究以安全感理论为依据，提出了留守儿童安全感的操作性定义，结合留守儿童的心理发展特征、家庭生活、学校教育、社会生活，提出了安全感的结构假设，通过测量学研究程序，验证了留守儿童安全感的结构。留守儿童安全感由人际自信、安危感知、应激掌控、自我接纳和生人无畏五个因素构成。

4.3.1.1 人际自信因子

在人际交往过程中表现出自信心和自信力，是拥有安全感的重要特征。人际自信高，表明个体在人际交往过程中拥有较高的掌控力和自我效能感。反之，人际自信缺失，敏感性增强，则表现为安全感的缺失和低下。敏感性是个性气质的一部分（Nowinski，2001），人际敏感性被认为是不安全感的重要引发因素。有人的地方，就有人际关系，只要跟人打交道，就有可能被拒绝。所以有人因为怕被拒绝，就尽可能地过着与世隔绝的生活，这种行为的背后反映的是个体对人际交往存在较强的敏感性(Moore,2010)。个体在人际交往过程中对交往双方的角色、作用、意义等都有一个主观感受和自我评估的过程，同时也在估量与他人交往的可接受性、可掌控性等。敏感的人容易感到自卑，而自信的人则能较好地处理好各种人际关系，使自己在人际交往过程中不致出现焦虑、痛苦或矛盾等困扰。

个体出生时便带来了一定程度的敏感性，有的人一生都有这种特征。不安全感是天生敏感的人受制于虐待、拒绝或创伤性损失的结果，不管这些事情什么时候发生，以及它们的程度如何严重，持续时间多久，都将影响敏感的人，使其成为一个缺乏安全感的人(Nowinski, 2001)。当然，不是每一个敏感的人都缺乏安全感，但几乎每一个缺乏安全感的人都很敏感，有时候两者的表现是完全一样的。而表现出人际自信则是拥有安全感的基本特征(Moore, 2010)。尽管"缺乏安全感"和"个性敏感"并非同义词，但是天生心软而敏感的人似乎更容易缺乏安全感(Nowinski, 2001)。人际自信维度得分高，表现为对他人的信任，对自我的肯定，对社会的认可和包容，对人际交往过程有正向判断、积极感受和接纳，对自我、他人和社会的安全性感受强。得分低表现为不能正确处理与社会、他人的关系，在人群中感到不自在，与人相处时怀着较强的戒备、怀疑甚至嫉妒心理。

4.3.1.2　安危感知因子

生活的动荡和环境的变化对一个人的潜在影响很容易被忽视，研究发现，长期动荡的生活、被迫接受的变化或者规律的打破，都是滋生不安全感的温床，还可能使一个人沉湎于恐惧感之中(Avni-Babad, 2011; Moore, 2010)。由于远离了父母的护佑，广大留守儿童的内心积累了对家庭、对亲人的牵挂和担心，担心自己家庭的安全，担心家人是否会被欺负，担心自己的人身安全，担心没有人来照顾自己。这种原始的恐惧心理可能是长期缺乏安全感的根源，后天还会有很多事情强化这种焦虑感(Moore, 2010)。

安危感知因子所含的内容更多地体现了留守儿童对自身家庭、亲人的安全等是否可控的内心感受。得分高表现为对家庭安全，家人、自己的人身安全的放心和坦然，对家庭支持和父母保障等内心表现出安宁。得分低表现出对缺少家庭支持、父母保护的焦虑，对工作安全和自身人身安全的担忧。这种对自身的家庭经济、父母务工，对家庭成员的人身安全等的感受是留守儿童安全感中相对独特的内容，体现了他们生活内容及心理感受的独特性。其实，任凭父母双亲离开多远、多久，作为子女也是无法割裂这种天然的脐带式的情感联结。

4.3.1.3 应激掌控因子

生活中到处都有压力事件，伴随着人们对恐怖主义不断增长的恐惧，与日俱增的暴力事件出现，人们对安全的需要日益增加(Rabbani et al.，2013)。现实生活中，意料之外的事情、生活规律的打破，都会让人产生失落感(Moore，2010)。在没有强大的安全感支持的时候，这种失落感容易使个体陷入自我否定的怪圈。当儿童在青春早期遇到各种外部压力事件而自觉无法应对时，这会对他们的安全感产生后续的影响，在进入到青春期的过程中，他们对外界困境的形式、内容和范围等会变得越来越敏感(Davies & Cummings，1998)。

作为安全感的组成要素之一，应激掌控表现为留守儿童对发生在身边的应激事件的掌控能力和应对心理等。应激掌控力低，表现为对现实控制的缺失。掌控感不仅是积极心理健康的一个指标，当个体面对紧张的生活事件时也是一个重要的心理资源(Pearlin et al.，1981)，高掌控感的人相信他们有能力去影响环境，并带来预期中的结果，表现出对应激事件有较高的掌控力和胜任感。得分低表现为留守儿童面对应激事件时无能为力或力不从心，并且有避开应激事件、不愿面对麻烦事件的心理倾向。

4.3.1.4 自我接纳因子

安全感的重要表现就是高自尊和被认可、被赞赏，若无这些，易使他们产生自我怀疑、忧心忡忡、自我无助等。Moore(2010)发现，很多人常常在内心衡量，看看自己所拥有的到底有多少是自己不配得到的，缺乏安全感的时候常常否定自己，用批评的眼光看待自己。他们缺少自信，容易受伤害，一旦受到伤害就很难治愈。缺乏安全感使他们难以接受正常的缺陷和错误，不管是自己的还是他人的(Nowinski，2001)。

作为安全感的因素之一，自我接纳表现为留守儿童如何认识和评价自我，是否感到自我的效能，以及是否能接纳自己等。Bandura(1977)认为自我效能感是个人的一种信念，自我效能感强的人相信自己会在不同的条件下运用自己拥有的技能来完成各种任务。感知到的自我效能是个体身体活动的一个重要的预测因素(Wu & Pender，2002)。安全感可以被解释为个体自我效能和悦纳自我的结果和表达。自我接纳得分高表现为对自己的认可、欣赏和悦纳，得分低表现为对自己的否定。

4.3.1.5 生人无畏因子

广大留守儿童尚未成年，常无法自如应对来自外部世界的刺激，在与陌生人交往的过程中，容易产生恐惧、焦虑的心理，这也是留守儿童安全感的独特内容。陌生人的存在，对处于青春早期的留守儿童来讲，无疑是个威胁。青春早期是个体对陌生情境、外部压力事件特别感到脆弱的时期(Hetherington, Bridges & Insabella, 1998)。Moore(2010)认为"威胁"这两个字大概最能准确地说明缺乏安全感的根源,面对一个持续的威胁,如果不找出解决的办法,个体就会很快表现出异样来。缺失安全感的个体在面对陌生情境或陌生人的时候,常视之为威胁,无法从当前的情境和交往对象那里获得持续的、长期的和可预见的重要支持(Forman & Davies, 2005)。

作为留守儿童安全感的因子之一,生人无畏得分高表现为对陌生情境的坦然接纳、无所畏惧,以平和、淡定的心情与陌生人交往,没有把陌生人视为自身的威胁;得分低表现为安全感的缺失,对陌生人和陌生情境的不可掌控性,容易产生排斥、拒绝和畏惧的心理,习惯性地对陌生人交往产生消极认定。

4.3.1.6　留守儿童安全感问卷结构小结

本研究通过一系列研究程序,编订了留守儿童安全感问卷,包括人际自信、安危感知、应激掌控、自我接纳和生人无畏五个因素。人际自信是留守儿童个体对人际交往的感受性,安危感知及生人无畏是安全感中反映留守儿童独特生活现实的因素,自我接纳与应激掌控表现出他们对现实应激与自我现实的掌控力和效能感。五个因素与留守儿童的生活现实、心理特征是吻合的,与理论界定是契合的,能够较充分地概括留守儿童安全感的内容。

4.3.2　关于留守儿童安全感问卷的信度和效度

留守儿童安全感问卷的信度和效度,源自问卷编制过程的严谨性和科学性。

首先,通过文献研究和开放式问卷调查、访谈,收集到了关于安全感的若干内容条目,这些内容条目反映了留守儿童安全感的各个方面,结合留守儿童的生活实际和年龄特征,将内容条目归结为人际自信、安危感知、生人无畏、自我接纳、应激掌控和学业胜任等,这六个方面能较全面地反映留守儿童安全感所包含的主要内容,且与留守儿童的生活现实、心理特征等比较契合,问卷具有较高的内容效度。

其次,通过探索性和验证性因素分析对留守儿童安全感的结构进行了探索和验证,表明五因素结构是稳定、合理的,相对于其他结构模型是优越的,这进一步提升了问卷的有效性,说明了问卷具有理想的构想效度。

最后,利用"安全感量表"、"儿童孤独感问卷"、"症状自测量表"、"状态-特质焦虑问卷"和"儿童自我意识量表"等效标量表,考察问卷的效标效度,还通过"教师评定题项"来检验问卷的实证效度。相关分析结果表明安全感问卷与效标量表及实证题项均有显著相关，说明本问卷具有较好的效标效度和实证效度。

研究还采用内部信度和外部信度相结合的方法考察问卷的信度，结果表明问卷各因子及总体的内在一致性水平较高，达到心理测量学的要求。时隔三周的重测信度检验表明问卷具有较高的外部信度，说明问卷具有跨时间的稳定性。综合以上分析，问卷在中国文化背景下信度、效度较高，可用于测量留守儿童的安全感。

4.3.3 留守儿童安全感的常模分析

本研究在全国留守儿童较为集中的12个省(市)采集了3 666个样本，同时在相同地区采集了1 315个非留守儿童样本，两个群体的人口学分布基本等值，可以进行比较分析。结果发现非留守儿童的得分非常显著地高于留守儿童，证实了大样本调查得来的安全感数据可以反映留守儿童群体的独特性，可以据此制定全国常模。

样本分布于西南地区(重庆市、四川省、贵州省和云南省)、华中地区(湖北省、湖南省和河南省)、华东地区(江西省、安徽省和浙江省)和东北地区(辽宁省和黑龙江省)。以上诸省皆为留守儿童分布的集中区域，特别是中西部经济欠发达的农村、山区、少数民族聚集区。样本中，男女性别比为50.1∶48.9，五至八年级的比例为24.3∶24.7∶26.1∶23.7，汉族与少数民族比为80.8∶17.8，父母均外出、仅父亲外出与仅母亲外出的比例为63.9∶26.0∶6.7。这些分布与当前留守儿童的实际情况基本吻合，故本研究所建立的留守儿童安全感常模具有代表性。

留守儿童安全感各项的得分均显著低于非留守儿童；从性别差异来看，留守男童的安全感各项得分均显著高于留守女童；从年级差异来看，除了自我接纳外，其余各项均有显著差异，总体呈现从低年级向高年级逐级升高。以上这些结果表明问卷对留守儿童具有明显的鉴别作用。

随着我国经济、社会的不断发展，留守儿童群体的数量越来越大。长期生活于亲子分离的环境中，留守处境对儿童的安全感持续产生作用。当前我国尚无专门评定留守儿童安全感的工具，本研究开发了“安全感量表”，信度和效度均符合测量学要求，项目数量适当，语言表述通俗易懂，评定方法和数据处理简单易行。还有总体、性别和年级常模可供参照，为留守儿童安全感的测评提供了有效的参照，是可行、有效的测评工具。

4.4　小结

(1)留守儿童的安全感的结构是一个具有多维度的模型,包含五个因素:人际自信、安危感知、应激掌控、自我接纳和生人无畏。这些维度体现了留守儿童的生活和心理特征,符合留守儿童的自我评价及对生活的认识、理解、体会和感受。

(2)留守儿童安全感问卷有着较好的信度和效度,能够作为留守儿童安全感的测量工具。

(3)留守儿童安全感总体、性别和年级常模可提供给相关研究、辅导和临床诊断等使用。

第5章　留守儿童安全感的特征研究

5.1　引言

个体在成长过程中，身心健康和安全感等会受到多种因素影响，如社会文化、自然环境、经济状况、家庭环境、教育经历和个性特点等，在不同环境条件下成长起来的个体，会表现出显著差异的心理与行为特征。无论是客观既定的、先天的或生理的人口学变量，还是主观发展的、后天的或心理的人口学变量，都可能成为区别个体或群体心理与行为差异的主要因素。常见的区分留守儿童身心发展品质的人口学变量有：性别、年龄（或年级）、是否独生子女、家庭经济状况、父母受教育状况、父母外出务工状况、亲子沟通时间、亲子分离时间、托管对象等。

已有研究证实，不同人口学变量的留守儿童安全感存在一些差异。如朱丹(2009)发现留守儿童的安全感显著低于非留守儿童，不同年级留守儿童的安全感存在显著差异。华姝姝，等(2012)研究发现留守儿童的安全感显著低于非留守儿童，不同性别、留守类型和年龄的留守儿童的安全感没有显著差异，父母回家间隔时间越长，儿童的安全感水平越低。姜圣秋，谭千保，黎芳(2012)研究发现初二和初三年级留守儿童的人际信任感显著高于初一，男生的自信感水平高于女生。李骊(2008)研究发现留守儿童与非留守儿童、不同留守类型（全留守与半留守）、不同年龄与性别留守儿童的安全感没有显著差异；有无信任的老师与同学、留守时间、留守年龄、父亲的文化以及与父母联系的频率等因素对留守儿童安全感有显著影响。

以上研究皆为小样本调查，所得结果有所分歧；同时，安全感测量工具是否适合留守儿童还有待进一步检验。应该说，不同属性的留守儿童的生活经历、人格特质、教育背景、环境刺激等各有差异，各种因素综合作用导致其安全感发展出现各种差异。由于取样、研究工具不同等原因，研究结果出现分歧，对于这种结果，目前尚未见重复验证或检验，因而较难探得留守儿童安全感特征的整体轮廓。本研究试图运用适用的留守儿童安全感量表进行大样本调查，以揭示留守儿童安全感的分布特征。

基于以上分析，本研究假设：不同性别、民族、年级、生活地点、父母务工类型、亲子沟通次数、学业成绩、家庭经济状况、父母文化程度、开始留守年龄等人口学背景的留守儿童安全感存在显著差异。

5.2　方法

5.2.1　样本

研究样本共有 3 666 份，来自重庆、四川、贵州、云南、湖南、湖北、河南、江西、安徽、辽宁、黑龙江和浙江等省（市）的农村与小城镇的中小学，具体分布见表 5-1。

本研究中少数民族留守儿童有 652 名，具体民族名缺失的有 20 名，余下的 632 名留守儿童分属于苗族、土家族、彝族、畲族等 14 个不同的民族，具体频数及分布比例详见表 5-2。

留守儿童所属的家庭多数为双亲俱在的正常家庭，除了 40 个个案的信息缺失外，还有 627 个儿童属于“其他类型”的特殊家庭，具体分布如表 5-3 所示。

表 5-1　样本分布（$n=3\ 666$）

人口学变量	类别	人数(比例/%)	缺失值(比例/%)	人口学变量	类别	人数(比例/%)	缺失值(比例/%)
性别	男	1 838(50.1)	35(1.0)	学业成绩	较好	916(25.0)	207(5.6)
	女	1 793(48.9)			一般	2 092(57.1)	
是否独生子女	是	960(26.2)	79(2.2)		较差	451(12.3)	
	否	2 627(71.7)		父亲文化程度	小学及以下	955(26.1)	195(5.3)
民族	汉族	2 961(80.0)	53(1.4)		初中	1 788(48.8)	
	少数民族	652(17.8)			高中及以上	728(19.9)	
年级	五年级	891(24.3)	42(1.1)	母亲文化程度	小学及以下	1 249(34.1)	208(5.7)
	六年级	907(24.7)			初中	1 574(42.9)	
	七年级	957(26.1)			高中及以上	635(17.3)	
	八年级	869(23.7)		开始留守年龄	1～5 岁	1 434(39.1)	76(2.1)
生活地点	城镇	1 290(35.2)	0(0)		6～10 岁	1 665(45.4)	
	农村	2 376(64.8)			11 岁以上	491(13.4)	
家庭经济状况	较好	836(22.8)	316(8.6)	每月亲子沟通次数	5 次以下	1 717(46.8)	117(3.2)
	一般	1 916(52.3)			6～15 次	1 279(34.9)	
	较差	598(16.3)			16 次以上	553(15.1)	

续表

人口学变量	类别	人数(比例/%)	缺失值(比例/%)	人口学变量	类别	人数(比例/%)	缺失值(比例/%)
是否贫困生	贫困生	1 086(29.6)	285(7.8)	父母每年回家次数	5 次以下	2 932(80.0)	181(4.9)
	非贫困生	2 295(62.6)			6～10 次	288(7.9)	
家庭类型	正常家庭	2 999(81.8)	40(1.1)		11 次以上	265(7.2)	
	特殊家庭	627(17.1)		托管对象	父母一方	542(14.8)	131(3.6)
留守类型	父母均外出	2 342(63.9)	123(3.4)		祖父母辈	2 386(65.1)	
	仅父亲外出	954(26.0)			其他亲戚	499(12.2)	
	仅母亲外出	247(6.7)			老师	107(2.9)	
—	—	—	—		独自一人	51(1.4)	

注：生活地点变量为研究者根据所收集的问卷统一编列，故未有缺失情况，余下的人口学变量或多或少都有一定比例的缺失记录，缺失的情况有两种：一种是被试遗忘作答，二是被试对某种属性情况不明。

表 5-2　少数民族留守儿童的样本分布(n=652)

民族名称	频数	总体比例/%	占少数民族比例/%	民族名称	频数	总体比例/%	占少数民族比例/%
苗族	185	5.0	28.4	瑶族	8	0.2	1.5
土家族	175	4.8	26.8	白族	8	0.2	1.2
彝族	118	3.2	18.1	回族	6	0.2	0.9
畲族	43	1.2	6.6	水族	4	0.1	0.6
藏族	43	1.2	6.6	满族	4	0.1	0.6
布依族	17	0.5	2.6	黎族	1	0.0	0.1
羌族	11	0.3	1.7	缺失	20	0.6	3.1
侗族	9	0.2	1.5	—	—	—	—

5.2.2　工具

研究者采用自编留守儿童安全感量表，共 26 个题项，五个因素，分别是人际自信、安危感知、应激掌控、自我接纳和生人无畏。问卷采用 Likert 5 点计分法，即“1＝非常符合、2＝比较符合、3＝不确定、4＝比较不符合、5＝非常不符合”，得分越高表明安全感水平越高。问卷的信度和效度见第 4 章介绍。

表 5-3　其他家庭类型的留守儿童分布(n=627)

家庭类型	频数	占总体比例/%	占其他家庭比例/%
父母离异单亲家庭	336	9.2	53.6
父母离异的重组家庭	150	4.1	23.9
父母单亡的单亲家庭	86	2.3	13.7
父母单亡的重组家庭	43	1.2	6.9
父母双亡投靠亲友	12	0.3	1.9

5.2.3　统计方法

研究者采用 SPSS 20.0 对收集到的数据进行处理。

5.3　结果

5.3.1　数据的正态分布检验

数理统计时进行方差分析的前提是数据要符合正态分布的趋势。张文彤，闫洁(2004)认为只要数据不是明显地呈偏态分布，方差分析所得的模型仍对数据有一定的耐受性，所得结果仍可被接受。一般可借助一些假设检验的方法，如 K-S 检验，或通过考察数据的峰度值和偏度值来检验数据是否呈正态分布。本研究采用以上两种方法对数据的分布形态进行检验，结果见表 5-4，安全感的分布曲线如图 5-1 所示。

表 5-4　调查数据正态分布的检验结果

变量	偏度	峰度	*K-S*	*p*
总体安全感	−0.067	−0.299	1.098	0.179

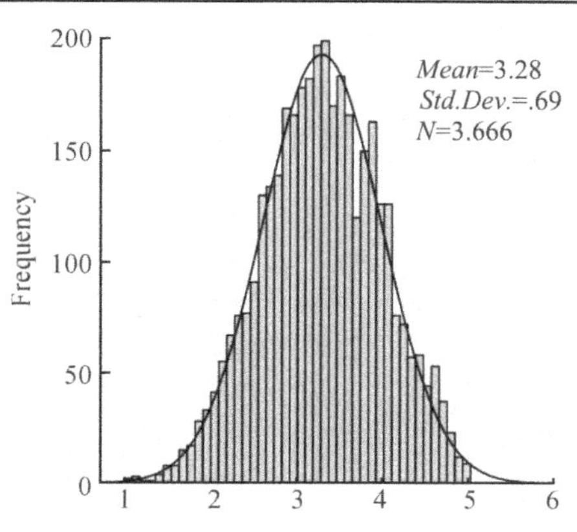

图 5-1　总体安全感的正态分布曲线图

从表 5-4 可知，本研究所得数据的偏度为−0.067，表明总体安全感数据的分布呈略微负偏态；峰度值为−0.299，表明分布曲线比正态分布略为扁平。*K-S*检验发现本次调查所得安全感数据 $p>0.05$，故接纳原假设 $H0$，拒绝备择假设 $H1$，说明不能拒绝样本来自正态分布的总体的假设。从总体安全感的正态曲线图上也可看出安全感数据呈现较为匀称的正态分布特点。综合以上分析，可以判定本研究所得数据总体上符合正态分布的趋势。

5.3.2 留守儿童安全感的描述性统计

第4章研究发现，留守儿童的安全感得分非常显著地低于非留守儿童，说明留守儿童安全感水平整体较低。对留守儿童的调查数据进行描述性统计，发现总体安全感为3.28，各因子的得分从高到低依次为人际自信、自我接纳、安危感知、生人无畏和应激掌控。各因子及总体安全感的最小值、最大值、平均数、标准差、中数、众数、四分位数等详见表5-5。

表5-5 留守儿童安全感的描述性统计结果(n=3 666)

统计结果 / 影响因子	最小值	最大值	平均数	标准差	中数	众数	四分位数		
							25	50	75
人际自信	1.00	5.00	3.49	0.89	3.50	3.50	2.88	3.50	4.13
安危感知	1.00	5.00	3.38	0.93	3.43	3.57	2.71	3.43	4.14
应激掌控	1.00	5.00	2.74	0.95	2.50	2.50	2.25	2.50	3.25
自我接纳	1.00	5.00	3.46	1.00	3.50	4.00	2.75	3.50	4.25
生人无畏	1.00	5.00	3.33	0.92	3.25	3.50	2.75	3.25	4.00
总体安全感	1.05	5.00	3.28	0.69	3.28	3.36	2.81	3.28	3.78

5.3.3 留守儿童安全感的群体差异检验

5.3.3.1 性别差异

由于男女两性具有不同的生理结构和心理特征，各自对生活的安全体验有所不同，对调查数据进行性别变量的独立样本t检验，发现安全感各因素及总平均分均出现了非常显著的差异，男生的得分均非常显著地高于女生(详见表5-6)。

表5-6 性别差异($M\pm SD$)

因素	男(n=1 838)	女(n=1 793)	t
人际自信	3.66±0.84	3.34±0.91	10.932**
安危感知	3.45±0.92	3.32±0.94	4.386**
应激掌控	2.81±0.95	2.67±0.94	4.636**
自我接纳	3.59±0.97	3.34±1.00	7.855**
生人无畏	3.43±0.92	3.24±0.92	6.189**
总体安全感	3.39±0.68	3.18±0.69	9.243**

5.3.2.2 是否独生子女的差异

为了解独生子女与非独生子女在安全感上的差异，采用独立样本t检验，发现除了安危感知和生人无畏外，独生子女的得分均显著或非常显著地高于非独生子女(详见表5-7)。

表 5-7　是否独生子女的差异($M \pm SD$)

因素	独生子女(n=960)	非独生子女(n=2 627)	t
人际自信	3.56±0.91	3.47±0.88	2.613**
安危感知	3.41±0.94	3.37±0.93	1.132
应激掌控	2.79±0.96	2.71±0.95	2.248*
自我接纳	3.57±0.98	3.43±1.00	3.829**
生人无畏	3.37±0.95	3.33±0.91	1.148
总体安全感	3.34±0.70	3.26±0.68	3.022**

5.3.3.3　汉族与少数民族留守儿童的差异

留守儿童在我国各省(市、自治区)皆有分布,尤其以农村、山区、民族聚居区为多。对汉族与少数民族留守儿童的安全感进行比较,结果发现除了应激掌控因子外,少数民族留守儿童的得分均非常显著地低于汉族留守儿童(详见表 5-8)。

表 5-8　汉族与少数民族留守儿童的差异($M \pm SD$)

因素	汉族(n=2 691)	少数民族(n=652)	t
人际自信	3.52±0.91	3.38±0.78	3.846**
安危感知	3.41±0.94	3.24±0.87	4.334**
应激掌控	2.75±0.97	2.69±0.85	1.569
自我接纳	3.49±1.01	3.33±0.92	4.007**
生人无畏	3.38±0.93	3.16±0.87	5.442**
总体安全感	3.31±0.70	3.16±0.62	5.228**

为进一步揭示不同少数民族留守儿童的安全感分布特点,本研究将调查中达到一定人数规模的少数民族编为一组,分别是:①苗族,②土家族,③彝族,④畲族,⑤藏族,其余的统一编为⑥其他少数民族,比较他们的安全感差异。结果显示总体安全感及因素得分都有显著差异:人际自信①<⑤⑥,②③<⑤;安危感知①<②⑤⑥,②>③④,③<⑤⑥;生人无畏①<②④⑤⑥,②>③⑥,③<④⑤⑥,④<⑥,⑤<⑥;自我接纳①<②⑥;应激掌控①<②⑤⑥;总体安全感①<②④⑤⑥,②>③,③<⑤⑥(详见表 5-9)。

表 5-9　不同少数民族的差异($M \pm SD$)

因素	①苗族(n=196)	②土家族(n=184)	③彝族(n=118)	④畲族(n=47)	⑤藏族(n=43)	⑥其少数民族(n=69)	F
人际自信	3.26±0.65	3.35±0.83	3.33±0.74	3.45±0.91	3.72±0.77	3.51±0.79	3.266**
安危感知	3.14±0.73	3.37±0.88	2.98±0.85	3.29±1.01	3.60±0.81	3.40±0.97	5.825**
应激掌控	2.50±0.81	2.76±0.88	2.68±0.80	2.68±0.88	2.91±0.88	2.88±0.84	3.676**
自我接纳	3.19±0.87	3.45±1.01	3.29±0.87	3.20±0.99	3.30±0.91	3.51±0.83	2.274*
生人无畏	2.89±0.73	3.48±0.87	2.89±0.84	3.44±0.86	3.65±0.72	3.13±0.88	16.897**
总体安全感	2.99±0.49	3.28±0.68	3.03±0.57	3.21±0.73	3.44±0.51	3.29±0.65	8.072**

5.3.3.4 年级差异

本研究的样本来自5～8年级，经由方差分析发现，除了自我接纳外，其余各项均有显著或非常显著的差异。8年级的人际自信因子得分显著低于5、6、7年级，其余的均随年级升高而升高(详见表5-10)。

表5-10 年级差异($M \pm SD$)

因素	5年级(n=891)	6年级(n=907)	7年级(n=957)	8年级(n=869)	F	LSD比较
人际自信	3.56±0.80	3.51±0.90	3.50±0.93	3.42±0.93	3.698*	8<5/6/7
安危感知	3.23±0.92	3.37±0.93	3.45±0.95	3.46±0.91	12.832**	注1
应激掌控	2.69±0.93	2.73±0.95	2.70±0.96	2.83±0.95	4.337*	5/6/7<8
自我接纳	3.45±0.94	3.48±1.00	3.47±1.03	3.45±1.01	0.252	
生人无畏	3.04±0.91	3.31±0.93	3.44±0.90	3.55±0.88	53.110**	注2
总体安全感	3.19±0.65	3.28±0.69	3.31±0.72	3.34±0.70	7.973**	5<6/7/8

注1:5<6/7/8,6<7/8。注2:5<6/7/8,6<7/8,7<8。

5.3.3.5 不同居住地(城镇、农村)的差异

大多数留守儿童生活在农村地区，也有部分生活在城镇。此处的城镇是指在当地县城及经济相对较好的非山区建制镇。研究者比较了城镇与农村留守儿童安全感的差异，结果发现后者的自我接纳、生人无畏得分显著低于前者，其余差异不大(详见表5-11)。

表5-11 不同居住地(城镇、农村)的差异($M \pm SD$)

因素	城镇(n=1290)	农村(n=2376)	t
人际自信	3.49±0.96	3.50±0.86	−0.319
安危感知	3.38±0.98	3.38±0.91	−0.163
应激掌控	2.72±1.04	2.74±0.90	−0.598
自我接纳	3.51±1.01	3.44±0.99	2.163*
生人无畏	3.40±0.95	3.30±0.91	2.909**
总体安全感	3.30±0.72	3.27±0.67	1.114

5.3.3.6 不同家庭经济状况的差异

本研究让留守儿童就自家的经济状况在当地的水平进行自我评定，在三个选项中(“较好”、“一般”和“较差”)根据自我理解勾选答案，作为家庭经济状况变量。经由方差分析发现，在不同的家庭经济状况下，留守儿童的安全感表现出了非常显著的差异。*LSD*比较发现，家庭经济状况较好组的得分均显著高于一般组和较差组；除了生人无畏和应激掌控外，一般组的得分也显著高于较差组(详见表5-12)。

表 5-12　不同家庭经济状况的差异($M \pm SD$)

因素	①较好(n=836)	②一般(n=1916)	③较差(n=598)	F	LSD 比较
人际自信	3.66±0.89	3.47±0.88	3.27±0.91	34.207**	①>②③,②>③
安危感知	3.52±0.94	3.38±0.92	3.17±0.92	25.717**	①>②③,②>③
应激掌控	2.85±0.96	2.70±0.93	2.64±0.95	10.431**	①>②③
自我接纳	3.63±1.02	3.45±0.96	3.19±1.04	35.810**	①>②③,②>③
生人无畏	3.41±0.96	3.32±0.90	3.26±0.92	5.451**	①>②③
总体安全感	3.41±0.69	3.27±0.67	3.10±0.69	37.076**	①>②③,②>③

5.3.3.7　贫困与否的差异

本研究中涉及的贫困留守儿童，其定义为：根据当地的家庭经济困难学生认定办法，由个人提出申请，经校方认定，给予一定物质或经济补助的留守儿童。其他的留守儿童为非贫困留守儿童。比较两组的差异，结果发现，贫困留守儿童的各项得分均非常显著地低于非贫困留守儿童(详见表 5-13)。

表 5-13　贫困与否的差异($M \pm SD$)

因素	贫困留守儿童(n=1 086)	非贫困留守儿童(n=2 295)	t
人际自信	3.40±0.86	3.54±0.90	−4.569**
安危感知	3.24±0.89	3.45±0.94	−6.367**
应激掌控	2.66±0.90	2.78±0.96	−3.350**
自我接纳	3.32±0.99	3.53±0.99	−5.887**
生人无畏	3.24±0.90	3.38±0.93	−4.435**
总体安全感	3.17±0.67	3.34±0.69	−6.740**

5.3.3.8　家庭类型差异

部分留守儿童的家庭出现了变故，如父母离异或身亡等，本研究将父母均健在且未离婚的家庭称为正常家庭，把父母离异、再婚、父母单亡或双亡的家庭称为特殊家庭。比较两组的安全感差异，结果发现正常家庭留守儿童的人际自信、安危感知与总均分非常显著地高于特殊家庭的留守儿童(详见表 5-14)。

表 5-14　不同家庭类型的差异($M \pm SD$)

因素	正常家庭(n=2 999)	特殊家庭(n=627)	t
人际自信	3.52±0.89	3.39±0.91	3.368**
安危感知	3.40±0.93	3.27±0.95	3.348**
应激掌控	2.75±0.94	2.67±0.99	1.883
自我接纳	3.47±1.00	3.42±1.00	1.234
生人无畏	3.34±0.92	3.30±0.97	1.174
总体安全感	3.30±0.69	3.21±0.71	2.967**

5.3.3.9　留守类型差异

留守儿童可分为三类：①父母双亲皆外出；②仅父亲外出；③仅母亲外出。

比较两组的安全感差异发现，除了生人无畏与应激掌控外，其余三类因子均有差异。LSD 比较发现，在差异项中，双亲外出组得分最低，仅母亲外出组的人际自信与安危感知显著低于仅父亲外出组(详见表 5-15)。

表 5-15　不同留守类型的差异($M \pm SD$)

因素	①皆外出 (n=2 342)	②父亲外出 (n=954)	③母亲外出 (n=247)	F	LSD 比较
人际自信	3.45±0.90	3.59±0.85	3.44±0.89	9.373**	①<②，③<②
安危感知	3.35±0.93	3.44±0.93	3.28±0.91	4.421*	①<②，③<②
应激掌控	2.71±0.96	2.76±0.93	2.71±0.88	0.968	
自我接纳	3.42±1.00	3.54±0.98	3.41±1.02	5.824*	①<②
生人无畏	3.31±0.93	3.36±0.93	3.28±0.89	1.597	
总体安全感	3.25±0.69	3.34±0.69	3.22±0.67	7.030*	①<②

5.3.3.10　不同学业成绩的差异

本研究让留守儿童对其学业成绩进行自我评定，在三个选择项中(“较好”、“一般”和“较差”)自我勾选，作为学业成绩的变量。经由方差分析发现，除了应激掌控外，其余皆有差异。LSD 比较发现，在差异项中，较好组显著高于一般组和较差组；一般组的人际自信、自我接纳得分显著高于较差组(详见表5-16)。

表 5-16　不同学业成绩的差异($M \pm SD$)

因素	①较好 (n=916)	②一般 (n=2 092)	③较差 (n=451)	F	LSD 比较
人际自信	3.64±0.90	3.45±0.88	3.35±0.90	21.779**	①>②③，②>③
安危感知	3.46±0.95	3.35±0.93	3.31±0.91	6.145**	①>②③
应激掌控	2.74±0.99	2.72±0.93	2.79±0.91	1.180	
自我接纳	3.63±0.99	3.42±0.99	3.27±1.03	24.533**	①>②③，②>③
生人无畏	3.44±0.94	3.28±0.91	3.34±0.92	10.374**	①>②③
总体安全感	3.39±0.69	3.24±0.68	3.21±0.69	16.391**	①>②③

5.3.3.11　父亲不同文化程度的差异

本研究将留守儿童父亲的文化程度分为小学及以下、初中和高中及以上三组，经由方差分析发现三组的得分各有差异。LSD 比较发现，小学及以下组显著低于初中组和高中及以上组；初中组的人际自信、应激掌控和总体安全感也显著低于高中及以上组(详见表 5-17)。

表 5-17　父亲不同文化程度的差异($M \pm SD$)

因素	①小学及以下 (n=955)	②初中 (n=1 788)	③高中及以上 (n=728)	F	LSD 比较
人际自信	3.35±0.88	3.52±0.89	3.60±0.90	19.154**	①<②③，②<③
安危感知	3.25±0.94	3.40±0.93	3.47±0.94	12.490**	①<②③
应激掌控	2.68±0.94	2.72±0.96	2.83±0.93	5.412**	①<③，②<③

续表

因素	①小学及以下 (n=955)	②初中 (n=1 788)	③高中及以上 (n=728)	F	LSD 比较
自我接纳	3.32±1.01	3.49±0.98	3.56±1.02	13.967**	①<②③
生人无畏	3.25±0.92	3.36±0.93	3.39±0.95	5.626**	①<②③
总体安全感	3.17±0.681	3.30±0.69	3.37±0.70	19.037**	①<②③,②<③

5.3.3.12　母亲不同文化程度的差异

留守儿童母亲的文化程度分组与父亲相同，研究发现三组的得分各有差异。*LSD* 比较发现，小学及以下组显著低于初中组和高中及以上组；初中组的人际自信得分显著低于高中及以上组（详见表 5-18）。

表 5-18　母亲不同文化程度的差异（$M\pm SD$）

因素	①小学及以下 (n=1 249)	②初中 (n=1 574)	③高中及以上 (n=635)	F	LSD 比较
人际自信	3.39±0.86	3.52±0.91	3.62±0.89	15.526**	①<②③,②<③
安危感知	3.28±0.92	3.41±0.93	3.47±0.95	11.207**	①<②③
应激掌控	2.66±0.93	2.76±0.95	2.82±0.97	6.693**	①<②③
自我接纳	3.35±0.98	3.50±0.99	3.58±1.02	13.865**	①<②③
生人无畏	3.25±0.90	3.39±0.93	3.38±0.97	8.501**	①<②③
总体安全感	3.18±0.66	3.31±0.70	3.37±0.69	19.742**	①<②③

5.3.3.13　不同留守开始年龄的差异

为探讨不同留守开始年龄（父母开始务工时子女的年龄）的安全感差异，本研究分为低龄（1～5 岁）、中龄（6～10 岁）和高龄（11 岁以上）三组。比较发现除了自我接纳外，三组的得分均有显著差异。*LSD* 比较发现，低龄组的安全感水平显著低于高龄组（详见表 5-19）。

表 5-19　不同留守开始年龄的差异（$M\pm SD$）

因素	①1～5 岁 (n=1 434)	②6～10 岁 (n=1 665)	③11 岁以上 (n=491)	F	LSD 比较
人际自信	3.44±0.91	3.53±0.88	3.52±0.91	4.603*	①<②
安危感知	3.33±0.94	3.39±0.91	3.46±0.97	4.192*	①<③
应激掌控	2.69±0.97	2.76±0.94	2.82±0.93	4.158*	①<②③
自我接纳	3.43±1.02	3.47±0.98	3.53±1.00	1.861	
生人无畏	3.28±0.94	3.35±0.91	3.42±0.95	4.477*	①<③
总体安全感	3.23±0.69	3.30±0.68	3.35±0.71	6.445**	①<②③

5.3.3.14　每月亲子沟通次数不同的差异

留守儿童的父母在外出务工过程中，会通过电话、网络或邮寄物品等方式与子女沟通，本研究在问卷中要求被试填答每月与父母沟通的次数，设置为低频（0～5 次）、中频（6～15 次）和高频（16 次以上）三组。经由方差分析发现，亲子间的沟通频率对人际自信、自我接纳和总均分产生了显著影响。*LSD* 比较发现，在差异项目上，高频组和中频组的得分显著高于低频组(详见表 5-20)。

表 5-20　每月亲子沟通次数不同的差异($M±SD$)

因素	①0～5 次(n=1 717)	②6～15 次(n=1 279)	③16 次及以上(n=553)	F	*LSD* 比较
人际自信	3.43±0.89	3.54±0.88	3.60±0.91	8.923**	①<②③
安危感知	3.36±0.92	3.40±0.92	3.40±1.02	0.584	
应激掌控	2.73±0.94	2.76±0.95	2.72±0.97	0.388	
自我接纳	3.40±1.00	3.50±0.98	3.58±1.04	8.818**	①<②③
生人无畏	3.34±0.92	3.33±0.93	3.33±0.95	0.067	
总体安全感	3.25±0.68	3.31±0.68	3.33±0.74	3.268*	①<②③

5.3.3.15　父母每年不同回家次数的差异

在外务工的家长会花一定的时间回到家中与亲人团聚，本研究要求被试填答外出务工的父母亲每年的回家次数，设置为低频(0～5 次)、中频(6～10 次)和高频(11 次以上)三组。经由方差分析发现，除了应激掌控外，其余各项均有显著差异。*LSD* 比较发现，低频组的安全感显著低于高频组或中频组(详见表 5-21)。

表 5-21　父母每年不同回家次数的差异($M±SD$)

因素	①0—5 次(n=2 932)	②6—10 次(n=288)	③11 次及以上(n=265)	F	*LSD* 比较
人际自信	3.48±0.90	3.62±0.89	3.63±0.91	5.758**	①<②③
安危感知	3.36±0.93	3.43±0.93	3.58±1.00	7.190**	①<③
应激掌控	2.74±0.94	2.72±0.96	2.77±1.06	0.187	
生人无畏	3.32±0.93	3.43±0.86	3.46±0.99	4.305*	①<③
自我接纳	3.44±1.00	3.58±0.92	3.54±1.06	3.535*	①<②
总体安全感	3.27±0.68	3.36±0.69	3.40±0.75	5.700**	①<②③

5.3.3.16　不同托管对象的差异

一般来说，农民工外出务工期间会将子女托付给其他人监管，本研究要求被试填答父母外出务工期间与自己共同生活的对象，设置了以下五组：①父或母一方；②祖父母辈(含外祖父母)；③其他亲戚；④老师；⑤独自生活。经由方差分析发现五组儿童的安全感得分有所差异。*LSD* 比较发现，人际自信和安危感知⑤<①②③④；自我接纳⑤②<①，⑤<③，②<③；总体安全感⑤<①②③④，②<③(详见表 5-22)。

5.3.4　人口学变量对安全感的回归分析

通过以上对留守儿童安全感的群体差异分析，发现不同群体的留守儿童的安全感存在或多或少的差异。为从整体上了解人口学变量对留守儿童安全感的预测效应，本研究以安全感各因子及总均分为因变量，以 16 个人口学变量为自变量，进行逐步回归分析。回归分析时对类别变量进行转化，形成虚拟变量进入回归分析程序。表 5-23 所列数据为进入回归方程的自变量对因变量的标准化回归系数(β)。

表 5-22　不同托管对象的差异($M\pm SD$)

因素	①父母一方($n=542$)	②祖父母辈($n=2\ 386$)	③其他亲戚($n=449$)	④老师($n=107$)	⑤独自一人($n=51$)	F
人际自信	3.54±0.87	3.48±0.90	3.53±0.88	3.47±1.01	3.17±0.85	2.417*
安危感知	3.35±0.93	3.37±0.94	3.46±0.91	3.44±1.05	2.94±0.73	3.982**
应激掌控	2.79±0.95	2.73±0.95	2.76±0.96	2.56±1.04	2.78±0.87	1.551
自我接纳	3.54±0.97	3.43±1.01	3.54±0.95	3.51±1.07	3.18±0.96	3.219*
生人无畏	3.32±0.94	3.32±0.92	3.40±0.95	3.50±0.93	3.21±1.02	1.765
总体安全感	3.31±0.69	3.27±0.69	3.34±0.68	3.30±0.76	3.06±0.68	2.680*

表 5-23　人口学变量对留守儿童安全感的回归分析(β)

变量	人际自信	安危感知	应激掌控	自我接纳	生人无畏	总体安全感
性别	−0.206	−0.073	−0.064	−0.142	−0.098	−0.158
是否独生子女				−0.045		
民族	−0.051					
年级	−0.071	0.100	0.061		0.190	0.080
居住地			0.052			
家庭经济状况	−0.104	−0.082	−0.059	−0.116		−0.106
是否贫困生		0.062	0.053		0.054	0.054
家庭类型	−0.050					
留守类型	0.059					0.040
学业成绩		−0.050		−0.111	−0.071	−0.087
父亲文化程度	0.087		0.052			0.046
母亲文化程度		0.056		0.053	0.059	0.051
开始留守年龄						
亲子沟通次数	0.058			0.057		
父母回家次数		0.052			0.060	0.040
托管对象						
R^2	0.091	0.043	0.022	0.063	0.059	0.074
$R^2_{adj.}$	0.087	0.040	0.020	0.061	0.056	0.071

从表 5-23 可以看出，性别、家庭经济状况、年级、民族、学业成绩等都是预测留守儿童安全感的重要的人口学变量。为更直观地显示各个人口学变量对安全感的预测力，本研究将回归分析结果，按照人口学变量预测力的大小进行归类(见表 5-24)。

综合评定来看，性别与家庭经济状况变量对留守儿童安全感的预测力最高，其次为年级、学业成绩和是否贫困生变量，再次为母亲文化程度、父亲文化程度、父母回家次数、亲子沟通次数、留守类型、民族、居住地和是否独生子女变量。民族、家庭类型、开始留守年龄和托管对象等变量的预测力很低或没有预测效应。

表 5-24　预测留守儿童安全感的人口学变量汇总

变量	人际自信	安危感知	应激掌控	自我接纳	生人无畏	总体安全感
性别	1	3	2	2	2	1
是否独生子女				6		
民族	9					
年级	7	2	3		1	5
居住地			5			
家庭经济状况	2	1	1	1		2
是否贫困生		4	6		6	6
家庭类型	8					
留守类型	6					8
学业成绩	3	7		3	3	3
父亲文化程度	4		4			4
母亲文化程度		5		5	4	7
开始留守年龄						
亲子沟通次数	5			4		
父母回家次数		6			5	9
托管对象						

注：数字表示该变量在相应因子及总均分的回归分析中进入回归方程的位序。

5.4　讨论

5.4.1　留守儿童安全感的总体状况分析

从整体上看，留守儿童的安全感水平显著低于非留守儿童，这与朱丹(2009)，华姝姝，等(2012)的研究结果是一致的。说明在个体成长的关键时期出现的亲子分离、亲情缺失、依恋中断对儿童的安全感产生了较大的负面影响。从留守儿童各因子的得分来看，均分布于理论中值附近，相比非留守儿童，其安全感处于较低水平，还有较大的提升空间。留守儿童容易出现各种心理和行为问题，与其安全感处于较低水平有密切关联，较低的安全感还将对他们成年以后的生活和发展造成持续性的影响。因此，政府和社会迫切需要采取相关的教育、关怀措施，以帮助留守儿童改善安全感状况、提升其安全感水平，促进其社会适应，提高其问题应对的效能。

从安全感因子得分的情况来看，留守儿童的人际自信因子最高，其次为自我接纳、安危感知和生人无畏，应激掌控最低。由此可以推断，留守儿童对一般的人际交往过程的控制效能较高；自我悦纳、自我胜任感和对自身家庭环境的担忧次之；容易对身处陌生情境或与陌生人相处、交流产生担心与忧虑；对发生在身边和生活中的应激事件感到无法掌控。这些都真实地反映了留守儿童对现实生活的感受，他们对普通人际交往较有掌控力，能应对有一定挑战性的情境，但其与陌生人交往、独立处理生活事件应激的能力需要得到进一步的改善。

5.4.2　性别差异分析

本研究通过大样本调查，发现留守儿童的安全感具有显著的性别差异，男生所有项目的得分均非常显著地高于女生。关于安全感的性别分布，从已有的研究来看结论不尽相同。朱丹(2009)，华姝姝，等(2012)，李骊(2008)，姜圣秋，等(2012)，唐明皓(2009)，沈贵鹏，葛桥(2010)，崔亚平(2012)，王竹燕(2012)均未发现有显著的性别差异。而安莉娟，等(2005)，谢玲平，邹维兴(2012)，刁静，等(2003)，温颖，李人龙，师保国(2009)却有不同观点。以上分歧说明针对各类人群来讲，安全感是否存在性别差异仍未有定论，可能与测量工具或研究对象各不相同有所关联。

尽管本研究的结果与先前部分研究有所出入，但与留守儿童的生活现实却是吻合的。如果说留守儿童是弱势群体，那么留守女童又是弱势群体中的弱势群体。原因如下：一方面，重男轻女的思想在农村社会仍较为稳固，人们对女童的成长认同、社会期待在很长时间内仍会沿袭传统的男尊女卑的思想观念。另一方面，由于女性相对独特的生理结构和特点，使其难以获得与男性同等的发展机会。在应对环境刺激时，女性感性体验较多，因而留守女童在与他人交往时，对家境和父母工作、身体等更为担忧和焦虑，在面对陌生人及应激事件时，表现出更多的敏感、胆怯和不自信，她们的掌控能力、自信心、胜任力、效能感等也相应较差。因此，留守女童的安全感显著低于留守男童。

5.4.3　是否独生子女的差异分析

在本次调查中，独生留守儿童的比例仅为26.2%，其安全感得分显著高于非独生留守儿童，这个结果与安莉娟等人(2005)的研究相吻合，但与李骊(2008)，沈贵鹏等人(2010)的结论不同。在20世纪80、90年代出生的独生子女，其心理素质、行为与道德观念等曾饱受社会各方诟病，随着人们对独生子女问题认识的逐步深入，其观念发生了改变。张伟峰，燕良轼(2006)发现独生子女大学生的自我管理能力、知识学习能力等显著高于非独生子女大学生；唐久来，唐茂志(1994)认为独生子女从小所受的家庭教育质量比较高，在资源的利用和机会的把握方面具有先天的优势。外在的物质资源可提供给个体各种必要的支持，而独生子女在把控和使用资源方面具有先天优势，使得他们在自信心、自我效能感、解决问题的平台等方面都有优势，进而提升了其对世界的安全感受性。

留守儿童的家境普遍较差，且其生活条件艰苦，社会地位较低。独生子女更易得到家长的重视和关注，父母在他们身上倾注的时间和精力较多，相对于非独生子女更易获得支持。非独生子女从家庭所获得的资源、支持及关爱会被其他兄弟姐妹所分享，他们还会担忧这种关爱被其他兄弟姐妹抢走。因而非独生留守儿童在人际交往、自我认同、应激掌控等方面不及独生留守儿童。

5.4.4 不同民族的差异分析

在已有的研究中，对少数民族与汉族学生安全感比较的研究较为罕见，以少数民族留守儿童为对象的研究更少。本研究发现少数民族留守儿童的安全感显著低于汉族留守儿童，这印证了少数民族学生与汉族学生在心理健康方面存在差异的结论(如，曹显明，2013；王志梅，曹冬，崔占玲，2013；阿斯亚·依克木，2008)。是否拥有较高的安全感，是评价个体心理是否健康的重要指标，少数民族学生与汉族学生在心理健康方面的差异，反过来证实了他们在安全感方面有显著差异。出现这种情况，与少数民族留守儿童所处的经济、文化、教育等环境相对特殊有很大关联。

首先，大多数留守儿童分布于经济相对落后的广大中、西部地区，特别是农村、山区、民族聚居区和革命老区。大部分留守儿童处于条件较差的学习和生活环境之中，来自经济较为贫弱的家庭。本研究中的少数民族留守儿童有50.8%(326人)是家庭经济困难学生(被学校认定为“贫困生”)，而汉族留守儿童中贫困生的比例仅为27.8%(769人)，两者有显著差异($\chi^2=126.148, p<0.001$)；同时，少数民族留守儿童中非独生子女的比例(81.4%)比汉族留守儿童的比例(71.6%)更高，两者有显著差异($\chi^2=26.544, p<0.001$)。非独生子女家庭的经济负担更为繁重。相比而言，少数民族留守儿童的家庭经济支持和物质资源相对较少，因而安全感水平相对低下。

其次，部分少数民族留守儿童受教育的起点低，在汉语认读与学习方面存在一定的语言障碍，使他们容易因学习成绩不理想而感到沮丧、自卑，甚至逃避现实。同时，由于民众对少数民族的风俗习惯、宗教信仰等了解不深，有的少数民族留守儿童因感到不被尊重和理解而产生愤怒、焦虑心理，因而其安全感水平较低。

再次，社会处境方面，由于大多数少数民族留守儿童来自边远山区或少数民族聚居地，他们从家庭和亲人那里获得的经济或情感支持相对较少，人际交往圈子也较窄，性格较为内向，这使得他们对自己的效能及处境抱有较低的信心，引发了更多的担忧和焦虑，因而产生了更多的人际敏感和焦虑，表现为他们对家境更为担心，与陌生人交往时更为谨小慎微，其安全感整体上呈现较低的水平。

本研究中不同少数民族留守儿童的安全感存在显著差异，如苗族儿童的人际自信低于藏族和其他少数民族的儿童；土家族儿童的安危感知低于彝族和畲族的儿童；彝族儿童的生人无畏低于畲族、藏族和其他少数民族的儿童；苗族儿童的应激掌控低于土家族、藏族和其他少数民族的儿童；苗族儿童的整体安全感最低，彝族次之，畲族、土家族和藏族及其他少数民族相对较高。如前文所述，目前关于少数民族学生安全感的研究较少，仅见赵科，胡发稳(2011)关于纳西族和哈尼族学生安全感的研究。该研究发现少数民族学生的安全感在性别、城乡、学段(年级)等变量上存在一定差异，但未进行两个民族间的比较，也未有关于少数民族与汉族学生安全感的比较。本研究中不同少数民族留守儿童间的安全感存在差异，能在一定程度上说明不同少数民族留守儿童的安全感受到了不同生活现实、家庭支持和学校教育等因素的影响。但是，不同少数民族留守儿童的安全感存在显著差异这一结论是否能推广至全体少数民族留守儿童中，还需进一步探讨。

此外，本研究中少数民族留守儿童的取样数量不多，仅有652例样本，只占总体样本的17.8%，尽管在抽样过程中已尽可能做到随机化，但取样仅包括苗族、彝族、藏族、土家族、侗族、畲族等14个少数民族，每个民族的人数较少，因而其代表性有一定欠缺。而且，存在抽样误差。本研究对少数民族留守儿童进行问卷施测时，时空差异较大，且经由不同人实施，尽管已尽可能按照标准化要求操作，但抽样误差在所难免。最后，由于不同民族留守儿童对问卷题项的理解不尽相同，存在一定的系统误差。综上所述，关于少数民族留守儿童安全感差异的结论还需进一步探讨。

5.4.5 不同年级的差异分析

已有的关于儿童安全感的年龄特征的研究结果各不相同：唐明皓(2009)，

李骊(2008),华姝姝,等(2012),刁静,等(2003)研究发现不存在显著的年龄差异;师保国,徐玲,许晶晶(2009),杨元花(2006),温颖,等(2009),朱丹(2009)和姜圣秋,等(2012)研究发现安全感的年龄主效应显著。这种差异值得深入探讨。W·布列茨认为安全感是一个复杂而动态的东西,错综复杂地贯穿于从幼及长的发展过程(江绍伦,1992),个体的安全感发展呈现一定的年龄特点。本研究选取5～8年级的留守儿童作为研究对象,他们大多处于10～14周岁之间。研究发现留守儿童的安全感除了自我接纳外,其余各项均存在显著的年级差异,除了人际自信外,其余各项的得分均是随着年级的升高而升高。

整体上来说,随着年龄的增长,留守儿童的生活经验得到不断积累,知识不断丰富,认知能力、判断能力、思维品质等都得到不断的发展。随着他们的心智逐渐成熟,其能力不断得到训练和发展,其自我效能感也得到提升,对来自环境和社会生活应激的掌控能力也相应得到发展。因而,随着年龄的增长,留守儿童的安全感水平在整体上得到了相应提升。但是当他们进入青春期时,在与他人交往方面渐渐有所保留,高年级的留守儿童反而不愿意主动将内心世界与他人分享,因而8年级学生的人际自信得分相对较低。

5.4.6 不同居住地(城镇、农村)的差异分析

不同的居住生活地点,带给留守儿童不同的生活背景,也使他们的生活充满不同的内容。在我国的农村和城镇,人们的物质生活、人际交往、社会风气习俗等都会有较大的差异。AI-Rihani(1985)发现安全感的城乡差异不显著;张娥,訾非(2012),安莉娟,等(2005)发现农村留守儿童的人际安全感显著低于城镇留守儿童。以上研究结论的差异,说明在城镇与农村差异化的社会生活环境下,是否能有效地预测留守儿童的安全感,还需要进一步探讨。

比较在城镇和农村的留守儿童的安全感,结果发现整体安全感没有显著差异,部分因子有显著差异。农村留守儿童的自我接纳、生人无畏因子得分显著低于城镇留守儿童。这与农村留守儿童的人际环境较为简单,他们从环境中获得的支持力量相对较小有关。从这样的结果可推导出,外在于留守儿童的宏观的物质生产和经济生活环境(城镇与农村)对于他们的安全感影响不大,城镇与农村的环境差异对他们来讲,更多地体现在城镇与农村在学校的教育资源、物理环境等方面的差异,而这些要素对留守儿童的安全感的作用相对较小。

5.4.7 不同家庭经济状况的差异分析

个体感知到不同的家庭物质和经济条件,其安全感受是否也会有差异?本

研究以两种方式("家庭经济水平"和"是否贫困生")探讨不同家庭经济状况下留守儿童的安全感,结果发现家庭经济条件较好组的留守儿童的安全感显著高于较差组。将家庭经济状况与是否贫困做二维交叉分析,结果发现,"较差"组中有75.4%(429人)是贫困生,非贫困生中仅有6.6%(140人)被认定其家境为"较差"。可见,上述两种方法所做的关于留守儿童安全感的比较,结果相同,结论可信。

Whitbeck(2009)认为在促进儿童幸福感的过程中,家庭经济状况是十分重要的因素,如果家庭能够为孩子提供更多的支持,包括物质方面和精神方面的,其子女在学校里就会做得更好,更少出现问题行为。许多经济困难的家庭难以提供给孩子满足正常需要的书籍、计算机和私人课程,买不起好的衣物、鞋子和其他消费品;大多数经济困难的家庭居住在犯罪率高、学校教育质量差和社区服务欠缺的地方(Amato & Sobolewski, 2001)。与每个人切实相关的家庭经济状况,能让个体感受到实实在在的经济安全感。根据 Eriksson & Lindström (2006)的观点,经济安全感提供了自我实现的可能性,经济安全感是许多人渴望拥有的。经济安全感和对财务状况的自信,使个体意识到有能力去影响环境,同时带给人们积极的结果,也正是因为这一点,拥有经济安全感的人认为他们的生活是安全的。留守儿童从对自身所处的家庭经济状况的感受中获得了经济安全感,从而带来了切实而具体的自我效能感和掌控感。因此,除了在精神上给予留守儿童关心和支持外,改善家庭经济条件也能在一定程度上帮助提升安全感。

5.4.8 不同家庭类型的差异分析

不同的家庭环境,包括家庭的组成形式、经济条件、父母教养方式、亲子交流时间等,都会给儿童的成长造成直接而深刻的影响(Torres et al., 2012; Fearon, 2010; Dunne & Kettler, 2008; Heflinger, Simpkins & Combs-Orme, 2000; Van Ryzin & Leve, 2012)。本研究区分正常家庭和特殊家庭,比较不同家庭环境下留守儿童的安全感差异。结果发现前者的人际自信、安危感知与总体安全感等都非常显著地高于后者。在完整的家庭背景下,儿童对自己有良好的认知,这对他们的健康心理的形成是有所助益的,可以帮助他们发展和谐的社会关系,灵活应用应对策略,形成良好的情绪调整能力。儿童对于来自家庭的支持性、凝聚力和可用性的评估,预测了更高水平的安全感和更低水平的解散和偏见(Forman & Davies, 2004)。温暖、有凝聚力的家庭关系能够有效促使留守儿童认识到:①自己是值得支持的,有能力应对压力,达到成功;②自己的家庭是可用的、能支持自己的，即使在面临家庭逆境的时候仍是值得期待的(Chassin & Haller, 2011)。

家庭中发生了破坏性事件，如看护者亲密关系的改变、居住地变动、看护者改变等，这些事件都威胁到了儿童观念里关于家庭单元的一致性、连贯性和安全感，家庭不稳定会增加儿童产生心理问题的可能性，经历父母离婚的儿童在学业成绩、行为、情绪和社会适应方面会产生一系列问题(Torres et al., 2012; Cummings et al., 2012; Chassin & Haller, 2011)，其学业(学校成绩)、行为(行为问题、攻击行为)、幸福感(抑郁、痛苦的症状)、自尊(关于自我的积极情感，自我效能感)和同伴关系(亲密朋友的数量，同伴的社会支持)等均低于正常家庭的孩子(Amato & Sobolewski, 2001)。生活在特殊家庭背景中的留守儿童，缺少来自父母的情感支持，其社会处境普遍较差，这些都导致了留守儿童对自己与他人交往时的敏感反应，也使其对家境的担忧反应更为强烈，不仅担心自己在家庭中的存在，同时也更加担心自己与亲人的人身安全，其安全感水平较之正常家庭背景下的留守儿童也更低。

5.4.9 不同留守类型的差异分析

关注儿童心理健康的发展，就是关注儿童是否拥有各种不同的、充足的接近父母亲的方式(Maccoby, 1998)。研究证实，缺少有效的家庭教养会对儿童产生许多负面的影响，如学业成绩差、情感问题、监管问题、低自尊、社交关系形成与维护的问题等(Amato & Sobolewski, 2001; Cummings et al., 2012; Chassin & Haller, 2011; Fearon, 2010)。本研究区分三种类型(父母皆外出、仅父亲外出和仅母亲外出)，比较留守儿童安全感的差异，调查发现除了生人无畏与应激掌控外，其余各项皆有差异，母亲外出(含双亲外出)组的安全感水平最低。这说明有母亲的陪伴，留守儿童的安全感受到的不良影响会有所降低。不同的父母外出情况构成了不同的家庭互动与亲子影响背景，对留守儿童安全感发展的影响各有差异。

无论父亲还是母亲，对儿童的成长都有独特作用。儿童在仅有父亲或母亲的环境里成长，会被深深地伤害，表现出缺少自信心、独立性和安全感(Maccoby, 1998)。相比而言，母亲在影响子女的生命和发展方面发挥了独特的作用，比起父亲，母亲更适合担任照料子女的角色，她们表现出更多的情感，在帮助子女身心健康发展方面拥有更多的积极效应(Chassin & Haller, 2011)。在家庭教养过程中，母亲扮演着父亲无法替代的角色，缺少母亲关爱，儿童最常出现的问题是情感无处依赖，出现适应困难(Amato & Sobolewski, 2001)。当然，在现实生活中，父母亲中缺少任何一个都不好，唯有父母亲共同努力，才能为孩子创造健康、平衡的生活环境。以上种种都说明了缺少父母关爱，特别是缺少来自母亲的教养，对留守儿童安全感的影响是直接而且深刻的，特别是在人际自信、安危感知和自我接纳等方面。

5.4.10　不同学业成绩的差异分析

已有的关于学业成绩的研究，更多的是关于如何强化学习动机，改进学习策略，改善学习方法，缓解学习焦虑，从而提升学业成绩。研究者较少将学业成绩作为儿童心理发展与教育研究的人口学变量。学习活动对于留守儿童来说，是他们生活的重要组成部分，在中国的社会文化背景下，争取良好的学业成绩，也成为外出务工的父母们对子女的期待、任务和要求。本研究将学业成绩分为“较好”、“一般”和“较差”三组，比较留守儿童的安全感特征，结果发现除了应激掌控外，其余各项皆有差异，成绩较好组的安全感显著高于一般组和较差组，一般组又高于较差组。

学业成绩较好的学生，通常有较高的学习热情，较好的学习能力和学习方法，以及能有效提高学业绩效的学习习惯等，也较符合家长的期望，符合学校、教师及社会的主流评价。由于个人的学业成绩与自我效能感有密切关联，学习成绩较好的人，拥有较高的学业自信，并拥有较高的自我满意感、自尊感、接纳感和生活幸福感。学业成绩反映的是个体解决学业问题、完成学习任务的效能感。Wu & Pender(2002)认为个体感知到的自我效能是个体身体活动的一个重要的预测因素，个体相信自己拥有较强的能力，不管处于什么样的年龄，都可能会影响到他们的表现。因此，拥有良好的学业成绩，对于提升留守儿童的自信心，提高其完成任务的胜任感等有较好的激励和促进作用。

5.4.11　父母亲不同文化程度的差异分析

父母亲的受教育水平反映了家长的教养观念、教育水平、职业、收入等可能存在一定的差异。同时，家长对亲子互动的认识、理解和把握也因文化程度不同而有所差异。本研究发现，总体上，父母亲的文化程度越高，子女的安全感水平就越高；小学及以下组的安全感水平最低，显著低于初中组和高中及以上组。这样的结果与唐明皓(2009)，李骊(2008)等的研究结果是一致的。家长的文化程度越高，受教育状况就越好，往往所获得的工资也越稳定。父母亲的文化水平影响了工作性质、收入、教育方式、家庭氛围等，文化程度高的父母更能科学地引导子女正确认识生活事件，能教给子女更多的处理问题的方法(唐明皓,2009)。Brown(2004)也有类似的报告,他发现父母亲接受教育的年限越短,其家庭收入就更低,家庭成员的心理幸福感就更差,报告的压力也更多。

一般而言,家长的受教育水平与教养质量关系密切。唐明皓(2009)研究发现,父母文化程度高的留守儿童倾向于选择解决问题、求助等成熟型应对方式,较少采取自责、退避等不成熟型应对方式;Mckinney & Renk(2011)认为父母亲接受过高等教育,其子女更少出现心理健康问题和不良行为,同时拥有更好的应对技能和情绪稳定性。Amato & Sobolewski(2001)研究证实,没有效用的家庭教养会产生许多负面的结果,如学业成绩差、情感问题、监管问题、低自尊等。不适宜的家庭环境将使青少年出现更多的抑郁症状,使其在生活中还会感受到更大的压力感受(Chassin & Haller, 2011)。许多研究都证实,父母亲更多地接受文化教育,学习基本文化知识和家庭教育、教养方面的知识,可有效帮助建构儿童的安全感,促进其心理健康发展。

5.4.12 不同开始留守年龄的差异分析

依照依恋理论,早年与父母亲分离,个体会在成长过程中出现风险(Bowlby, 1969;Zeanah, Smyke, Koga & Carlson, 2005),Agid et al.(1999)研究发现儿童在9岁以前经历了缺失父母关爱的缺失,比在童年后期或青春期经历父母关爱的缺失,会产生更严重的后果。本研究将留守儿童的开始留守时间分为低龄组、中龄组和高龄组,分别对应于学前、小学和初中三个阶段,比较在不同年龄阶段开始留守对安全感的影响。结果发现,除了自我接纳外,其余各项都有显著差异,低龄组的安全感显著低于中、高龄组。这与李骊(2008),唐明皓(2009),江立华,等(2013)的结果是吻合的,也印证了Rutter et al.(2007)提出的在个体生命发展的早期关键阶段的亲情剥夺对儿童的发展产生了持续影响的观点。

与那些从小学阶段后与父母分离的儿童相比,在学前期就缺少父母关爱和家庭教养的留守儿童,其安全感水平更低,建立起来的安全防护系统也更为脆弱。这个研究结果说明,在儿童生命发展的早期,特别是幼年期(1～6岁)的亲子分离、依恋缺失对其心理健康发展的影响最大、最深刻。越在孩子年龄小的时候外出务工,孩子处于留守状态的时间就越长,儿童与父母亲情感隔离的时间就越长,彼此之间交流的时间和机会就越少,带给孩子的心理和行为的影响就越大。从帮助建构子女安全感的角度来看,父母亲要尽量在与子女充分信任、互动、建立了依恋关系后再外出务工,这样会更有利。

5.4.13　不同沟通次数与不同回家次数的差异分析

农民工与子女保持亲情联系的方式主要有两种：一是通过电话、网络或邮寄物品等方式，保持与子女的情感联系，实现隔着时空的家庭教养；二是借助务工间歇或农忙、过年、过节的机会，回到家里与子女团聚。这两种方式均可在一定程度上弥补亲情与教养的缺失。为深入探讨不同程度的亲子沟通是否会对留守儿童的安全感产生影响，本研究设置两种方式展开研究，即每月亲子沟通次数和每年回家次数。结果发现低频组留守儿童的安全感均显著低于中频组和高频组，这与李骊(2008)、唐明皓(2009)的研究结果是吻合的。

在长期的亲子分离过程中，电话沟通和短暂的共同生活在安全感的建构方面有以下的积极效能：①主观上有助于强化依恋关系和亲子情感。在亲子沟通与短暂的共同生活中，父母亲可了解子女在学习、生活中的表现，子女在遇到问题或困难时，可以通过电话倾诉或寻求帮助，经常的沟通与团聚能使留守儿童更多地体会到来自父母亲的爱、温暖、保护、理解和支持，家庭氛围也更和谐，使他们的效能感、掌控感、被接纳感和自信心、满足感等都得到一定程度的提升。②客观上进行信息交换，提供物质支持。这有利于留守儿童合理运用现有资源和条件，树立信心以应对困难(唐明皓，2009)。江立华，等(2013)提出，父母亲提高回家的频率对于孩子的学习表现及减轻家务负担等都有积极意义。应鼓励父母通过各种方式保持与子女的联络与沟通，提倡父母根据现实条件多回家与子女生活在一起，带给他们家庭的温暖。

5.4.14　不同托管对象的差异分析

本研究划分留守儿童的监管方式为“父母一方”、“祖父母辈”、“其他亲戚”、“老师”和“独自生活”五种，比较其安全感差异。研究者发现在自我接纳和总体安全感上，祖父母辈组的得分显著低于其他亲戚组，父母一方组的人际自信、自我接纳得分显著高于祖父母辈组。由此可推知，由父母中的一方进行亲子监护，有助于维持留守儿童的人际自信，提升其自我胜任力；交由祖父母辈监护的留守儿童最容易出现自我无助，安全感总体水平也较低。李志，邹雄，朱鹏(2013)研究发现，农村留守儿童的隔代监护人的胜任特征包括教育方式、教育观念、人格特质和知识素养等四个因素，当前农村留守儿童隔代监护人在教育上呈现出胜任力不足的状况，因而鼓励有条件的家庭要留有父母亲中的一方监管孩子，或帮助改善和提高祖父母辈的教养能力。

研究还发现“独自生活”的留守儿童的安全感显著低于其他四组。让尚未成年的留守儿童与监护人生活在一起，这是儿童权益保障的基本要求，可提供给他们人身安全和物质支持，一定程度上弥补了父母教养缺位造成的影响。李骊(2008)研究发现，友谊质量与师生关系对留守儿童的安全感具有显著的预测效应，良好的师生关系、同伴关系对留守儿童的安全感具有显著的调节作用。家长外出务工，不仅要把子女托付给相关的人监管，还要鼓励孩子主动融入学校，与他人积极交往，以更好地运用社会资源维系安全感。

5.4.15 人口学变量对留守儿童安全感的回归分析

对留守儿童安全感的群体差异检验发现，人口学变量对安全感具有一定的区分力，还具有显著的预测效应。回归分析发现，性别与家庭经济状况变量对留守儿童安全感的预测力最高，能预测每个因子及总量表的变化。这提醒家长及教育者在关注留守儿童的安全感问题时，首先要考虑性别和家庭经济状况因素，要给予留守女童和家庭经济状况较差的儿童更多关注，给予他(她)们更多的关心和鼓舞，鼓励他(她)们在生活实践中多多历练，掌握生活技能，训练人际交往技巧，以迎接各种挑战。家长们在家庭经济状况得到一定改善的情况下，仍然要给予子女更多的心灵关怀和成长引导，帮助他们更好地认识自己，培育信心，赢得来自内心的成长力量。

年级、学业成绩、亲子沟通次数、民族、父母回家次数、留守类型和是否独生子女等变量，对留守儿童的安全感有一定的预测力，同样给家长和教育者提供了一个审视留守儿童安全感的新视角，如从小时候便开始关注他们的学业和生活，在与其交流过程中选用适宜的方式；帮助他们提升学业成绩，使他们获得更高的自我效能感，从解决学业问题中获得自我认同和自信心，从而提升安全感。父母亲还要增加亲子沟通的次数，通过电话、互联网或邮寄生活物资、学习用品等形式与子女进行情感交流，在有条件的情况下增加回家的次数，延长与子女共处的时间。

5.5 小结

通过对留守儿童安全感的总体状况及群体差异分析，研究者得到以下结论：

(1)留守儿童安全感总体呈现正态分布，非常显著地低于非留守儿童；安全感因子的得分从高到低依次为：人际自信、自我接纳、安危感知、生人无畏和应激掌控。

(2)留守儿童安全感的性别差异显著，留守男童的安全感水平显著高于留守女童。

(3)是否独生子女的安全感差异显著,独生子女留守儿童的安全感显著高于非独生子女留守儿童。

(4)少数民族留守儿童的安全感水平显著低于汉族留守儿童,除了应激掌控因子外,其他因子及总均分均有非常显著的差异。

(5)留守儿童安全感存在非常显著的年级差异,安全感随着年级的升高而升高。

(6)农村与城镇留守儿童的安全感仅有部分差异,表现在生人无畏与自我接纳两个方面。

(7)不同家庭经济水平的留守儿童的安全感差异显著,家境较好组的安全感显著高于一般组和较差组,一般组又显著高于较差组。

(8)生活在特殊家庭中的留守儿童的人际自信、安危感知与整体安全感均非常显著地低于正常家庭中的留守儿童。

(9)不同留守类型的儿童的安全感有显著差异,父母皆外出的留守儿童安全感最低,其次为仅母亲外出组,得分最高的是仅父亲外出组。缺少母亲关爱和教养是留守儿童安全感缺失的重要原因。

(10)不同学业成绩的留守儿童安全感存在显著差异,成绩较好组的安全感显著高于成绩一般组和较差组。

(11)留守儿童的安全感因家长文化程度不同而产生显著差异,家长文化程度越高,其子女的安全感水平也越高。

(12)留守儿童的安全感随留守开始时间的不同而不同,在学前期便留守的儿童的安全感水平最低。

(13)留守儿童的安全感随亲子沟通频次、回家频次的不同而不同,低频组的安全感显著低于中频和高频组。

(14)留守期间得到父母一方监管的儿童的安全感显著高于隔代监管的儿童,无监护人的留守儿童的安全感水平最低。

(15)性别与家庭经济状况变量对留守儿童安全感的预测力最高,其次为年级和学业成绩变量,再次为亲子沟通次数、民族、父母回家次数、留守类型和是否独生子女变量;居住地、家庭类型与监管人等变量对安全感没有预测效应。应给予留守女童、少数民族留守儿童、非独生子女、低年级学生、住在农村的学生、家庭经济状况较差的学生、属于特殊家庭的留守儿童、父母双方皆外出的、学业成绩较差的、平时父母与其沟通较少的和无人监管的留守儿童更多的安全感呵护,对于那些留守处境较差的留守儿童,尤其应给予积极的关爱和支持。

第6章 留守儿童安全感的效用研究

6.1 引言

我国广大农村地区在经济建设和社会发展等方面处于相对落后的状态，留守儿童生活在这样的社会大背景下，需要面对和克服在物质和经济上存在的困难或问题。同时，因父母远在外地务工，普遍缺少来自父母的关心和教化，他们的留守生活充满着各种生活应激事件。他们的家长由于精力有限、知识水平不高等原因，对留守家乡子女的关爱有限。广大留守儿童只能在内心郁积强烈而持久的思亲之情，去坚强面对成长过程中遇到的各种问题。

已有研究大都揭示了留守儿童的心理问题处于较严重的状态，学者们的报告显示留守儿童普遍有强烈的自卑感、孤独感、焦虑感和抑郁性，普遍地出现人格缺陷、行为变异，表现出更多的退缩、敌意、攻击性，更低的学习兴趣和自我效能感，更消极的应对方式，更少的社会参与性等(如，黄艳苹，李玲，2007；王晓丽，胡心怡，申继亮，2011；刘正奎，高文斌，王婷，2007；范兴华，等，2009；吴霓，等，2004；熊亚，2006；何毅，2008)。与普通儿童相比，独特的留守处境及生活事件应激常常成为人们探讨留守儿童心理问题的重要线索。一般而言，适当的生活变化和环境刺激可以促使个体采取积极的调整策略以适应环境。但如果生活变化和环境刺激过大、过多、过快或持续过久，超过了机体的调节和控制限度，就会造成适应的困难，引起心理、生理功能的紊乱，从而致病(金怡，姚本先，2007)。在特殊的家庭生活背景下，受到生活事件应激的影响，许多留守儿童对自我、学习、生活和人际交往等出现了认知偏差，如人际交往敏感性增加，对现状和未来感到焦虑，对自我不自信等，这些情形如若处理不当，缺乏恰当的教育与引导，就会发展成为心理症状。

第5章研究发现，不同人口学变量的留守儿童安全感具有显著差异。家庭经济状况，亲子之间的交流情况，父母亲回家情况，留守时间，父母外出类型，在学校里拥有不同的学业成绩，不同性别，以及是否为独生子女等，都构成了他们各不相同的留守处境。人们很容易将留守儿童心理问题的发生与其留守处境联系起来。然而并非所有的不良经历(包括留守经历)对儿童的身心健康都会造成负面影响。廖传景,等(2014)研究发现,贫困留守儿童的心理健康水平显著高于非贫困留守儿童,且心理韧性在生活应激事件与心理健康之间发挥了重要的调节和中介作用。因此,生活应激与个体健康的关联较为复杂,个体会通过某些中介因素如认知评价、应付方式、社会支持等来调整应激事件对心理健康的作用过程(Friedlander,Reid,Shupak & Cribbie,2007)。作为人类最基本的心理需求,安全感是一种精神资源,可提供给人们一种提高信息处理能力和调节刺激反应能力的方法,帮助人们调动社会支持系统,获得更高的幸福感(Melanie,2011)。

对广大留守儿童来说,特殊的家庭成长环境和特殊的依恋经历对他们的安全感形成和发挥效用产生了巨大影响(朱丹,2009;华姝姝,等,2012),在这种背景下,安全感在留守儿童的生活应激、留守处境影响其心理发展的过程中发挥了什么样的作用?安全感是否能有效调节环境应激对心理健康的影响?在留守处境和心理健康之间,安全感是不是关键性的影响因素?是否可以通过改善安全感来保护心理健康?本研究意在探讨安全感的效用,为有针对性地开展留守儿童心理健康教育提供来自安全感建构和维护的参考。

基于以上分析,本研究提出如下假设:

(1)留守儿童的生活事件、安全感和心理健康之间存在显著相关。

(2)在不同的生活事件应激下,留守儿童的安全感水平有显著差异。

(3)不同安全感水平的留守儿童的心理健康存在显著差异。

(4)安全感是留守儿童生活事件与心理健康之间的重要调节变量和中介变量。

(5)留守处境能直接预测心理健康,同时又通过安全感对心理健康产生显著的间接预测效应。

6.2　方法

6.2.1　样本

本部分被试来自正式施测的2 219个样本,分布于重庆、四川、贵州、云南、湖南、湖北、河南、江西、安徽、辽宁、黑龙江和浙江等12个省(市)的中学与小学,既有农村学校,也有城镇学校。共发放问卷2 400份,回收2 306份,有效问卷2 219份,有效率为96.2%,样本的年龄分布为12.18±1.38岁,人口学分布如表 6-1 所示。

表 6-1　样本的人口学分布($n=2219$)

人口学变量	类别	人数(比例/%)	缺失值(比例/%)	人口学变量	类别	人数(比例/%)	缺失值(比例/%)
性别	男	1 125(50.7)	13(0.6)	学业成绩	较好	522(23.5)	137(6.2)
	女	1 081(48.7)			一般	1 250(56.3)	
是否独生子女	是	610(27.5)	48(2.2)		较差	310(14.0)	
	否	1 561(70.3)		父亲文化程度	小学及以下	561(25.3)	95(4.3)
民族	汉族	1 769(79.7)	37(1.7)		初中	1 105(49.8)	
	少数民族	413(18.6)			高中及以上	458(20.6)	
年级	五年级	502(22.6)	42(1.9)	母亲文化程度	小学及以下	743(33.5)	102(4.6)
	六年级	544(24.5)			初中	986(44.4)	
	七年级	602(27.1)			高中及以上	388(17.5)	
	八年级	529(23.8)		开始留守年龄	1～5 岁	1 434(39.1)	76(2.1)
生活地点	城镇	504(22.7)	0(0)		6～10 岁	1 665(45.4)	
	农村	1 715(77.3)			11 岁以上	491(13.4)	
家庭经济状况	较好	498(22.4)	198(8.9)	每月亲子沟通次数	5 次以下	1 019(49.1)	117(3.2)
	一般	1 122(50.6)			6～15 次	773(34.8)	
	较差	401(18.1)			16 次以上	320(14.4)	
是否贫困生	贫困生	1 086(29.6)	285(7.8)	父母每年回家次数	5 次以下	1 858(83.7)	28(1.7)
	非贫困生	2 295(62.6)			6～10 次	167(7.5)	
留守类型	父母均外出	1 333(60.1)	60(2.7)		11 次以上	156(7.0)	
	仅父亲外出	654(29.5)			—	—	—
	仅母亲外出	172(7.8)			—	—	

6.2.2　工具

6.2.2.1　青少年生活事件自评量表(Adolescent Self-Rating Life Events Check List，ASLEC)

ASLEC 由刘贤臣编制，共 27 个题项，包含人际关系、学习压力、受惩罚、丧失、健康适应、其他应激等 6 个因子，适用于青少年生活事件发生频度和应激强度的评定，得分越高表示该生活事件的影响越大，量表的 α 系数为 0.85(汪向东，王希林，马弘，1999)。本研究对 ASLEC 的结构进行验证性因素分析，结果：$\chi^2/df=5.688$，$RMSEA=0.065$，$SRMR=0.068$，$GFI=0.888$，$AGFI=0.858$，$NFI=0.871$，$CFI=0.891$，$TLI=0.872$，$IFI=0.891$，除了 χ^2/df 以外，其他各项拟合指数均符合测量学要求(因为调查样本量较大，导致 χ^2 较大，故而 χ^2/df 指数较高)，整体上该问卷具有良好的结构效度(见附录 6-1)。本研究中各因子及整体 α 系数分别为 0.767、0.762、0.765、0.672、0.573、0.556 和 0.930。

6.2.2.2　中国中学生心理健康量表(Mental Health Inventory of Middle-school students, MMHI-60)

MMHI-60 由王极盛等人(1997)编制,包含 60 个题项,10 个分量表(强迫、偏执、敌对、人际关系敏感、抑郁、焦虑、学习压力感、适应不良、情绪不稳定和心理不平衡)。量表采用 Likert 5 点记分法(1～5 表示"从无"到"严重"),得分越高表示心理健康问题越大。量表的 α 系数在 0.65～0.86 之间。对 *MMHI*-60 进行验证性因素分析,结果:$\chi^2/df=3.600$,$RMSEA=0.048$,$SRMR=0.064$,$GFI=0.822$,$AGFI=0.804$,$NFI=0.774$,$CFI=0.825$,$TLI=0.814$,$IFI=0.826$,测量数据与问卷结构拟合较好,具有较好的结构效度(见附录 6-2)。本研究中各分量表及整体 α 系数分别为 0.573、0.762、0.776、0.736、0.761、0.814、0.792、0.684、0.743、0.703 和 0.957。

6.2.2.3　留守儿童安全感量表(Scale of Sense of Security of Children Left behind, SSSCLB)

SSSCLB 为自编量表,共 26 个题项,包含五个因素(人际自信、安危感知、应激掌控、自我接纳和生人无畏)。采用 Likert 5 点计分法(1～5 表示"非常符合"到"非常不符合"),计算因子和总体的均分,得分越高表明安全感越高。问卷的信度和效度详见第 4 章。

6.2.3　统计方法

研究者采用 SPSS 20.0 和 Amos 20.0 进行数据处理。

6.3　结果

6.3.1　共同方法偏差的控制与检验

共同方法偏差(common method biases)是一种系统误差,是预测变量与效标变量之间人为的共变关系。往往在相同的数据样本里,或经由相同的评分者评定,或在相同的测量环境或语境中容易产生此类偏差(周浩,龙立荣,2004)。共同方法偏差可能会使研究结果产生混淆,并对结论产生误导。本研究从程序控制和统计控制两个方面对可能存在的共同方法偏差进行控制。

首先,对研究的实施过程及数据收集进行控制。本研究开展大样本调查,尽可能考虑被试在不同变量上的平衡分布，如西部、中部和东部地区，平原与山地，农村与城镇，性别比例，民族比例，年级比例等，尽可能做到所选样本具有代表性。尽可能做到在时间、空间、心理和方法上，减少被试的程序性应答。同时，问卷施测尽量按照标准化程序进行，采用各种方法以保证数据的有效性，如合理编排题项，精心设计指导语，被试匿名填答，对施测过程出现的问题随时反馈、指导等。但是因为本研究的问卷都由同一被试自我评定，因而仍有可能存在共同方法偏差。故而在数据分析之前，有必要检验共同方法偏差是否可被接受。

其次，采用 Harman 单因子检验法来考察研究数据的共同方法偏差。该方法假设，如果存在大量的共变关系，因素分析时极有可能析出一个单独的因子，或某一公共因子能解释大部分变异。在探索性因素分析时，将所有的变量都纳入，如果未旋转的分析结果中只析出一个因子或某个因子解释力特别大，即可判断存在共同方法偏差（周浩，龙立荣，2004）。本研究分别对 ASLEC、MMHI-60 和 SSSCLB 所有的项目进行探索性因素分析，发现未旋转的 ASLEC 抽取了 4 个因子，解释了 51.677%的变异量，MMHI-60 抽取了 10 个因子，解释了50.663%的变异量，SSSCLB 抽取了 5 个因子，解释了 49.487%的变异量。未旋转的因子载荷没有集中于某个单独因子或者某个因子解释量特别大的情况，因此，本研究的共同方法偏差在可接受范围之内。

6.3.2 生活事件、安全感与心理健康的描述性统计

关于留守儿童的生活事件的描述性统计结果（最小值、最大值、平均数、标准差、中数和众数等）如表 6-2 所示。

表 6-2 留守儿童生活事件的描述性统计(n=2 219)

维度	最小值	最大值	平均数	标准差	中数	众数
人际关系	6.00	30.00	13.54	4.92	13.00	12.00
学习压力	6.00	30.00	13.03	5.11	12.00	8.00
受惩罚	4.00	20.00	8.89	3.92	8.00	4.00
丧失	5.00	25.00	10.55	4.25	10.00	5.00
健康适应	3.00	15.00	5.97	2.73	5.00	3.00
其他应激	3.00	15.00	6.06	2.78	6.00	3.00
生活事件总分	27.00	129.00	58.04	20.22	55.00	38.00

本研究中的留守儿童安全感因子的得分从高到低依次为自我接纳、安危感知、人际自信、生人无畏和应激掌控；将生活事件总分从低到高按照前 27%、中间 46%和后 27%的比例划分为三个等级，比较各因子及总体安全感，结果每个项目的差异均极其显著，所有的项目得分均呈现生活事件越高则安全感得分越低的分布特点（详见表 6-3 和图 6-1）。

表 6-3　留守儿童安全感的描述性统计结果($M\pm SD$)

维度	$M\pm SD$ (n=2 219)	生活事件分组比较			
		低(n=627)	中(n=965)	高(n=627)	F
人际自信	3.54±0.85	3.97±0.73	3.49±0.79	3.21±0.86	149.220**
安危感知	3.46±0.89	3.80±0.86	3.45±0.84	3.17±0.87	86.345**
应激掌控	2.81±0.87	3.09±0.89	2.78±0.82	2.62±0.87	50.353**
自我接纳	3.48±0.98	3.89±0.88	3.44±0.94	3.14±1.00	100.027**
生人无畏	3.38±0.90	3.61±0.96	3.35±0.84	3.22±0.90	31.435**
总体安全感	3.33±0.67	3.67±0.64	3.30±0.60	3.07±0.65	147.433**

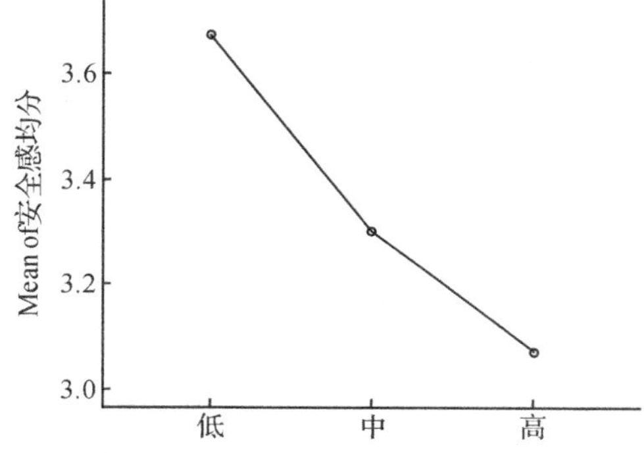

图 6-1　不同生活事件应激等级的安全感分布

留守儿童 MMHI-60 的得分、与常模比较及检出率分布详见表 6-4。从调查数据与常模的比较中可知，留守儿童心理健康的总体水平非常显著地低于普通儿童，除了适应不良和心理不平衡因子以外，所有因子的得分均显著高于常模。从因子得分≧3(心理问题处于中等严重程度)的检出率来看，留守儿童的

表 6-4　留守儿童心理健康的描述性统计及与常模比较、检出率结果(n=2 219)

维度	$M\pm SD$	常模 (n=2 446)	t	≧3 检出率 /%	安全感高低分组比较			
					低 (n=593)	中 (n=1 033)	高 (n=593)	F
强迫	2.22±0.67	1.89±0.61	23.257**	15.41	2.56±0.66	2.25±0.61	1.82±0.55	220.099**
偏执	2.00±0.73	1.76±0.68	15.676**	11.63	2.43±0.77	2.01±0.67	1.57±0.53	249.588**
敌对	1.91±0.77	1.72±0.75	11.576**	12.12	2.24±0.83	1.92±0.73	1.55±0.60	138.724**
人际敏感	2.13±0.77	1.85±0.73	17.259**	16.63	2.65±0.78	2.12±0.67	1.63±0.54	344.411**
抑郁	1.97±0.78	1.92±0.78	3.241**	13.25	2.43±0.85	1.97±0.69	1.53±0.56	240.232**
焦虑	2.10±0.82	1.81±0.75	16.789**	17.26	2.59±0.86	2.11±0.73	1.61±0.62	262.535**
学习压力感	2.11±0.86	1.92±0.67	10.647**	17.98	2.40±0.86	2.13±0.83	1.79±0.75	84.533**
适应不良	1.89±0.70	1.92±0.62	−2.213*	9.01	2.13±0.74	1.92±0.70	1.58±0.55	102.985**

续表

维度	$M\pm SD$	常模 (n=2 446)	t	≥3检出率/%	安全感高低分组比较			F
					低 (n=593)	中 (n=1 033)	高 (n=593)	
情绪不稳定	2.20±0.76	1.98±0.70	13.536**	18.57	2.53±0.77	2.24±0.72	1.79±0.65	164.716**
心理不平衡	1.78±0.68	1.95±0.65	−11.411**	7.35	2.11±0.77	1.80±0.64	1.43±0.45	173.888**
MMHI均分	2.03±0.61	1.88±0.57	11.781**	7.79	2.41±0.62	2.05±0.54	1.63±0.44	312.204**

心理症状总体上约有8%的检出率，从各因子的得分来看，检出率位列前五的因子(问题较为普遍)是强迫、心理不平衡、学习压力感、焦虑和人际敏感。将安全感均分从低到高分为前27%(n=593)、中间46%(n=1 033)和后27%(n=593)三组，分别命名为安全感低分组、中等组和高分组，表6-4列出了三组MMHI-60的差异。心理健康量表所有维度的得分均有非常显著的差异，均表现为低安全感的得分显著高于高安全感的得分，说明安全感水平越低，心理健康问题越严重。图6-2列出了三种不同安全感水平下，留守儿童心理健康均分的个案数量分布情况，可以看出三组呈现出明显的分布差异，随着安全感得分的升高，留守儿童心理健康的得分更多分布在低分段。

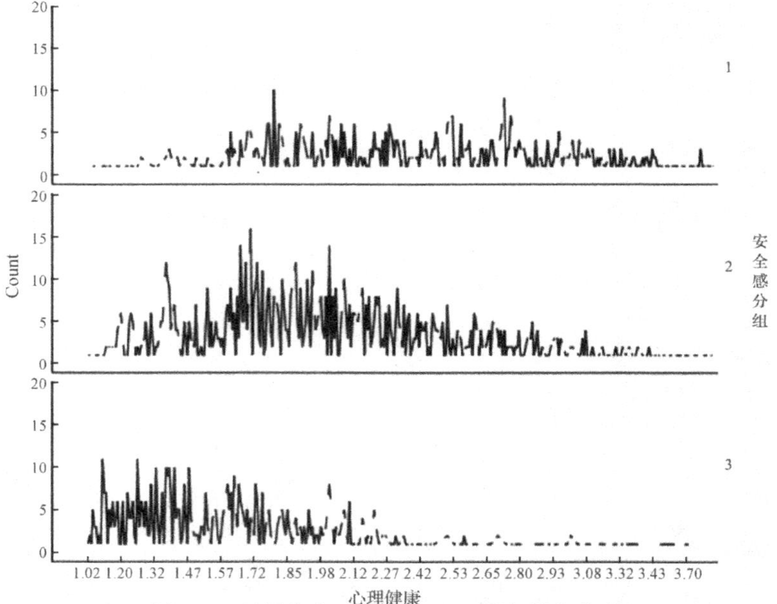

图6-2 不同安全感等级的心理健康得分分布

注：1为安全感低分组，2为安全感中等组，3安全感高分组。

6.3.3 生活事件与安全感、心理健康的相关与回归分析

6.3.3.1 生活事件与安全感、心理健康的相关

相关分析发现，留守儿童生活事件总均分及各因子分与心理健康总分及各个因子分之间存在非常显著的正相关，各因子之间的相关系数在0.271～0.517之间，生活事件均分与心理健康均分的相关系数为0.566；而生活事件与安全感呈非常显著的负相关，生活事件均分与总体安全感的相关系数为－0.364(详见表6-5)。本研究中，各变量的相关处于中等或中等偏下的水平，可以避免出现变量间的多重共线性关系，有利于后续的中介和调节效应检验(吴明隆，2010；温忠麟，侯杰泰，张雷，2005)。

6.3.3.2 生活事件对安全感、心理健康的回归分析

从相关分析的结果来看，留守儿童的生活事件与安全感、心理健康之间存在着显著相关。为进一步了解它们的关系，确定生活事件对安全感、心理健康的预测效应，本研究进行回归分析。在回归分析之前先判断生活事件与安全感、心理健康之间是否存在线性关系。散点图显示生活事件总分与安全感、心理健康之间存在线性关系(见图6-3、图6-4)，适合进行线性回归分析。

以生活事件为自变量，分别以安全感、心理健康为因变量，进行分层回归分析。每个分析均设两个步骤：第一步，将人口学变量(已进行类别转化，形成虚拟变量)放入分层次回归分析程序，以对其效应进行控制；第二步，将生活事件各因子放入回归分析程序，观察其对安全感和心理健康解释率的变化及其显著性，以确定生活事件对两个因变量的效用是否达到显著水平(结果详见表6-6)。

表6-5 留守儿童生活事件与安全感、心理健康的相关(r)

维度	人际关系	学习压力	受惩罚	丧失	健康适应	其他应激	ALSEC均分
强迫	0.412**	0.404**	0.361**	0.329**	0.325**	0.302**	0.427**
偏执	0.471**	0.421**	0.385**	0.316**	0.323**	0.304**	0.448**
敌对	0.436**	0.394**	0.357**	0.299**	0.298**	0.271**	0.415**
人际敏感	0.517**	0.456**	0.424**	0.357**	0.329**	0.334**	0.489**
抑郁	0.489**	0.473**	0.407**	0.348**	0.349**	0.344**	0.485**
焦虑	0.481**	0.483**	0.407**	0.365**	0.368**	0.334**	0.491**
学习压力感	0.426**	0.522	0.375**	0.301**	0.288**	0.259**	0.446**
适应不良	0.459**	0.477**	0.371	0.298**	0.326**	0.289**	0.451**
情绪不稳定	0.471**	0.458**	0.390**	0.318	0.315**	0.297**	0.456**
心理不平衡	0.429**	0.458**	0.402**	0.352**	0.320	0.329**	0.461**
MMHI-60均分	0.569**	0.565**	0.480**	0.406**	0.401**	0.379**	0.566**

续表

维度	人际关系	学习压力	受惩罚	丧失	健康适应	其他应激	ALSEC 均分
人际自信	−0.396**	−0.332**	−0.310**	−0.257**	−0.245**	−0.238**	−0.360**
安危感知	−0.284**	−0.240**	−0.265**	−0.265**	−0.240**	−0.241**	−0.303**
应激掌控	−0.229**	−0.190**	−0.194**	−0.188**	−0.170**	−0.159**	−0.226**
自我接纳	−0.317**	−0.281**	−0.259**	−0.209**	−0.213**	−0.236**	−0.304**
生人无畏	−0.168**	−0.114**	−0.142**	−0.171**	−0.154**	−0.159**	−0.176**
SSSCLB 均分	−0.375**	−0.311**	−0.314**	−0.292**	−0.275**	−0.278**	−0.368**

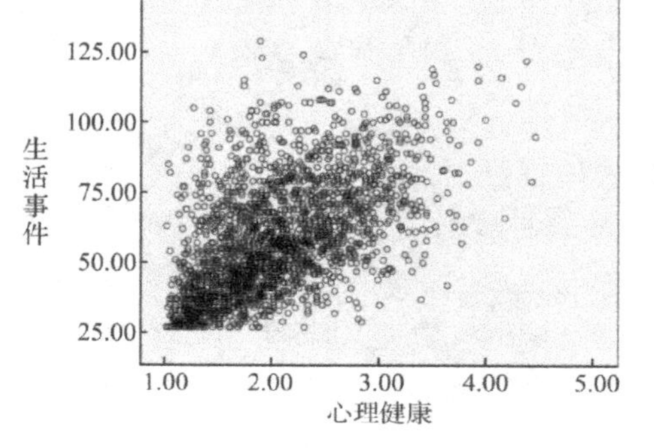

图 6-3　生活事件与心理健康的散点图

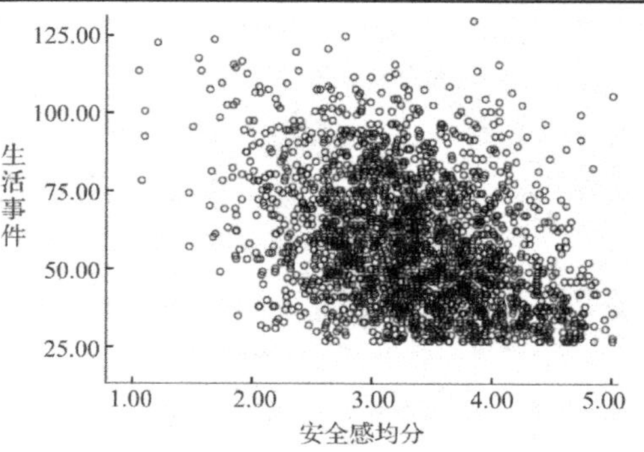

图 6-4　生活事件与安全感的散点图

如表 6-6 所示，从生活事件对安全感的逐步回归分析结果可知，性别等 6 个人口学变量共同解释了安全感 6.4％的变异，加入生活事件变量后，解释量增加了 11.3％，增加到 17.7％，差异达到显著水平。生活事件对安全感的回归系数为−0.348，表明生活事件的增多导致了安全感的下降。从生活事件对心理健康的逐步回归分析结果可知，民族等 5 个人口学变量共同解释了心理健康 7.9％的变异，加入生活事件变量后，解释量增加了 25.5％，增加到 33.4％，差异达到显著水平。生活事件对心理健康的回归系数为 0.524，表明生活事件的增多将导致心理健康问题的增加。

通过回归分析建立的模型，还需进一步检验模型是否可用。检验回归模型是否可用，通常通过检验回归模型误差项（residual）是否独立来实现。如果误差项不独立，那么模型的估计与假设所做出的结论都是不可靠的。一般使用 Durbin-Watson（DW）检验统计量、容忍度（tolerance）和方差膨胀因素（variance inflation factor，VIF）等指标判断误差项是否独立。从表 6-5 可知，所有模型的 DW 统计量数值接近 2，Tolerance 接近 1，VIF 小于 4，说明模型的误差项独立，所构模型能较好地拟合生活事件与安全感、心理健康的关系。此外，还可通过回归标准化残差图和样本标准化残差的正态概率分布来检验回归分析的有效性（见图 6-5、图 6-6、图 6-7 和图 6-8）。

表 6-6　生活事件对安全感和心理健康效用的回归分析结果

	安全感为因变量				心理健康为因变量			
	第一步		第二步		第一步		第二步	
	β	t	β	t	β	t	β	t
性别	−0.120	−5.169**	−0.124	−5.722**				
民族					0.113	4.867**	0.064	3.230**
居住地	−0.061	−2.601**	−0.063	−2.834**				
年级	0.058	2.419*	0.108	4.776**	0.138	5.911**	0.061	3.011**
父母回家次数	0.103	4.412**	0.086	3.922**	−0.048	−2.089*		
学业成绩	−0.094	−3.978**	−0.053	−2.377*	0.123	5.240**	0.065	3.234**
家庭经济状况	−0.151	−6.369**	−0.111	−4.978**	0.106	4.545**	0.052	2.617*
亲子沟通次数					−0.070	−2.983**	−0.058	−2.875**
生活事件			−0.348	−15.541**			0.524	25.937**
R^2	0.067		0.180		0.083		0.338	
$R^2_{adj.}$	0.064		0.177		0.081		0.336	
$\triangle R^2$			0.113				0.255	
$\triangle F$			241.514				672.738	
Durbin-Watson			1.366				1.652	
Tolerance	0.938		0.936		0.984		0.926	
VIF	1.066		1.070		1.017		1.010	

从图 6-5 和图 6-7 可以看出安全感和心理健康回归标准化残差值的累计概率点大致分布在 45°角的直线附近，而且没有明显的异常值；从图 6-6 和图 6-8 可以看出安全感和心理健康回归分析残差的分布基本上是正态的。安全感回归效果的方差分析自由度 df 平方和 SS 均方的 $F=52.498(p<0.001)$，心理健康回归效果的方差分析自由度 df 平方和 SS 均方的 $F=155.811(p<0.001)$，均达到了显著水平。通过以上分析可以得知，所建立的模型在统计学上无误。从所建立的回归方程可以看出生活事件对安全感和心理健康都具有一定的预测力。

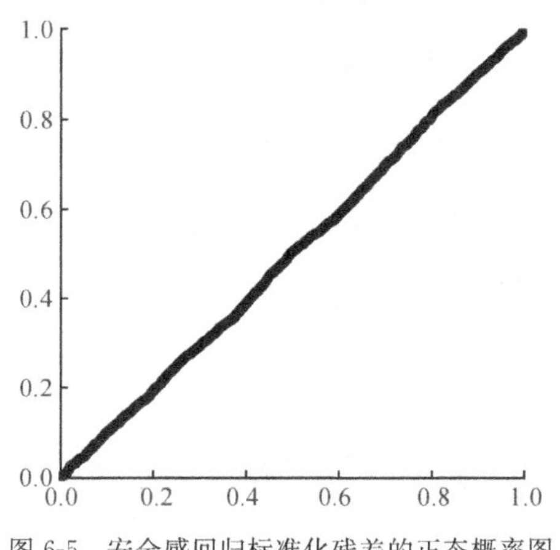

图 6-5　安全感回归标准化残差的正态概率图

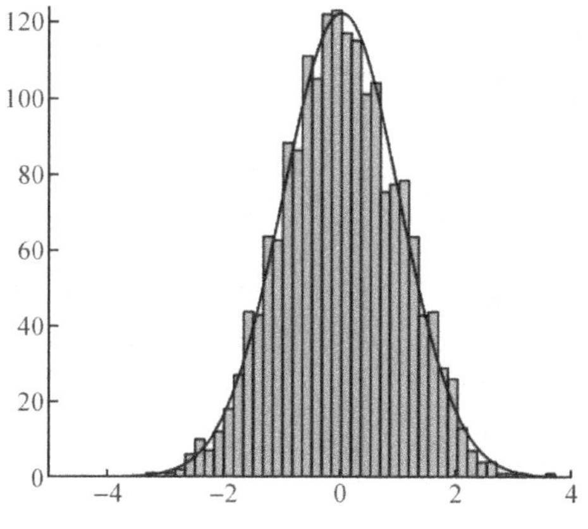

图 6-6　安全感回归标准化残差直方图

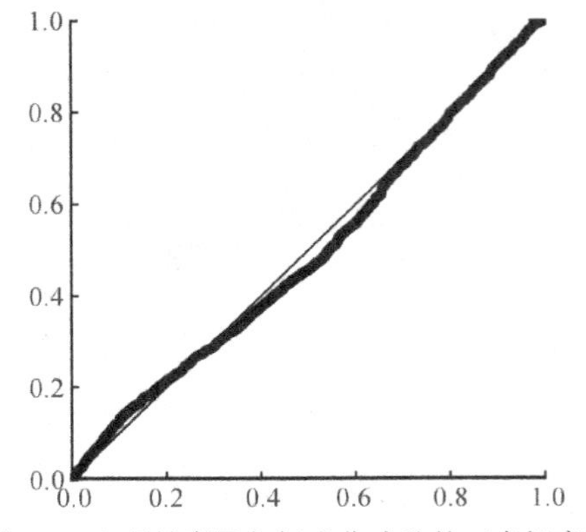

图 6-7 心理健康回归标准化残差的正态概率图

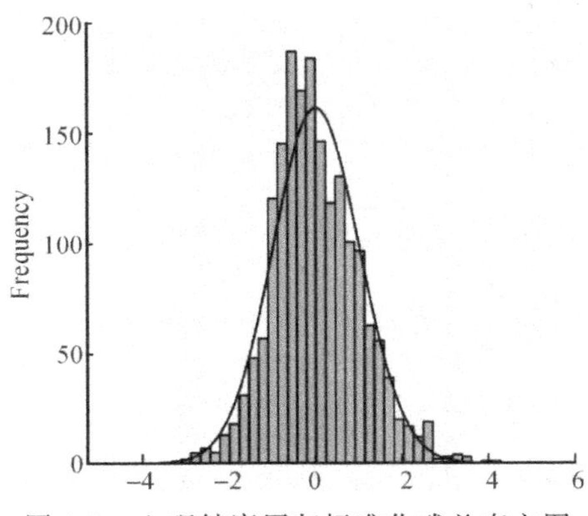

图 6-8 心理健康回归标准化残差直方图

6.3.4 安全感对生活事件与心理健康的调节效应

从前面的相关分析可知，留守儿童的生活事件与安全感、心理健康都有显著相关，生活事件均可预测安全感和心理健康，但是对留守儿童而言，其生活事件对心理健康的作用是否受到安全感水平高低的影响（即安全感是否具有调节作用），还需要进一步检验。

所谓调节效应是指自变量 X 与因变量 Y 的关系是某变量 M 的函数，则 M 为调节变量。若调节变量 M 的取值对 X 与 Y 的关系方向或关系强弱产生影响，则称 M 具有调节作用，发挥调节效应。调节变量 M 并非 X 对 Y 作用的传递者，而是作为 X 之外的另一个自变量对 X 与 Y 的关系产生影响（Baron & Kenny，1986；温忠麟，候杰泰，张雷，2005）。调节作用见图 6-9。

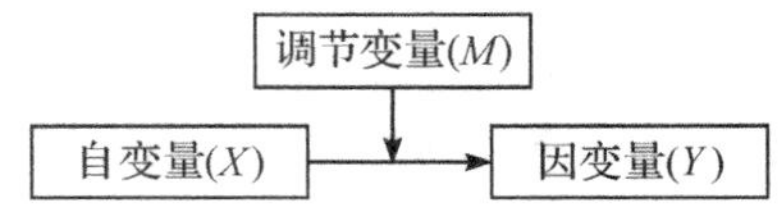

图 6-9 调节作用示意图

Baron & Kenny(1986)，温忠麟，等(2005)提出了调节效应的检验方法：首先，将自变量 X 和调节变量 M 做中心化处理，以避免 X 和 M 及其交互项的共线性问题。然后，采用分层回归分析法检验调节效应。具体为，第一步，做 X 和 M 对 Y 的回归分析，得到决定系数 R_1^2，第二步，做 X 与 M 交互项（$X \times M$）对 Y 的回归分析，得到决定系数 R_2^2，如果 $\triangle R^2$ 显著，则调节效应显著。本研究建立假设：安全感在留守儿童的生活事件和心理健康中具有显著的调节作用（见图 6-10）。

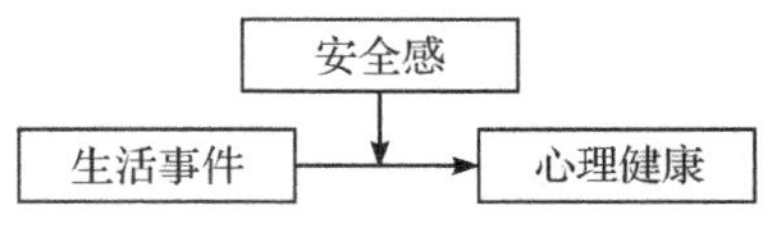

图 6-10 安全感的调节作用示意图

本研究对安全感的调节效应检验过程如下：①对生活事件和安全感得分进行中心化处理；②生成“生活事件×安全感”作为交互作用项；③以心理健康作为因变量进行分层回归分析，第一步引入主效应项（生活事件、安全感），第二步引入交互作用项（生活事件×安全感），通过新增解释量（$\triangle R^2$）或者交互作用项的回归系数是否显著，判断安全感的调节效应是否显著（见表6-7）。

表6-7　留守儿童安全感对生活事件和心理健康作用的调节效应

步骤	自变量	β	t	R^2	$\triangle R^2$	$\triangle F$
1	生活事件	0.388	19.783**	0.334	0.255	672.738**
	安全感	−0.370	−19.231**	0.451	0.117	376.433**
2	生活事件×安全感	−0.059	−3.282*	0.454	0.003	10.769**

注：以上为控制了人口学变量效应后的结果。

交互作用项“生活事件×安全感”的回归系数在以心理健康为因变量的回归方程中达到显著水平，引入交互作用项后，$\triangle R^2$ 也达到了显著性水平，即引入交互作用项“生活事件×安全感”后，对心理健康的解释量增加了0.003（$\triangle R^2$），达到了非常显著的水平。这表明安全感在生活事件对心理健康影响上的调节效应显著，即研究数据支持安全感的调节效应假设。

为了对安全感在生活事件与心理健康之间的调节效应有更清晰的理解，根据安全感和生活事件的得分，按照前27%和后27%，分别分为低和高两个组，绘制在高低两种安全感水平下生活事件对心理健康的作用趋势，结果如图6-11所示。

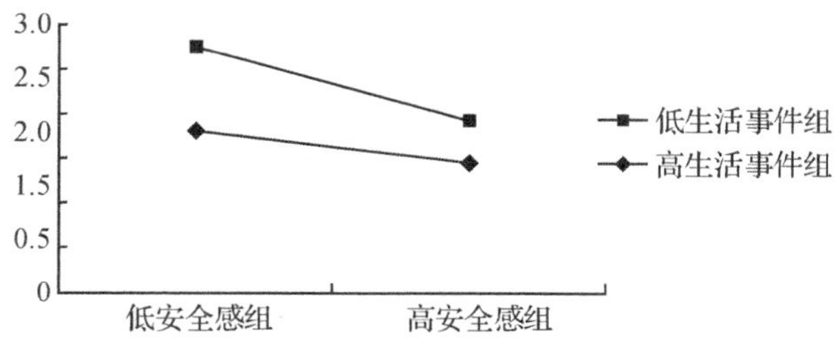

图6-11　安全感调节生活事件与心理健康关系的作用示意图

图6-11清晰地显示了安全感在生活事件与心理健康之间的调节效用。具体表现为，当安全感处于较高水平时，生活事件高低两组的心理健康差异不大，但是当安全感水平下降时，生活事件高低两组的心理健康得分便产生了较大的差异，高生活事件组的得分上升较为明显。这说明安全感对生活事件与心理健康的关系起到了显著的调节效用。

6.3.5 安全感对生活事件、留守处境与心理健康的中介效应

6.3.5.1 中介效应的原理

如果自变量 X 对因变量 Y 的作用是通过对某变量 M 的作用来实现的，则称 M 为 X 与 Y 的中介变量，中介变量 M 在 X 与 Y 之间的这种效应就是中介效应。中介变量 M 反映了自变量 X 与因变量 Y 的作用关系，中介效应说明自变量对因变量产生影响的过程和影响因素等(Baron & Kenny, 1986；温忠麟，等，2005)。中介作用的模型如图 6-12 所示。

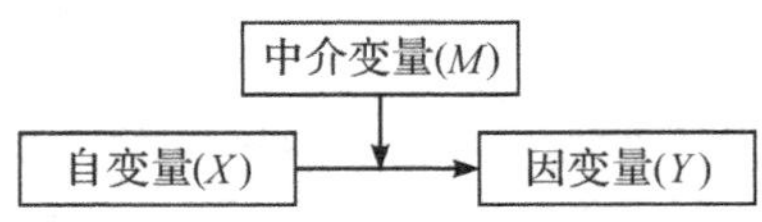

图 6-12 中介作用示意图

中介效应是否存在必须同时符合以下四个条件：①X 对 Y 要有显著的预测作用，即回归系数 c 要达到显著水平；②X 对 M 要有显著的预测作用，即回归系数 a 要达到显著水平；③M 对 Y 要有显著的预测作用，即回归系数 b 也要达到显著水平；④引入中介变量 M 后，X 对 Y 的预测效应要明显降低(即 c' 显著低于 c)。中介作用分为完全中介和部分中介两种，如果引入中介变量后 X 对 Y 的回归系数 c' 显著降低，变成不显著，则说明 X 对 Y 的作用是完全通过中介变量 M 实现的，此时 M 为完全中介变量，相应的中介效应称为完全中介效应；如果 c' 只是有所减小，仍然具有显著水平的预测效应，则 M 为部分中介变量，相应的这种中介效应称为部分中介效应(Baron & Kenny, 1986；温忠麟，等，2005)。

6.3.5.2 生活事件对心理健康的预测

根据以上中介效应的检验原理，本研究采用建立结构方程模型，对数据进行拟合。首先，取调查样本的一半(n=1 109)建立结构方程模型，探索生活事件对心理健康的作用。修正模型的拟合指数见表 6-8，模型的路径如图 6-13所示。

表 6-8 生活事件对心理健康作用的结构方程模型拟合指标

模型	χ^2/df	*RMSEA*	*GFI*	*AGFI*	*NFI*	*CFI*	*IFI*
修正模型	4.884	0.059	0.951	0.930	0.966	0.972	0.972
验证模型	5.039	0.060	0.948	0.926	0.963	0.970	0.970

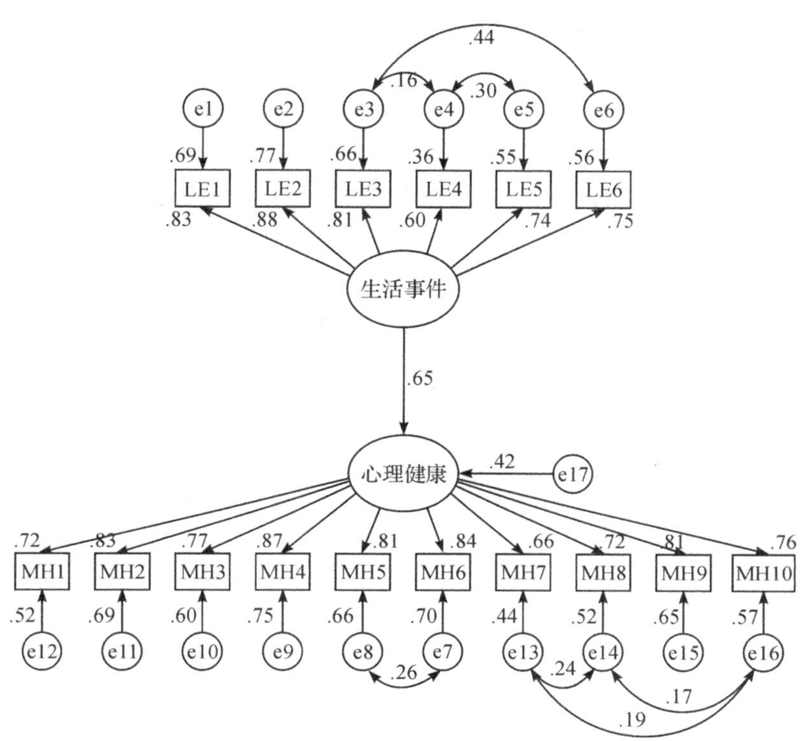

图 6-13　生活事件对心理健康作用的结构方程模型

注：MH1 强迫，MH2 偏执，MH3 敌对，MH4 人际关系敏感，MH5 抑郁，MH6 焦虑，MH7 学习压力感，MH8 适应不良，MH9 情绪不稳定，MH10 心理不平衡；LEI 人际关系，LE2 学习压力，LE3 受惩罚，L4 丧失，LE5 健康适应，LE6 其他应激(下同)。

从模型拟合结果来看，各项拟合指标均符合测量学要求，生活事件对心理健康产生了显著的预测效应，效应量为 0.65，说明生活事件应激越严重，心理健康水平越低。为验证模型拟合的准确性，研究取样本的另一半(n=1 110)来对生活事件对心理健康的作用路径模型进行验证，模型的拟合指数见表 6-8，在验证模型中，生活事件对心理健康的预测效应为 0.59。

6.3.5.3　留守处境对心理健康的预测

对留守儿童来说，每一个不同的人口学变量都构成其独特的留守处境。本研究将家庭经济状况、是否贫困生、父亲文化程度、母亲文化程度、亲子间每月沟通次数、父母每年回家次数等 6 个与留守儿童的外在生活环境密切相关的变量组合成为留守处境变量。6 个变量的赋值方式如下：家庭经济状况：较差＝1，一般＝2，较好＝3；是否贫困生：是＝1，否＝2；父亲文化程度：小学及以下＝1，初中＝2，高中及以上＝3；母亲文化程度：小学及以下＝1，初中＝2，高中及以上＝3；亲子间每月沟通次数：0～5 次＝1，6～15 次＝2，16 次以上＝3；父母每年回家次数：0～5 次＝1，6～10 次＝2，11 次以上＝3。留守处境变量得分越高，表示其总体留守处境越好。在做结构方程检验时，以每个变量的平均值替代缺失值。

首先，取调查样本的一半（n＝1 109）建立结构方程模型，探求留守处境对心理健康的作用，修正模型的拟合指数见表 6-9，模型的路径如图 6-14 所示。

表 6-9　留守处境对心理健康作用的结构方程模型拟合指标

模型	χ^2/df	*RMSEA*	*GFI*	*AGFI*	*NFI*	*CFI*	*IFI*
修正模型	4.079	0.053	0.954	0.938	0.953	0.964	0.964
验证模型	4.176	0.054	0.953	0.937	0.952	0.963	0.963

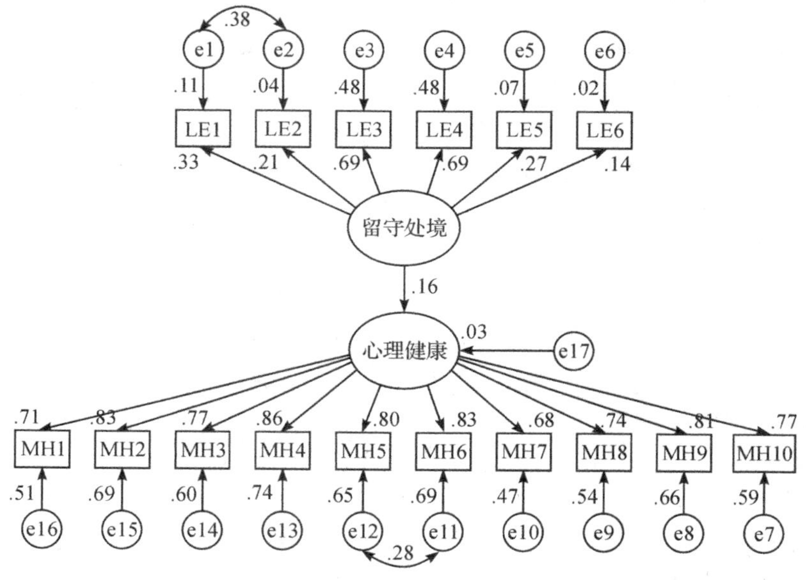

图 6-14　留守处境对心理健康作用的结构方程模型图

注：LB1 家庭经济状况，LB2 是否贫困生，LB3 父亲文化程度，LB4 母亲文化程度，LB5 亲子每月通话次数，LB6 父母每年回家次数（下同）。

从模型拟合结果来看，各项拟合指标均符合测量学要求，留守处境对心理健康产生了显著的预测效应，效应量为－0.16，说明留守处境越好，预测心理健康水平越高。为验证模型拟合的准确性，研究取样本的另一半（n＝1 110）来对留守处境对心理健康的作用路径模型进行验证，模型的拟合指数见表 6-9，在验证模型中，留守处境对心理健康的预测效应为－0.18。

6.3.5.4　安全感在生活事件、留守处境与心理健康之间的中介效应

为探讨留守儿童的安全感在其生活事件、留守处境与心理健康之间的中介

作用，本研究建立结构方程模型，将假设模型与数据进行拟合度的验证。首先，取样本的一半（n＝1 109）建立初始模型（见图 6-15）。

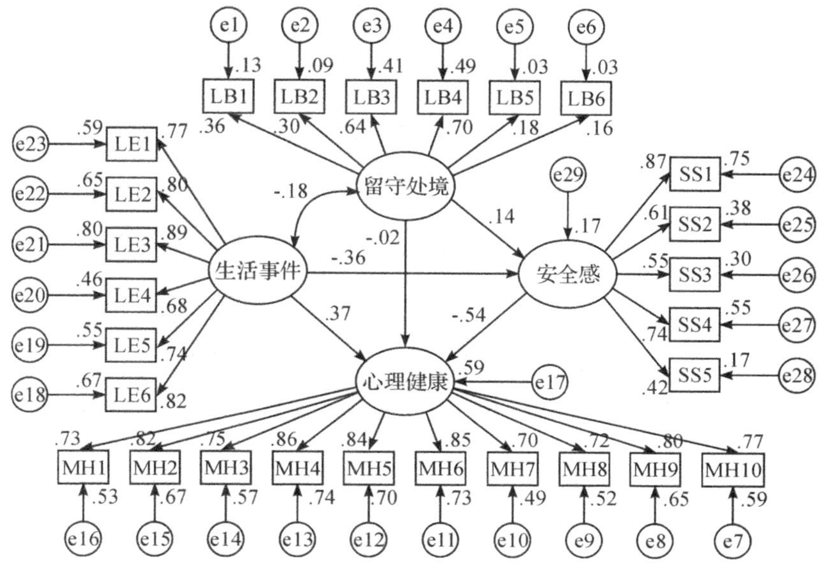

图 6-15　安全感的中介效应结构方程初始模型

注：SS1 人际自信，SS2 安危感知，SS3 应激掌控，SS4 自我接纳，SS5 生人无畏（下同）。

根据模型拟合度接受标准（侯杰泰，温忠麟，成子娟，2004；吴明隆，2009），初始模型的部分拟合指标欠佳（见表 6-10），经对初始模型进行修正，得出修正模型，拟合指标见表 6-10，修正模型的路径图见图 6-16。

表 6-10　安全感的中介作用结构方程模型的拟合指标

模型	χ^2/df	*RMSEA*	*GFI*	*AGFI*	*NFI*	*CFI*	*IFI*
初始模型	6.072	0.068	0.875	0.851	0.883	0.900	0.900
修正模型	4.053	0.052	0.918	0.901	0.922	0.940	0.940
验证模型	4.186	0.054	0.913	0.895	0.921	0.939	0.939

从修正模型的拟合结果来看，各项拟合指标均符合测量学要求，模型拟合较好。从修正模型可知，加入安全感变量以后，生活事件对心理健康的预测效应由 0.65 减少到 0.38，但仍然处于显著水平。生活事件对安全感的预测系数为－0.44，安全感对心理健康的预测系数为－0.54，都达到了显著水平。由此可以推断，安全感在生活事件与心理健康之间发挥了部分中介作用，中介效应量为 0.238，间接效应占总体效应的 38.51%。这说明留守儿童的生活事件部分地通过作用于安全感而影响其心理健康。

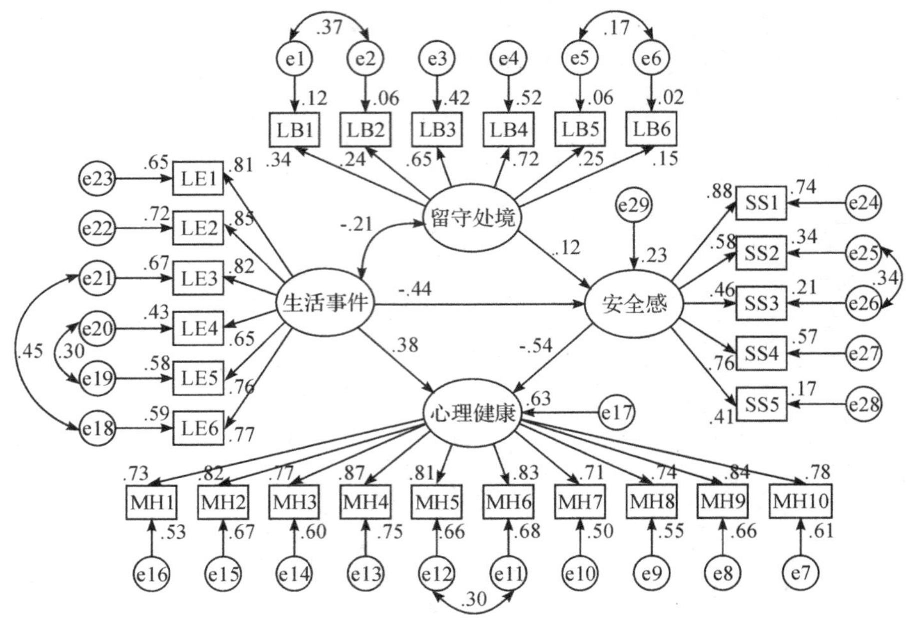

图 6-16　安全感的中介效应结构方程修正模型

为了验证修正模型拟合的效果，本研究取样本的另一半(n=1 110)对修正模型进行验证，验证模型的拟合指数见表 6-10，模型拟合路径图见图 6-17。

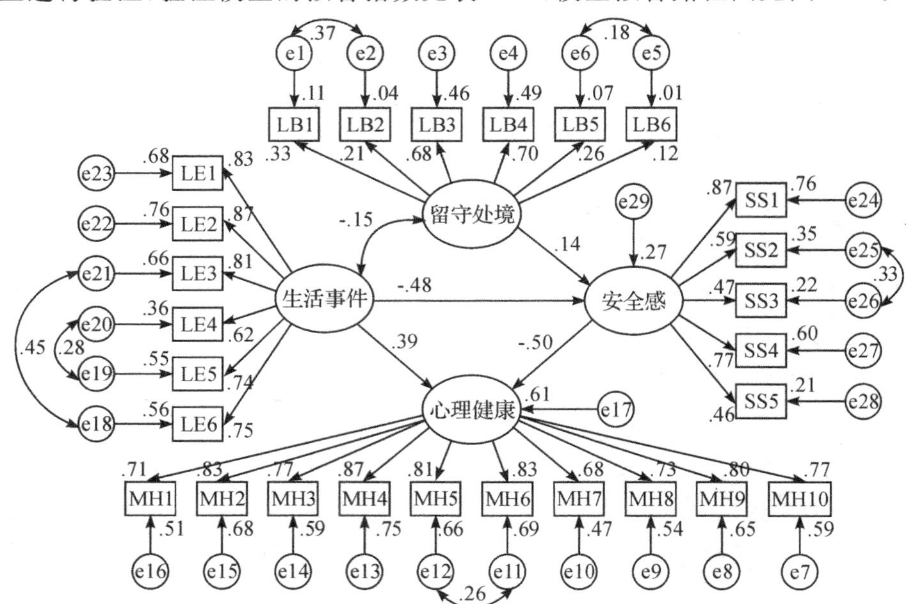

图 6-17　安全感的中介效应结构方程验证模型

加入安全感变量后，留守处境对心理健康的预测系数仅为－0.02，由显著变为不显著；留守处境对安全感的预测系数为 0.12，安全感对心理健康的预测系数为－0.54，都达到了显著水平。由此可以推断，安全感在留守处境与心理健康之间发挥了完全中介作用，中介效应量为－0.065。说明留守处境完全通过影响安全感而作用于心理健康。

在验证模型中，生活事件对心理健康的预测效应为 0.39，生活事件对安全感的作用系数为－0.48，安全感对心理健康的作用系数为－0.50。安全感在生活事件和心理健康之间发挥了部分中介效应，效应值为 0.24，中介效应占总体效应的 38.10%。同时，留守处境对安全感的预测系数为 0.14，安全感在留守处境与心理健康之间发挥了完全中介效应，效应量为 0.07。比对修正模型与验证模型拟合的结果，两者结论非常接近，这说明修正模型得到了另外一半样本的支持。因此，接受修正模型为留守儿童安全感中介效应的最终解释模型。

6.4　讨论

6.4.1　留守儿童生活事件、安全感与心理健康总体状况分析

6.4.1.1　留守儿童的生活事件现状分析

生活事件是日常生活中常见的心理社会应激，是引起人们抑郁、焦虑等情绪问题的重要原因(Garnefski & Kraaij, 2006)。Holmes & Rahe(1967)假定，任何形式的生活变化都需要个体动员机体的应激资源去做新的适应，因此会产生紧张。过多的负性压力事件会导致个体出现身体和心理健康问题(Niemi & Vainiomaki, 2006)，降低自尊，影响学业成绩和个人发展(Kaplan & Saddock, 2000)。研究发现，生活事件与多种心理问题相关联，是影响青少年心理健康的重要因素，应激性生活事件可使神经系统、内分泌系统及免疫系统等产生一系列变化，影响机体内环境平衡，使器官出现功能障碍，进而产生结构上的改变，威胁人们的健康(陈燕，康耀文，姚应水，2012)。

从已有的部分关于留守儿童生活事件的研究来看，学者们报告了不同情况的结论。周丽，高玉峰，邱海棠，杜莲，郑玉萍，蒙华庆(2008)，胡心怡，刘霞，申继亮，范兴华(2007)，刘晓慧，李秋丽，王晓娟，杨玉岩，哈丽娜，戴秀英(2012)研究发现留守儿童的生活事件水平显著高于非留守儿童。余应筠，石水芳，敖毅，朱焱(2013)发现留守、曾留守和非留守男童的生活事件得分差异无显著差异，留守、曾留守女童的生活事件应激显著高于非留守女童。李光友，罗太敏，陶芳标(2013)提出初中留守儿童与非留守儿童、男留守儿童与非留守儿童在生活事

件各因子的得分上没有显著差异。已有研究的结论各有差异，本研究中留守儿童生活事件的得分为58.04±20.22，显著高于以往的相关研究数据，如方佳燕(2011)研究发现留守男童得分为37.33±16.07，留守女童得分为34.99±15.04；余应筠，等(2013)发现留守男童为43.36±23.53，留守女童为45.83±25.86；楚艳平，王广海，卢宁(2013)发现的49.36±15.63；王广海，卢宁，刘志军(2013)发现的49.48±15.51。说明留守儿童的生活应激呈现出得分更高，离散性更强的特点。由此可以基本认定，留守儿童所受的生活事件应激较普通儿童强度更大、范围更广、持续作用时间更久。

从生活事件各因子的得分来看，留守儿童的人际关系、学习压力和丧失是强度相对较大的应激来源，印证了陈旭，谢玉兰(2007)的研究结果。本研究中留守儿童样本的年龄大多是在10～14岁之间，在5～8年级就读，他们中的大部分已经进入或正在进入青春期。按照埃里克森的心理发展期理论，他们正处于自我统一性与角色混乱交错的时期。这一时期里，留守儿童的人格得到了初步发展，但其心理社会能力和人际交往能力等尚有欠缺，不足以巧妙而合理地处理各种人际关系，因而人际关系成为其重要的应激源。同时，对处于5～8年级的儿童来说，努力而出色地完成学业是他们必须要完成的重要任务。他们中的大多数渐渐懂得只有出色地完成学业，才能帮助自己在将来更好地脱离弱势群体的不利位置，这同时也是父母亲寄予他们的最大期望。学业压力成为留守儿童最典型、最普遍的生活应激，这与他们的留守身份密切相关。缺少父母在学习方面的指导、监督和支持，他们的学业成绩常常不能如愿得到有效提升，因而感受到了较强的学业应激。另外，长时间、远距离的亲子分离使得广大留守儿童难以感受和体会到来自家庭的支持和亲情的温暖，对于尚未成年的他们来讲，是一个不小的挑战，成为丧失的应激。

ASLEC反映了青少年对常见的生活事件的自我评定，是较好的青少年生活事件应激测评工具，量表内容基本上反映了留守儿童生活事件应激的基本情况。由于目前没有专门适用于留守儿童群体的生活事件应激评定工具，ASLEC所包括的项目及内容，可能会与留守儿童的生活现实存在一定的匹配问题，有必要在今后的研究中就这个问题展开进一步的探讨。

6.4.1.2 留守儿童的安全感现状分析

第3章发现留守儿童的安全感总体水平显著低于非留守儿童，说明其安全感还有较大的提升空间。由于父母外出务工，广大留守儿童在较长时间内缺失了来自父母的关心、支持与教养，依恋关系被人为中断，这对于他们正常的学校适应、社会化和身心健康等都是不利的。对每个个体来说，成功地接近和获得安全感是维持和促进心理健康、人际功能，满足密切关系、心理发展的重要方面(Bowlby，1982)。按照 Maslow et al.(1945)的观点，安全感是个体获得生存和发展必需的基本心理需求，拥有安全感意味着个体不受身体或情感伤害的威胁，意味着有保障，在混乱的世界里获得稳定，免于恐惧。而广大留守儿童的安全感因其经历独特的留守生活而受损，这对于那些将子女留守在原籍的农民工来说，是他们必须面对的现实。

从留守儿童安全感因子的得分来看，人际自信最高，其次为自我接纳、安危感知和生人无畏，应激掌控最低。Melanie(2011)认为，人类为了自身生存而建立社会关系，从本质来讲是为了保持或恢复其在社会关系中的安全与安全感行为系统的发展。若个体拥有较为广泛的合作伙伴关系(如兄弟、其他亲属、熟悉的同事、教师或教练、亲密的朋友或浪漫的伙伴)，则可以从他人处获得情感或物质支持(Mikulincer & Shaver，2007)。留守儿童生活的人际关系环境相对简单，因而对人际交往及过程的掌控能力相对较高。但是他们对含有陌生人和应激事件的情境的掌控力最小，自信心最弱。大部分留守儿童，特别是广大农村留守儿童的生活居住地都比较偏远，物质不丰富，经济不发达，社会生活比较单调，成长在这样的环境里，他们的内心比较单纯，因而对含有应激事件，特别是人际冲突、突发事件等的掌控感就会相对较低。

调查发现，不同生活应激条件下，留守儿童的安全感出现显著差异，应激越大，安全感水平越低。留守儿童的主要生活应激源来自于人际关系、学业、情感丧失和健康适应等(余应筠，石水芳，敖毅，朱焱，2013；李光友，罗太敏，陶芳标，2013；方佳燕，2011)，这些生活事件对他们来说都是外部刺激因素，由于他们的身心发展尚未成熟等，在处理人际交往、学习问题的过程中，在含有陌生人的情境中，在遇到突发事件时，常常感到难以自如应对，因而安全感水平显著下降。

6.4.1.3　留守儿童的心理健康现状分析

留守儿童的 MMHI-60 总均分为 2.03±0.61，非常显著地高于常模；以总均分作为评量依据，近 8%的留守儿童心理问题已达到中等严重程度；强迫、学习压力感、焦虑、人际自信等因子的“中等严重”检出率都超过 15%，这些结果都说明了广大留守儿童的心理健康状况堪忧，与已有的众多研究的结果相似(如，范方，等，2005；段成荣，等，2005；罗静，等，2009；吴霓，等，2004；熊亚，2006；陈燕，等，2012；潘玉进，田晓霞，王艳蓉，2010；何毅，2008)。留守儿童的心理健康显著低于平均水平，这说明在缺乏完整的家庭教育，普遍缺乏亲子沟通，严重缺乏亲情关爱，家庭教育与学校教育脱节的背景下，留守儿童的成长受到了巨大的挑战，普遍出现了心理问题。

从调查结果来看,留守儿童的心理问题主要表现为有较多的强迫观念和行为,对现实和未来焦虑感强,无法调整好正确的学习心态,常常出现冲动、愤怒、报复等不稳定的负面情绪,对人际交往敏感且难以建立稳定的人际联系,对社会、学校和他人还存有较多的偏执观念和执拗情绪等。本研究中,留守儿童的“适应不良”和“心理不平衡”得分较低,这两方面的问题较少,这与他们独特的生活经历密不可分。他们习惯了没有父母陪伴的生活,在独自解决问题的过程中逐渐学会了自立、自主,因而对生活的适应性不断提高,内心也较少表现出对现实的不满,能较为平和地接受现实和自我。部分家长认为,自己辛辛苦苦在外打拼,挣钱养家,平时不在家里,感觉对孩子亏欠太多,希望能多给孩子一些金钱,帮助改善他们的生活条件,这实际上是家长的心理救赎。然而,对成长中的个体来说,在他生命中最重要的阶段,缺失了父母亲的关爱和教化,是任何其他手段都难以弥补的。在缺少良好家庭教化,缺乏学校、社会指导的情况下,优越的物质条件反而不利于儿童的健康成长。这个结论不仅适用于留守儿童,同时也适用于其他儿童,对现代家庭教育也具有重要的启发意义。

本研究考察不同安全感水平的留守儿童的心理健康状况,结果发现MMHI-60所有的维度均有非常显著的差异,安全感越高的人,心理健康状况就越好。安全感与心理健康有许多天然的关联,高安全感的人善于调整自我,建构自信和自尊,善于与他人建立信任关系,积极发掘自身潜力,使自我价值得到充分实现(安莉娟,等,2003)。任何增加个人安全感、自信、效能、结构、自律和意义的干预措施,都可能加强自我的核心方面,这对于个体的健康发展是十分重要的(Mikulincer & Shaver, 2007)。安全感在很大程度上源自早年形成的稳定的亲子依恋和情感联结,长时间的亲子分离,容易造成人际敏感、自我效能感降低以及情绪控制力下降等。留守儿童的心理健康也因安全感的差异而各不相同,家长的关心、教师的指导、社会的关怀、自我的努力都将会在一定程度上使其安全感得到提升,使其心理健康状况得到改善。

6.4.2 留守儿童生活事件与安全感、心理健康相关分析

在本研究中,留守儿童的生活事件应激与心理健康呈现显著的正相关,这印证了 Bifulco et al. (2000), Franko et al. (2004) 和 Ängarne-Lindberg & Wadsby(2009)等的研究结果。生活事件指的是威胁、挑战、超出或损害个体心理或生理能力的事件或情境(Grant, Compas & Stuhlmacher, 2003),是在个体的学习、生活和工作等环境中发生的,要求个体做出相应调整以适应情况或变化的心理、社会应激源。生活事件被认为是影响个体身心健康的重要的外部因

素，不仅容易导致心理健康问题（Ängarne-Lindberg & Wadsby, 2009），而且在心理问题的发生与发展中起到了“催化”作用（Mclaughlin & Hatzenbuehler, 2009）。当外部事件发生并且使大多数经历者必须改变已有的生活方式才能应对时，这些外部事件就成为影响个体身心健康的生活事件。对个体而言，除了经历重大的变故外，日常生活中诸如家务劳动、交通拥堵、邻里纠纷等琐事，也都可能导致出现应激反应（Holmes & Rahe, 1967）。

本研究发现，留守儿童的人际交往、学业压力、健康适应、丧失体验以及受到批评或惩罚等事件与他们的心理健康之间密切相关，生活事件应激成为影响他们身心健康的直接且重要的外在因素。就留守儿童生活中发生的亲子互动、家庭教养缺失而言，这些生活事件对他们身心健康的影响更多地体现在累积效应上。微小的生活事件如果经常出现，就可能不断累加而发展成为一种长期存在的慢性应激源。同时，微小的生活事件可能成为连接重大应激事件与疾病之间关系的导火索。当重大生活事件发生的同时又伴随一些生活琐事，此时重大事件本身所产生的应激能量就会被放大。亲子感情的隔断与缺乏对尚未成年的留守儿童来讲，既是一种琐事，又是一种重大挑战。然而，并非所有的外界应激源都可能引起个体的身心反应，只有当外在环境对个体提出各种要求，这种外在的变化被个体所感知，并评定为对自身具有威胁或挑战后才可能引起各种生理和心理反应。而且，已经有研究开始关注留守经历对儿童可能产生的积极效应（廖传景，等，2014；楚艳平，等，2013）。

从调查结果的比对来看，不同生活事件与心理健康的不同方面关联程度各有差异。与人际关系应激关联最大的是人际敏感（$r=0.517$，$p<0.001$），更多的人际关系应激导致了更多的人际敏感；与学习压力应激关联最大的是学习压力感（$r=0.522$，$p<0.001$）；受惩罚与人际敏感相关最大（$r=0.424$，$p<0.001$），在受到惩罚后可能会引发人际信任感、认同度和接纳性的降低；丧失应激、健康适应均与焦虑相关最大（$r=0.365$，$p<0.001$；$r=0.368$，$p<0.001$），缺少亲子感情沟通、出现健康适应挑战可能引发儿童对生活更多的焦虑感受。回归分析发现，生活事件作为整体对心理健康具有显著的水平预测效应，若考察生活事件因子对心理健康的回归，发现人际关系（$\beta=0.316$，$t=11.467$）和学习压力（$\beta=0.305$，$t=10.908$）进入回归方程，这与周丽，等（2008），王广海，等（2013）的研究是一致的，对留守儿童的心理健康产生负面影响的生活事件主要表现为人际和学习这两方面。

相比学者对生活事件与心理健康关联的关注，当前的研究较少涉及生活事件对安全感的作用和影响。当前关于安全感影响因素的研究多集中于父母文化程度(eg. Torres et al., 2012)、父母监护状况(eg. Poehlmann, 2005)、家庭教养方式(eg. Fearon et al., 2010;Ojha & Singh, 1988)、家庭经济状况(eg. Badiora et al., 2013)等。Ojha & Singh(1988)研究发现父母教养方式与安全感的相关较密切,严厉、拒绝和忽视的教养会增加不安全感,而自由民主的教养会减少不安全感。从为数不多的研究推断,在不同的成长背景下(父母受教育水平、教养方式、经济状况等),儿童可能接受了包含不同内容的生活事件,所处环境的不同分别给他们的安全感带来了差异显著的效用。

因长期与父母分隔两地,留守儿童与父母之间缺少正常的信息沟通与情感交流,亲子关系变得疏远而冷漠。部分留守儿童因家境不好而被贴上"贫困生"的标签,遭到同伴孤立、嘲笑,容易变得自卑、敏感。在本研究中,生活事件的人际关系($\beta=-0.290$, $t=-9.200$)与学业压力($\beta=0.099$, $t=-3.105$)进入了对安全感的回归方程,说明在学校生活中频繁出现的人际与学业应激给他们尚未成熟的安全感带来了较大的冲击。

应该说,生活事件对心理健康、安全感的影响同时也是一个循环往复、互相反馈的作用过程,如学生的疲劳、睡眠障碍、焦虑、易怒、抑郁等也会影响他们正常的学习和生活(Niemi & Vainiomaki, 2006)。在生活事件对心理健康的影响过程中,个体良好的个性品质与社会支持系统能够成为心理健康的保护因素(Friedlander et al., 2007)。在本研究中,安全感与生活事件呈现显著负相关,说明了良好的心理品质能在一定程度上降低生活事件的影响,缓解由此带来的生活应激。因此,开展学校心理健康教育,改善留守儿童的安全感等,为他们营造良好的社会支持系统,对帮助他们积极应对负性生活事件是有益的。

6.4.3 留守儿童安全感的调节效应分析

留守儿童的生活事件与安全感、心理健康之间存在显著的相关,但它们之间的关系远不止如此。近年来,心理学工作者越来越清晰地认识到,在应激源与心理健康之间并非直接线性相关,如有的学者认为,应激能否引起健康损害与三个因素有关:应激源的强度、社会支持和应对方式,在应激与心理健康之间,应对方式作为中介机制起到了重要的调节作用(肖计划,徐秀峰,李晶,1996)。中介因素影响着应激反应的性质与强度,并进而调节应激与身心健康的关系。

对留守儿童的生活事件、安全感和心理健康进行调节效应检验发现,安全感在生活事件影响心理健康的过程中发挥了显著的调节效用。存在调节效应意味着自变量与因变量之间的因果关系随着调节变量的取值不同而产生变化

(Baron & Kenny, 1986),本研究中留守儿童的生活事件与心理健康的因果关系,随着安全感水平的不同而产生变化,即受到了不同安全感水平的影响。高安全感的人能积极改善自我认知,使用积极的关系策略来应对现实应激,以避免自我受损,促进自我发展(Britton, Phan, Taylor, Welsh, Berridge & Liberzon, 2006),他们拥有较强的自我效能感和自我控制感,相信自己有能力去影响环境(Fagerström et al., 2011),在整体上感觉世界是安全的,并能与他人一起好奇、自信、投入地探索周围世界(Mikulincer & Shaver, 2007)。安全感高的个体拥有更高的自尊(Mckinney & Renk, 2011; Mickelson, Kessler & Shaver, 1997),他们视自己为有能力和高效率的人(Cooper, Shaver & Collins, 1998),拥有丰富的资源,不太需要依靠心理防御,如歪曲知觉,限制应对灵活性,产生人际冲突等来处理压力事件。在需要的时候对获得支持表现出较强的自信心,敢于接受重要挑战,安全感有助于扩大他或她的视野,促进个人对自我实现的追求(Mikulincer & Shaver, 2007)。而安全感水平低的人常有一种深刻的自我怀疑倾向,对自我定位缺乏自信,不敢确定自身的基本价值。伴随着自信的丧失,他们会对人际关系和各种生活事件感到无端的焦躁和忧虑(Nowinski, 2001)。在留守儿童接受外部世界的刺激影响时,由于处于不同的安全感水平,使他们对环境的感知、体会和理解产生了差异,进而在调动内在资源应对外界刺激等方面,产生了不同的效应:安全感高者更能有效应对;而安全感低者,安全感的保护效能也随之而降低。实践工作中,教育者要追求培养留守儿童更高水平的安全感,以调节其心理健康朝向积极方向发展。

6.4.4 留守儿童安全感的中介效应分析

中介效应检验发现,留守儿童的安全感在生活事件与心理健康之间发挥了部分中介效应,而在留守处境与心理健康之间发挥了完全中介的效应。这说明生活事件在一定程度上通过影响安全感而作用于心理健康,而安全感是留守处境影响心理健康的一个关键性因素。根据 Baron & Kenny(1986)的观点,中介变量是自变量对因变量发生影响的中介因素,是自变量对因变量产生影响的实质性、内在的原因。关于应激与健康之间的关联,一般认为突发的、超出个体调整能力范围的或影响时间过长的应激性事件,是诱发个体的负性情绪和生理反应的主导原因。但越来越多的学者倾向于认为,在应激源与心理健康之间还有多种因素起到了中介作用,特别是应对方式、社会支持以及心理韧性等。从某种意义上说,安全感也是一种应对方式,或者说是应对方式的准备状态。

安全感作为人类维持生存和发展的基础性需要,是个体评估、感知自己是否被现实刺激所威胁而获得的对环境中危险因素的认知反应，是人们的基本观念(Jacobson & Bar-Tal, 1995)。安全感不单独存在于个体的认知概念之中，当个体接触到外在事件、刺激时，会对它们进行评估，然后形成关于自身是否安全的认知。个体的安全感(或不安全感)表现为两种基本形式：一是对事件、条件或情境等外界因素进行评估，将其作为威胁或危险的预测因素；二是当个体感知到威胁或危险时，能够提供防卫和应对的能力。当个体感觉到自己能有效应对外界威胁时，安全感就会形成；当个体认为自己在应对威胁时存在困难，不安全感由此形成。不安全感包含情感特征，伴随着不高兴、愤怒、沮丧等情感，个体因此被贴上不安全的标签(Smith & Lazarus, 1993)。关于安全感(或不安全感)并不是个体内心的过程或环境因素的单独效应，而是个人主观世界与其环境之间的关系的结果，随着时间和情境的变化而随时变化(Lazarus & Folkman, 1987)，从而为个体选择应对外界应激的方式提供了心理基础，成为生活事件与心理健康的重要中介因素。

本研究中，留守儿童的安全感在生活事件影响心理健康的过程中发挥了部分中介作用。这说明生活事件既直接影响心理健康，又通过影响安全感而间接作用于心理健康。应该说，生活事件对留守儿童心理健康的影响是显著的，次数频繁、强度过大的生活事件容易使他们的心理健康受到冲击。但这个影响过程还受到了其他要素的影响，如社会支持、家庭教养方式、应对方式、心理韧性等，安全感只是其中一个发挥调节和中介作用的因素。

本研究中，安全感在留守处境与心理健康之间发挥了完全中介作用。这说明在留守处境作用于心理健康的过程中，安全感是一个关键要素，留守处境通过作用于安全感的形成和发展，从而影响了心理健康。留守处境包含的内容较为复杂，既有性别、民族、年级等人口学要素，又有生活地域等地理学要素，还有家庭经济状况等社会经济学要素，还有学业成绩、每月亲子沟通次数、每年回家次数等教育学因素。各种因素综合起来，构成了留守儿童独特的留守生活背景。已有研究发现，留守儿童的心理健康水平比非留守儿童更低，心理与行为问题更多(徐为民，等，2007；胡昆，等，2010；周宗奎，等，2005)，留守处境和亲子分离对心理健康造成了显著的负面影响(江立华，等，2013；赵俊超，2012；谭中长，2011；周宗奎，等，2005；范方，等，2005；池瑾，等，2008；范兴华，等，2009)。由此可以推断，留守儿童的心理健康在很大程度上受到了留守经历、留守处境的影响。但是，留守处境是否就是直接影响留守儿童心理健康的因素，仍需深入探讨。

安全感在留守处境影响心理健康的过程中发挥了完全中介作用，这一点说明了留守处境是通过作用于安全感的形成和发展，从而触及其他心理与行为。安全感是留守处境与心理健康之间的重要联结点，是留守处境发挥影响的关键因素。这也证实了本研究的基本假设：留守经历影响了儿童安全感的形成，进而对心理与行为造成持续影响。Moore(2010)认为，与家人分离的事件诱发了人们的恐惧心理，这可能是缺乏安全感的根源，个体会不断地强化这种恐惧，为不安全感提供了滋生的温床。在现实生活中，发生意料之外的事情，生活规律被打破，被迫接受变化等，都会让我们产生不安全感，这与特殊的留守经历影响安全感是非常吻合的。根据依恋理论，依恋安全性促进人们对威胁情境进行认知、理解、判断和调整，依恋安全感水平高的人拥有较为稳定的认知结构或机制，在生活事件和心理健康之间起着协调和判断作用，从而有效促进个体的适应和身心发展(Brumbaugh & Fraley, 2006)。

6.5 小结

通过以上分析，得出以下结论。

(1)留守儿童感受到的来自生活事件的应激显著高于普通儿童，生活应激呈现出得分更高，离散性更大的特点；人际关系、学习压力和丧失是强度较大的应激源。

(2)留守儿童的安全感还有较大的提升空间；安全感因子的得分从高到低为人际自信、自我接纳、安危感知、生人无畏和应激掌控；不同生活事件应激水平的安全感呈现出显著的差异，应激量越大，安全感水平越低。

(3)留守儿童的心理健康状况普遍堪忧，主要表现为强迫、学习压力感、焦虑和人际敏感等；不同安全感水平的留守儿童，心理健康分布差异显著。

(4)留守儿童的生活事件与安全感呈显著负相关，与心理健康呈显著正相关；人际关系和学习压力对安全感和心理健康都产生了显著预测效应。

(5)留守儿童的安全感在生活事件影响心理健康的过程中发挥了显著的调节作用，随着安全感水平的降低，生活事件高分组的心理健康水平较之低分组下降更为严重。

(6)留守儿童的生活事件直接影响心理健康，安全感在生活事件与心理健康之间发挥部分中介作用。

(7)留守处境是影响心理健康的重要原因，安全感在留守处境与心理健康之间发挥了完全中介作用，留守处境通过作用于安全感的形成和发展，进而影响心理健康。

第7章　留守儿童安全感的心理社会因素研究

7.1　引言

同样生活于留守家庭，留守经历对一部分儿童的安全感及心理健康造成了伤害，却让另一部分儿童得到锤炼和成长。个体的心理发展过程是个性与环境动态交互作用的过程，儿童所处的社会生态系统诸因素、水平、子系统间的相互作用促成了安全感的发展。关于安全（或不安全）的观念并不是个体的心理过程或环境因素的单独效应，它们经常被看作是个人主观世界与环境之间关系的结果，随着时间和情境的变化而变化（Lazarus & Folkman，1987）。

本研究第4章揭示了从不同的人口学变量的角度来看，留守儿童的安全感出现了显著差异。这说明留守儿童生活于由各种心理社会因素构成的纷繁复杂的生态系统中，这些心理社会因素可以归结为内在和外在两个方面，内在因素主要有个性心理特征、心理资源、社会认知水平以及个人身体素质等，外在因素主要有社会经济状况、生活事件、社会支持系统、学校与家庭教化等。在留守儿童安全感的形成和发展过程中，亲子分离、家庭教养缺乏等对安全感直接造成了负面影响，同时，其他一些因素，如学校教育、社会支持、人际关系、自我效能等，发挥了缓冲、中介或调节等作用，使留守儿童的安全感表现出独特性。

第一，是家庭教养与关怀的因素。依恋理论已经充分论证过家庭环境及家庭教养、亲子沟通等对儿童依恋安全感形成的作用（eg. Bowlby，1982；Mikulincer & Shaver，2004）。留守儿童在成长过程中，经历了独特的家庭环境，使其感受到了与众不同的家庭的功能。一般而言，留守儿童的家庭教育相对残缺，普遍缺乏教育资源，儿童对家庭的期待感和认同感随着留守时间的增长出现了不同程度的下降（何毅，2008；潘玉进，等，2010）。对留守儿童来说，他们普遍缺失了来自家庭的最基本的支持、温暖、鼓舞与爱，留守儿童对这种缺失的察觉和认知，是否直接影响了其内心对自我和世界的掌控感和效能感，值得进一步关注。

第二，是学校氛围（School climate）因素。学校氛围是指学校整体的心理一社会环境的综合。Mooij et al.(2011)提出了学校的社会凝聚力概念,表现为学生及个体、群体、组织等对学校的归属感、连通性,影响了个体对各种社会因素的感受、观念、行动和行为倾向的程度,同时在促进学生安全感的方面发挥了重要作用。对青少年来说,学校是他们最主要的学习、生活和活动的场所,学校里的种种环境、设施及设定,特别是人际关系及心理氛围等,时刻影响着他们对学业、社会、家庭等的思考,同时也影响着他们对自己的认识。在父母关怀长期缺失,家庭教化缺位的情况下,学校对广大留守儿童尤其具有重要的价值和意义,可以在一定程度上弥补这种缺失和不足。

第三,是关于个体的社会适应(social adaption)状况。社会适应良好的个体,善于社交,喜欢社团生活,思维活跃,精力旺盛,达观、健谈、随和,且能主动应变。存在社会适应困难的人很难与他人合作,往往把困难和失败归因于环境或者条件不好。本研究欲考察留守儿童对生活环境的评价、理解、认可和融入状况,以及在心理上适应社会生活和社会环境的能力对安全感的影响。

第四,是社会支持(social support)因素。社会支持是决定生活应激与心理健康关系的重要中介因素(Herman-Stahl & Petersen, 1999;Cohen & Willis, 1985)。良好的社会支持有利于身心健康,而不良社会关系的存在则有损身心健康。社会支持既可为应激状态下的个体提供保护,又可帮助维持良好情绪(Herman-Stahl & Petersen, 1999)。对尚处于成长阶段的留守儿童而言,他们对周围的环境支持,如家庭的物质条件、教师的关心、同伴的关系等,已形成了自己的观念。与获得的客观支持相比,感受或领悟到的社会支持在影响留守儿童安全感方面扮演着更为重要的角色。

第五,是自我效能感(self-efficacy)。自我效能感被认为是安全感内在资源的重要组成成份,一个相信自己能处理好各种事情的人,在生活中会更积极、更主动(Fagerström et al., 2011)。这种"能做"的认知反映了一种对环境的控制感,与本研究的安全感概念有许多共通之处。自我效能感反映了一种个体能采取适当的行动面对环境挑战的信念,决定行为能否成功的主要因素不是个体的能力大小,而是其对自身能力是否能胜任任务的觉知和判断。从积极心理学的视角来看,自我效能感表现为个体处理生活中各种压力的能力,以及内心的坚韧性、执行力、意志力等,自我效能感的大小会影响到个体对任务的判断和选择、努力程度和坚持性。Bandura(1977)特别指出,自我效能感关注的是对要处理的情境所需动作过程、执行程度的判断。对留守儿童而言,自我效能感在安全感的形成和发展过程中发挥效用的机制仍需深入探讨。

以上五个方面的心理社会因素与儿童的安全感息息相关。从留守儿童的视角来评定家庭关怀功能，将展示出一定的独特性。学校是留守儿童另一个重要的生活空间和成长基地，对学校心理一社会氛围的感受，或许将直接影响他们的安全感发展。无论在家庭与学校环境之内还是之外，在遇到生活应激时，个体都必须采取适当的策略，调整自身的心理和行为，以适应社会生活。因此，留守儿童的社会适应状况将对安全感产生直接或间接的影响。留守儿童在评估了与之息息相关的家庭环境、学校氛围和社会适应状况之后，还会通过自我效能感和领悟社会支持对安全感的形成和发展产生影响。因此，本研究将家庭关怀、学校氛围、社会适应、领悟社会支持与自我效能感列为影响留守儿童安全感最主要的心理社会因素，并以此为基础构建留守儿童安全感的心理社会模型，为全面、系统地考察留守儿童安全感的发生机制提供一定的依据。

基于以上分析，提出如下假设。

(1)在不同水平的家庭关怀、学校氛围与社会适应下，留守儿童的安全感存在显著差异。

(2)在不同社会支持与自我效能感水平下，留守儿童的安全感存在显著差异。

(3)社会支持与自我效能感是留守儿童的家庭关怀、学校氛围与社会适应的调节因素。

(4)家庭关怀、感知学校氛围、社会适应直接预测自我效能感和领悟社会支持。

(5)家庭关怀、学校氛围与社会适应直接预测安全感；还通过社会支持与自我效能感间接预测安全感。

(6)各心理社会因素与安全感有机关联，可以建构起留守儿童安全感的心理社会因素模型。

各心理社会因素及与安全感的关系的模拟示意图如图 7-1 所示。

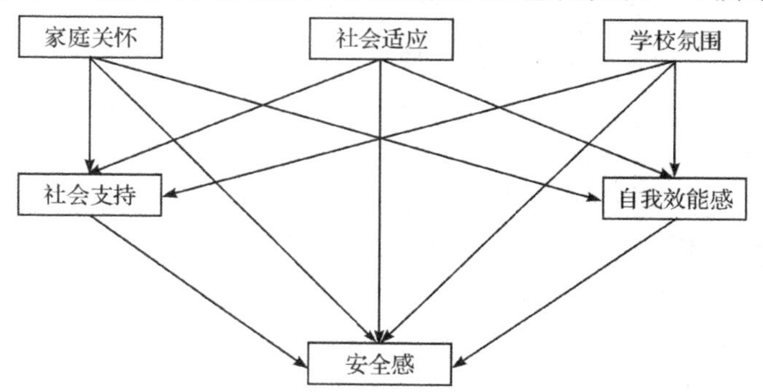

图 7-1　留守儿童安全感的心理社会因素关系模拟示意图

7.2 方法

7.2.1 被试

本部分的被试与第6章的被试一致，样本分布详见表6-1。

7.2.2 工具

7.2.2.1 家庭关怀度指数问卷(Family APGAR Index，APGAR)

APGAR由Smilkstein编制，包括家庭适应度(adaptation)、合作度(partnership)、成长度(growth)、情感度(affection)和亲密度(resolve)五个方面(故简称为APGAR问卷)，APGAR的中文版由吕繁，顾湲(1995)编订，由被试主观评定其对家庭功能的满意度。问卷采用3级评分法(0=几乎很少，1=有时这样，2=经常这样)，计算总分，分数越高表示被试对家庭功能满意度越高。问卷的重测相关系数为0.80～0.83。本研究对问卷的结构进行验证性因素分析，结果：$\chi^2/df=2.089$，$RMSEA=0.031$，$SRMR=0.008$，$GFI=0.997$，$AGFI=0.989$，$NFI=0.990$，$CFI=0.995$，$TLI=0.987$，$IFI=0.995$，整体上该问卷具有良好的结构效度，问卷的α系数为0.704。

7.2.2.2 中学生感知学校氛围问卷(Perceived School Climate Inventory-M，PSCI-M)

PSCI-M由葛明贵，余益兵(2006)编制，可以作为学生对学校心理环境评价的测量工具。问卷共38个题项，包括师生关系、同学关系、学业压力、秩序与纪律和发展多样性等5个维度。采用4点计分法(1～4表示“完全不符”到“完全符合”)，除了学业压力外，得分越高表明学生感受到的学校氛围越好。为了讨论方便，本研究将学业压力题项反向记分。问卷5个维度及整体的α系数分别为0.87、0.82、0.66、0.82、0.80和0.86。对问卷结构进行验证性因素分析，结果：$\chi^2/df=2.796$，$RMSEA=0.040$，$SRMR=0.043$，$GFI=0.913$，$AGFI=0.901$，$NFI=0.864$，$CFI=0.907$，$TLI=0.901$，$IFI=0.908$，整体上该问卷具有良好的结构效度。5个维度及整体的α系数分别为0.852、0.810、0.771、0.802、0.735和0.898。

7.2.2.3 社会适应不良量表(Social Maladjustment，SOC)

SOC由Wigging's根据MMPI中有关缺乏社会交往技能的条目编制而成，

共 27 题，主要测量个体的社交技能和自我态度(中国行为医学编辑委员会，2007)。问卷采用是否得分制，回答“是”得 0 分，回答“否”得 1 分，有 13 个反向计分题，累加计算适应不良总得分，得分范围在 0～27 分之间。得分高者易感害羞、退缩，在新的或生疏的社交场合中往往显得拘谨和不安；得分低者喜欢专注于社会活动，喜好交际，表现出开朗、坦率、合群的特点。量表间隔 4 周后重测相关系数为 0.789。本研究中问卷的 α 系数为 0.762。

7.2.2.4 领悟社会支持量表(Perceived Social Support Scale，PSSS)

PSSS 由 Blumenthal Y etal. 编制，姜乾金(2001)引入国内。量表强调个体对社会支持的自我理解和自我感受，共有 12 个自评项目，分别测定个体领悟到的来自家庭、朋友和其他人的三个方面的支持程度。问卷采用七级计分法(1～7 代表“极不同意”到“极同意”)，维度各题项得分累加计算维度分，总得分在 7～84分之间。得分越高，表示感受到的社会支持越强烈。三个维度及总体的 α 系数分别为 0.87、0.95、0.91 和 0.88，重测信度分别为 0.85、0.75、0.72 和 0.85。对问卷的结构进行验证性因素分析，结果：$\chi^2/df=4.744$，$RMSEA=0.058$，$SRMR=0.103$，$GFI=0.964$，$AGFI=0.945$，$NFI=0.946$，$CFI=0.957$，$TLI=0.944$，$IFI=0.957$，整体上结构效度较好。本研究中量表的 3 个维度及整体的 α 系数分别为 0.767、0.760、0.767 和 0.838。

7.2.2.5 一般自我效能感量表(General Self-efficacy Scale，GSES)

GSES 由 Schwarzer & Born(1997)编制完成，在国际上广泛使用，中文版 CSES 最早由 Zhang(张建新)和 Schwarzer(1995)使用。问卷共有 10 个条目，涉及个体遇到挫折或困难时的自信心，比如“遇到困难时我总能找到解决问题的办法”等。问卷采用 likert 4 点计分法(1＝完全不符合，2＝有点符合，3＝多数符合，4＝完全符合)，计算平均分，分数越高表示自我效能感越强，在生活中会更积极、更主动，对环境的控制感越强。中文版 GSES 的 α 系数为 0.87，间隔一后的重测信度为 0.83。本研究中量表的 α 系数为 0.748。

以上问卷内容详见附录 7-1～7-5。

7.2.2.6 留守儿童安全感量表(Scale of Sense of Security of Children Left Behind，SSSCLB)

采用“留守儿童安全感量表”，量表介绍见第 4 章。

7.2.3 统计方法

本研究采用 SPSS 20.0 和 Amos 20.0 进行统计分析。

7.3　结果

7.3.1　各心理社会因素的描述性统计结果

留守儿童安全感的心理社会因素的描述性统计结果如表 7-1 所示。

表 7-1　留守儿童安全感的心理社会因素的描述性统计结果

	家庭关怀	感知学校氛围	社会适应	领悟社会支持	自我效能感
M	5.08	2.78	13.63	56.87	2.43
SD	2.52	0.48	4.57	13.00	0.40

7.3.2　心理社会处境的分布类型

本研究将留守儿童的家庭关怀、感知学校氛围和社会适应合称为“心理社会处境”。根据本次调查中家庭关怀、感知学校氛围和社会适应的得分，采用K-Means聚类法进行聚类分析。本研究分别预设了 2、3、4、5 类进行聚类分析，结合理论和现实，最终推导得出最能体现聚类目的的“三类型”分布。三种不同类型的心理社会因素均值差异非常显著($p<0.001$)，聚类结果及各类别的均值比较见表 7-2。

表 7-2　心理社会因素的聚类均值比较($M\pm SD$)

聚类变量	心理社会因素类别			F
	Ⅰ良好(n=630)	Ⅱ不利(n=559)	Ⅲ一般(n=1 030)	
家庭关怀	6.12±2.40	4.12±2.42	4.96±2.40	104.543**
感知学校氛围	2.94±0.48	2.59±0.47	2.79±0.44	84.731**
社会适应	8.20±2.35	19.45±2.20	13.81±1.64	4 646.256**

由表 7-2 可知，类型Ⅰ的家庭关怀、感知学校氛围、社会适应等三方面的得分均呈现较好的倾向，对家庭功能满意度高，感受学校氛围良好，社会适应不良状况较少。综合以上特点，该类留守儿童的心理社会情况相对较好，命名为“心理社会处境良好组”(简称“良好组”)。本类共 630 人，占总体的 28.39%。

类型Ⅱ的家庭关怀、感知学校氛围、社会适应等三方面的得分均呈现较差的特点，对家庭功能满意度低，对学校氛围评价较低，社会适应不良状况较多。综合以上特点，该类留守儿童的心理社会潜在问题较多，命名为“心理社会处境不利组”(简称“不利组”)。本类共 559 人，占总体的 25.19%。

类型Ⅲ的家庭关怀、感知学校氛围、社会适应等三方面的得分均靠近平均分，表现出中等的家庭关怀满意感，一般水平的感知学校氛围和一般情况的社会适应不良。根据以上特点，被命名为“心理社会处境一般组”(简称“一般组”)。本类共 1 030 人，占总体的 46.42%。

7.3.3 不同心理社会处境的留守儿童领悟社会支持、自我效能感与安全感

根据家庭关怀、感受学校氛围、社会适应不良三个量表的得分分类结果，区分出三种不同类型的心理社会处境。本研究比较了三种不同心理社会处境类型的留守儿童的领悟社会支持、自我效能感和安全感的分布特点，结果如表7-3所示。

表 7-3　不同心理社会处境的领悟社会支持、自我效能感与安全感($M±SD$)

聚类变量	类别			F	LSD
	Ⅰ良好	Ⅱ不利	Ⅲ一般		
家人支持	20.55±4.99	17.23±5.60	18.61±4.87	64.119**	Ⅰ>Ⅱ、Ⅲ，Ⅲ>Ⅱ
朋友支持	20.35±4.89	17.56±5.30	18.45±4.99	49.124**	Ⅰ>Ⅱ、Ⅲ，Ⅲ>Ⅱ
其他人支持	20.88±4.84	17.98±5.10	19.03±4.97	53.302**	Ⅰ>Ⅱ、Ⅲ，Ⅲ>Ⅱ
领悟社会支持	61.78±12.28	52.78±12.92	56.08±12.53	79.849**	Ⅰ>Ⅱ、Ⅲ，Ⅲ>Ⅱ
自我效能感	2.64±0.38	2.20±0.38	2.42±0.35	211.694**	Ⅰ>Ⅱ、Ⅲ，Ⅲ>Ⅱ
人际自信	3.85±0.84	3.23±0.88	3.53±0.76	86.606**	Ⅰ>Ⅱ、Ⅲ，Ⅲ>Ⅱ
安危感知	3.71±0.89	3.31±0.91	3.41±0.84	36.967**	Ⅰ>Ⅱ、Ⅲ，Ⅲ>Ⅱ
应激掌控	3.02±0.89	2.75±0.92	2.74±0.82	23.244**	Ⅰ>Ⅱ、Ⅲ
自我接纳	3.83±0.92	3.19±1.00	3.42±0.94	70.491**	Ⅰ>Ⅱ、Ⅲ，Ⅲ>Ⅱ
生人无畏	3.74±0.91	3.21±0.89	3.27±0.85	71.666**	Ⅰ>Ⅱ、Ⅲ
总体安全感	3.63±0.67	3.14±0.68	3.27±0.60	98.836**	Ⅰ>Ⅱ、Ⅲ，Ⅲ>Ⅱ

从表 7-3 得知，无论是领悟社会支持、自我效能感、安全感总分还是各因子分，在不同的心理社会处境分组情况下，都呈现了极其显著的差异。除了应激掌控、生人无畏外，其余均表现为：良好组的得分显著高于不利组与一般组，一般组的得分又高于不利组。

7.3.4 留守儿童安全感各心理社会因素的相关

为考察留守儿童安全感的心理社会因素(含各维度)之间的关系，本研究对各项因素进行了相关分析，结果如表 7-4 所示。相关分析发现，家庭关怀与其余各项(除社会适应外)均呈非常显著正相关；社会适应与其余各项均呈显著负相关；感知学校氛围与领悟社会支持、自我效能感、安全感之间呈显著正相关；领悟社会支持、自我效能感及安全感之间彼此互相呈现显著正相关。

表 7-4　留守儿童安全感的心理社会因素及维度相关(r)

维度	家庭关怀	感知学校氛围	社会适应	领悟社会支持	自我效能感	安全感
适应度	0.672**	0.246**	−0.197**	0.331**	0.166**	0.110*
合作度	0.685**	0.238**	−0.177**	0.352**	0.171**	0.108*

续表

维度	家庭关怀	感知学校氛围	社会适应	领悟社会支持	自我效能感	安全感
成长度	0.647**	0.223**	−0.179**	0.322**	0.164**	0.130**
情感度	0.685**	0.238**	−0.138**	0.318**	0.125*	0.059
亲密度	0.695**	0.208**	−0.145**	0.335**	0.114*	0.050
家庭关怀	1	0.340**	−0.246**	0.490**	0.218**	0.134*
师生关系	0.292**	0.841**	−0.211**	0.387**	0.201**	0.129*
同学关系	0.293**	0.807**	−0.273**	0.447**	0.304**	0.204**
学业压力	0.176**	0.678**	−0.106*	0.169**	0.161**	0.138**
秩序与纪律	0.259**	0.777**	−0.219**	0.288**	0.265**	0.207**
发展多样性	0.299**	0.777**	−0.198**	0.388**	0.163**	0.106*
感知学校氛围	0.340**	1	−0.260**	0.436**	0.281**	0.200**
社会适应	−0.246**	−0.260**	1	−0.260**	−0.454**	−0.347**
家庭支持	0.546**	0.389**	−0.233	0.827**	0.241**	0.145**
朋友支持	0.280**	0.321**	−0.207**	0.820	0.201**	0.141**
其他人支持	0.406**	0.388**	−0.214**	0.874**	0.176**	0.140**
领悟社会支持	0.490**	0.436	−0.260**	1	0.245**	0.169**
自我效能感	0.218**	0.281**	−0.454**	0.245**	1	0.473**
人际自信	0.217**	0.331**	−0.322**	0.262**	0.465**	0.787**
安危感知	0.069	0.125*	−0.210**	0.089*	0.307**	0.766**
应激掌控	0.005	0.081	−0.165**	0.030	0.241**	0.660**
自我接纳	0.172**	0.230**	−0.300**	0.178**	0.476**	0.767**
生人无畏	0.030	−0.021	−0.287**	0.067	0.259**	0.732**
总体安全感	0.134*	0.200**	−0.347**	0.169**	0.473**	1

7.3.5　领悟社会支持、自我效能感的调节作用

相关分析发现，留守儿童安全感的心理社会因素之间彼此都有显著相关，为进一步考察各心理社会因素及与安全感之间的关联，本研究进行了调节效应检验，探讨领悟社会支持、自我效能感在家庭关怀、感知学校氛围、社会适应与安全感之间是否发挥了显著的调节作用。

参照已有研究的建议(eg. Baron & Kenny，1986；温忠麟，等，2005)，按照以下步骤对领悟社会支持与自我效能感的调节效应进行检验：①分别对家庭关怀、感知学校氛围、社会适应和领悟社会支持、自我效能感进行中心化处理；②分别生成两两中心化的交互作用项；③以安全感作为因变量，分别进行分层回归分析，在控制了人口学变量的效应后，先引入主效应项，再引入交互作用项，考察新增解释量($\triangle R^2$)或者交互作用项的回归系数是否显著，判断领悟社会支持和自我效能感的调节效应是否显著(结果见表 7-5)。

表 7-5 留守儿童领悟社会支持、自我效能感的调节作用

方程	自变量	β	t	R^2	$\triangle R^2$	$\triangle F$
	家庭关怀	0.032	1.192			
1	领悟社会支持	0.138	5.921**	0.080	0.016	31.186**
	家庭关怀×领悟社会支持	0.074	3.217**	0.085	0.005	10.347**
	家庭关怀	0.007	0.308			
2	自我效能感	0.452	21.202**	0.255	0.190	449.516**
	家庭关怀×自我效能感	0.017	0.843			
	感知学校氛围	0.177	6.373**	0.100	0.037	71.680**
3	领悟社会支持	0.061	2.351*	0.102	0.002	4.279**
	感知学校氛围×领悟社会支持	0.050	2.186*	0.104	0.002	4.780**
	感知学校氛围	0.053	3.583**	0.260	0.005	12.925**
4	自我效能感	0.430	19.491**	0.255	0.190	449.516**
	感知学校氛围×自我效能感	0.056	2.742**	0.262	0.003	7.518**
	社会适应	−0.298	−13.032**	0.159	0.095	198.158**
5	领悟社会支持	0.059	2.588*	0.161	0.003	5.796*
	社会适应×领悟社会支持	−0.094	4.318**	0.169	0.009	18.646**
	社会适应	−0.150	−6.548**	0.272	0.018	42.870**
6	自我效能感	0.386	16.556**	0.255	0.190	449.516**
	社会适应×自我效能感	−0.025	−1.210			

注：以上为控制了人口学变量后的结果。

从表 7-5 可知：①自我效能感在家庭关怀与安全感之间没有产生调节作用；领悟社会支持发挥了显著调节作用；②自我效能感、领悟社会支持在感知学校氛围与安全感之间发挥了显著的调节作用；③领悟社会支持在社会适应与安全感之间的调节效应显著，自我效能感的调节作用不显著。

7.3.6 留守儿童安全感的心理社会因素模型探索

前文的相关分析表明，各心理社会因素与安全感之间存在一定的关联，但究竟哪一个因素能够对留守儿童的安全感具有直接或间接的预测作用，领悟社会支持与自我效能感是否发挥了中介作用，尚不得知。为更清晰、明了地探明家庭关怀、感知学校氛围、社会适应、领悟社会支持、自我效能感与安全感之间的关联，本研究运用 Amos 20.0 统计软件，建构结构方程模型来探索和模型验证留守儿童安全感的心理社会模型，探讨家庭关怀、感知学校氛围、社会适应、领悟社会支持、自我效能感及安全感之间的关系。在运用结构方程模型进行检验前，先检查各变量之间的回归系数，结果如表 7-6 所示。

表 7-6　各心理社会因素对安全感及对中介因素的回归分析结果

自变量	因变量	F	β	t	$\triangle R^2$	$\triangle F$
家庭关怀	领悟社会支持	144.829**	0.474	22.459**	0.216	504.419**
感知学校氛围	领悟社会支持	112.184**	0.424	19.443**	0.171	378.026**
社会适应	领悟社会支持	44.892**	−0.249	−10.839**	0.061	117.493**
家庭关怀	自我效能感	34.312**	0.189	8.204**	0.034	67.303**
感知学校氛围	自我效能感	49.340**	0.282	12.292**	0.074	151.098**
社会适应	自我效能感	92.433**	−0.418	−19.783**	0.170	391.375**
家庭关怀	安全感	20.345**	0.090	3.846**	0.008	14.796**
感知学校氛围	安全感	29.058**	0.209	8.466**	0.037	71.680**
社会适应	安全感	48.431**	−0.313	−14.077**	0.095	198.158**
领悟社会支持	安全感	22.856**	0.130	5.584**	0.016	31.186**
自我效能感	安全感	86.931**	0.452	21.202**	0.190	449.516**

注：以上为控制了人口学变量后的结果。

表 7-6 显示，各回归方程均成立，心理社会因素与安全感之间的回归系数均达显著水平，家庭关怀、感知学校氛围、社会适应对领悟社会支持、自我效能感的回归系数也达到显著水平。自变量对因变量的$\triangle R^2$均达显著水平，这说明了可以进行中介效应检验。

在确定了可以进行中介效应检验之后，本研究根据图 7-1 的模拟示意图，建构留守儿童安全感的心理社会初始模型，用 2 219 份样本的一半（n=1 109）进行探索。初始模型的拟合指标见表 7-7，路径如图 7-2 所示。

表 7-7　留守儿童安全感心理社会因素结构方程各模型的拟合指数

模型	χ^2/df	$RMSEA$	GFI	$AGFI$	NFI	CFI	TLI	IFI
初始模型	5.587	0.064	0.919	0.892	0.886	0.904	0.884	0.904
修正模型	4.607	0.057	0.936	0.915	0.904	0.923	0.909	0.924
验证模型	4.397	0.055	0.939	0.920	0.907	0.926	0.912	0.926

对比模型拟合度可接受标准（侯杰泰，等，2004；吴明隆，2009），初始模型的部分指标不符合测量学的要求，模型图中的部分路径系数没有达到显著水平，因而需要对初始模型进行修正。经过多次尝试与探索，初始模型得以修正。修正后的模型各项拟合指标见表 7-7。各项拟合指标均较初始模型有较显著的改善，均达到了测量学要求，并且修正后的结构方程模型各路径系数均达到显著水平。修正后的结构方程模型路径见图 7-3。

取调查数据的另一半（n=1 110）对修正的模型进行验证各项拟合指标见表 7-7，所有指标都比较理想，符合测量学要求。同时模型的路径系数均达到显著水平，而且验证模型的路径系数与修正模型基本吻合。这说明修正模型得到了另外 50%的样本数据的支持，验证模型及路径图见图 7-4。因此，接受修正模型为留守儿童安全感的心理社会因素的最终解释模型。

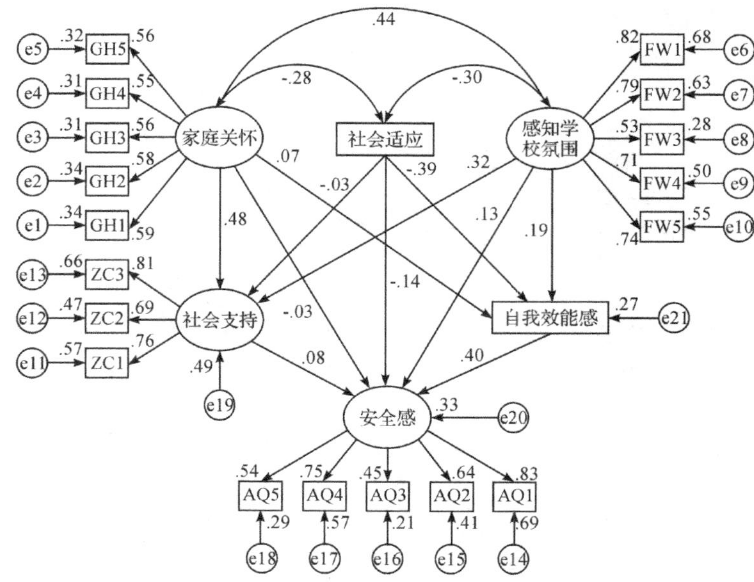

图 7-2　留守儿童安全感的心理社会因素修正模型路径图

注：GH1 适应度，GH2 合作度，GH3 成长度，GH4 情感度，GH5 亲密度；FW1 师生关系，FW2 同学关系，FW3 学业压力，FW4 秩序与纪律，FW5 发展多样性；ZC1 家庭支持，ZC2 朋友支持，ZC3 其他人支持；AQ1 人际自信，AQ2 安危感知，AQ3 应激掌控，AQ4 自我接纳，AQ5 生人无畏(下同)。

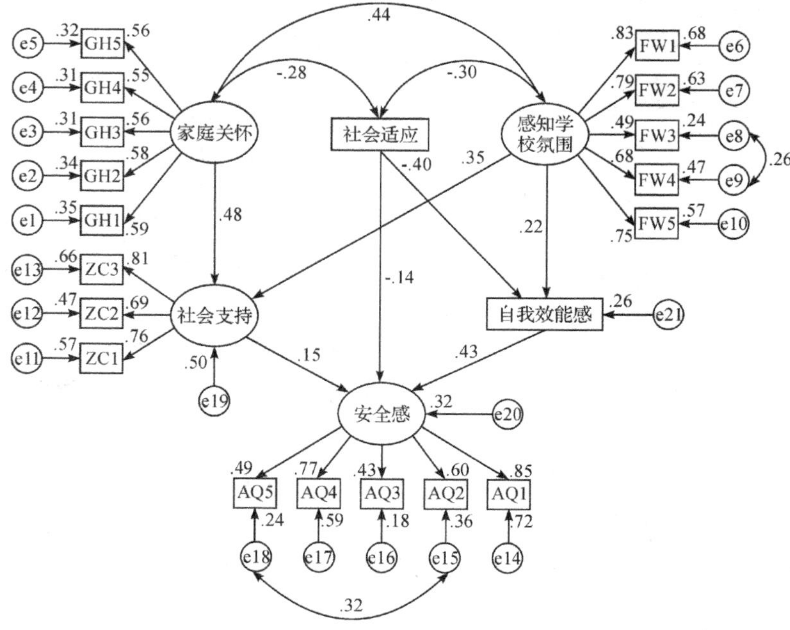

图 7-3　留守儿童安全感的心理社会因素修正模型路径图

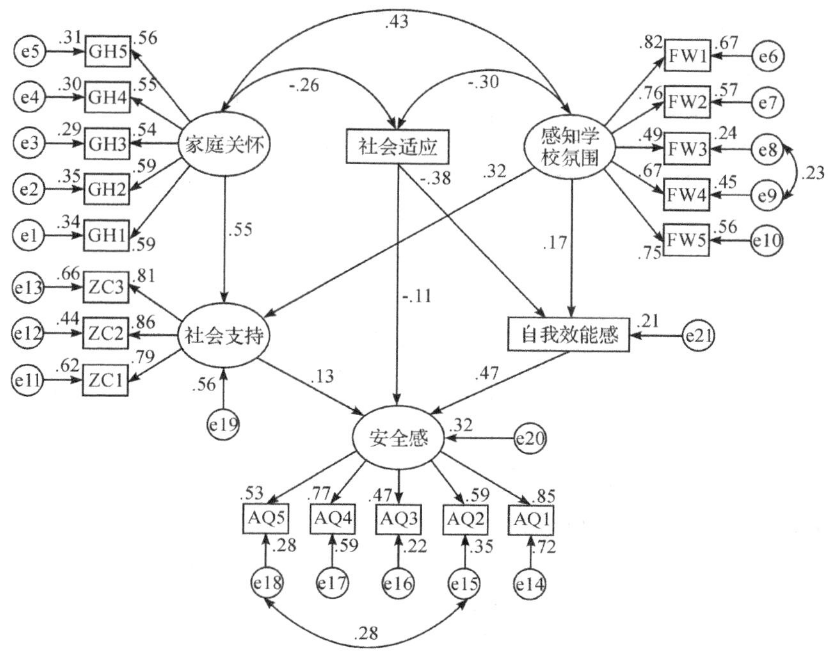

图 7-4　留守儿童安全感的心理社会因素验证模型路径图

为更清晰地解读留守儿童安全感的心理社会因素结构方程模型的路径系数，本研究将有关影响路径与效应值进行了归类，如表 7-8 所示。

表 7-8　留守儿童安全感的心理社会因素结构方程模型的标准化效应值分解

影响路径	修正模型	验证模型	中介类型
家庭关怀→社会支持	0.48	0.55	
社会支持→安全感	0.15	0.13	
家庭关怀→社会支持→安全感	0.48×0.15=0.072	0.55×0.13=0.072	完全中介
社会适应→自我效能感	−0.40	−0.38	
社会适应→安全感	−0.14	−0.11	
自我效能感→安全感	0.43	0.47	
社会适应→自我效能感→安全感	−0.40×0.43=−0.172	−0.38×0.47=−0.179	部分中介
感知学校氛围→社会支持	0.35	0.32	
感知学校氛围→社会支持→安全感	0.35×0.15=0.053	0.32×0.13=0.042	完全中介
感知学校氛围→自我效能感	0.22	0.17	
感知学校氛围→自我效能感→安全感	0.22×0.43=0.095	0.17×0.43=0.073	完全中介

表 7-8 显示：①领悟社会支持、自我效能感和社会适应能直接预测安全感；②家庭关怀与感知学校氛围直接预测领悟社会支持；③社会适应与感知学校氛围直接预测自我效能感；④社会支持在家庭关怀、感知学校氛围与安全感之间均发挥完全中介作用；⑤自我效能感在感知学校氛围与安全感之间发挥完全中介作用，在生活适应与安全感之间发挥部分中介作用；⑥修正模型与验证模型的效应量基本吻合。

7.4 讨论

7.4.1 各心理社会因素的现状分析

描述性统计展示了留守儿童安全感各心理社会因素的现状。首先是关于家庭关怀指数的评估。家庭关怀度指数问卷(APGAR)从家庭适应度、合作度、成长度、情感度和亲密度等五个方面，通过受测者主观评定自己对家庭所发挥功能的满意度，来探讨受测者感受到的来自家庭的关怀情况。从 APGAR 问卷得分来看，总均分为 5.08±2.52，整体处于中等满意度水平，五个方面的得分从高到低依次为家庭亲密度(1.24±0.78)、情感度(1.12±0.76)、成长度(1.00±0.74)、合作度(0.88±0.75)和适应度(0.83±0.68)。说明留守儿童对家庭所发挥的家庭成员间在物质和金钱的共享方面的功能(亲密度)感到最为满意；对父母亲外出打工后，自己在遇到困难或危机时，从家庭内外获得资源，帮助解决问题方面(适应度)的满意度最低。按照吕繁，顾湲(1995)编订的划分标准，总分 7～10 分表示对家庭功能有高满意度，4～6 分表示家庭功能感到中等水平的满意，0～3 分表示对家庭功能有较低满意，本研究中高满意组 599 人，占 26.99%，中满意组 926 人，占 41.78%，低满意组 694 人，占 31.28%。从整体来看，留守儿童对家庭关怀低满意的比例显著高于高满意，表明他们对家庭所提供的关怀、支持等功能不满意。从具体来看，留守儿童对家庭所能提供的物质共享功能的满意感要高于问题解决功能。

学校是留守儿童在家庭之外的另一个重要的生活场所，对其身心健康发挥着不可替代的重要作用。从调查结果来看，留守儿童感知学校氛围的得分为 2.78，超过理论均值，靠近“较好”等级(3 分)，五个维度的得分从高到低依次为：师生关系(2.95±0.65)、发展多样性(2.90±0.48)、同学关系(2.81±0.65)、秩序与纪律(2.67±0.54)和学业压力(2.56±0.62)。这说明留守儿童对所在学校心理环境的整体评价较好，认可度较高，特别对师生之间的尊重、信任、平等、合作、期望，对学校组织的校园文化活动促进同学多样性发展等有积极评价，但是他们对学校给予的学习压力，学习任务和时间的安排，以及对学校里的秩序和纪律的好评度较低。

从留守儿童的社会适应状况的测评结果来看，13.63 的平均分说明他们的社会交往技能及适应状况总体处于中等水平。区分不同性别，发现留守男童为 13.48±4.51，显著低于纪术茂(1999)提出的少年男性 14.08±4.26 的得分($t=-4.438$，$p<0.001$)，留守女童 13.79±4.63 的平均分也显著低于我国少年女性 14.99±4.18 的得分($t=-8.556$，$p<0.001$)。这个结果说明了当前留守儿童对社会环境、人际交往等的舒适感、确信感水平是较高的，喜欢与他人交往，也许是为了弥补在家中与父母交流较少而留下的缺憾。本研究的调查样本均来自 5～8 年级，在这个年级他们正处于自我统一性活跃发展的时期，亟须通过与他人的交往来认识自己、评价自己。

留守儿童的领悟社会支持得分为 56.87，显著超出理论中值(42 分)；三个分量表的得分从高到低依次为其他人支持(19.29±5.08)、家庭支持(18.81±5.24)和朋友支持(18.77±5.14)。对留守儿童而言，其他人的支持主要来自学校的老师或领导，还有寄托家庭的监管人等。来自家庭的得分不是很高，这真实地反映了留守儿童生活的实际情况。根据姜乾金(2001)的划分，本研究中，留守儿童的领悟社会支持得分低于 32 分的(社会支持系统存在严重的问题)有 69 人，占 3.11%，低于 50 分的(社会支持存在一定的问题)有 623 人，占 28.08%，这也是符合样本的正态分布趋势的。

在调查中，留守儿童的一般自我效能感得分为 2.43±0.40，显著低于 Schwarzer & Born(1997)测得的成年人的平均得分 2.86($t=-50.687$，$p<0.001$)，这说明了留守儿童的自我效能感与成人相比，存在巨大的落差。因为客观上，他们在拥有能力，选择目标，付诸行动，并努力做到坚持到底等方面，还有很大的提升空间；主观上，他们在对自我能力的积极认定和评估方面，也需要不断改进。本研究区分不同性别，发现留守儿童的自我效能感存在显著的性别差异($t=4.484$，$p<0.001$)，留守男童的得分为 2.46±0.39，显著低于王才康，刘勇(2000)测量的男高中生的得分 2.52($t=-4.837$，$p<0.001$)，留守女童的得分为 2.39±0.41，与女高中生的得分 2.39 没有显著差异($t=-0.166$，$p=0.868$)。留守女童的自我效能感得分显著低于留守男童，但这也与实际生活中男生较多选择具有挑战性的目标，且更容易从挫折中恢复过来等原因有一定的关联。

7.4.2　不同心理社会处境的领悟社会支持、自我效能感与安全感特点分析

本研究通过聚类分析，将留守儿童的心理社会处境划分为良好组、不利组和

一般组。近三分之一的被试对家庭关怀评价较高，评价所在学校的心理社会氛围也较为积极，同时社会适应状况良好。四分之一的留守儿童对家庭功能感到不满意，消极评价所在学校的心理社会气氛，同时社会适应状况不良。余下四成多的留守儿童在评价家庭关怀、学校氛围和自身的社会适应性方面均处于中等水平。

以上述留守儿童的心理社会处境为自变量，探讨领悟社会支持、自我效能感与安全感的特点，结果发现，良好组各项得分均显著高于不利组和普通组，同时，普通组显著高于不利组。由此可见，包括家庭关怀、感受学校氛围和社会适应在内的心理社会处境变量，对留守儿童的领悟社会支持、自我效能感和安全感具有巨大的区分性。在现实生活中，每个个体都会对发生在自己身上的事情进行思考，并且会赋予这些事件以一定的意义，这个过程就是儿童主动地从认知上和情感上对自己的经历进行加工的过程。Perner & Lang(1999)认为儿童的认知机制调节了他们对所面临的应激因素的反应，是儿童本身的认知特征决定了他们对应激的反应过程，负性生活事件仅仅是在易感气质的基础上起了促发作用。显然，因为留守儿童对家庭功能、学校氛围和社会适应状况的认知判断不同，导致其安全感的形成和发展出现了巨大的差异。

从心理社会处境的视角来看，个体对过去经历和现实环境(家庭、学校、社会等)的认知与情感加工，对于个体如何领悟社会支持，通过感受自我效能，进而作用于安全感的形成和发展起到了重要的作用：对家庭关怀及功能的积极认识，让他们可以更好地感受到社会支持的增加，进而增强安全感；对学校的心理社会氛围有积极的评价，如更优化的师生关系、更多样化的发展教育，更优良的秩序和纪律等，使他们能以更轻松自在的心态在学校环境里提升积极的效能，从而强化和巩固安全感受；感受到良好的社会适应性，就能更为积极、主动、乐观地融入现实环境，进而赢取更多的社会支持。综上所述，这些对家庭、学校和社会情境的适宜性认知都具有积极的效应，在自我认识上帮助留守儿童更多地感受到自己能改变环境，掌控现实，进而改进其安全感，有效预测了安全感的形成和发展。

相反，对家庭、学校和社会关系的不良认知、思考与判断，则会直接或间接地削弱儿童的安全感。如若留守儿童所评价的家庭功能差，他们对从家人那里获取支持的信心就会降低，连带着可能也影响到对自我掌控环境的能力的评价；若留守儿童对学校的心理社会氛围有了较差的评价，认定师生关系、同学关系较差，自然无法帮助其构建起有效的社会支持系统，也难以让他们对自己的控制力、影响力和自我效能等产生好评，生活中这种“破罐子破摔”的现象并不少见。这会进一步增加他们对人际交往的敏感性，对生活中潜在的危机感到焦虑，面对生活的挑战容易感到无能为力，这些都是典型的安全感缺失的表现。留守儿童在自身相对独特的成长环境里，正是通过对家庭功能、学校氛围、社交处境等的判断，实现着对环境的主动融合。在这种融合过程中，留守儿童实现了对自身的调整和对环境的适应、改造。这正可以说明影响留守儿童安全感形成和发展的各种心理社会因素的相互关联性。本研究的假设1得到了验证，在不同水平的社会适应、家庭支持与学校氛围下，留守儿童的安全感存在显著差异。

7.4.3　领悟社会支持、自我效能感对安全感的影响分析

相关分析发现，留守儿童的领悟社会支持、自我效能感与安全感之间呈显著正相关。依生活经验判断，个体获得的和感受到的来自外界的社会支持越多，就可能拥有越多的物质条件和精神能量，帮助其树立对生活的掌控感。多数学者也倾向于认为社会支持对心理健康、情绪发展甚至人格成长发挥了积极效应(Cohen & Willis, 1985；Quimby & O'Brien, 2006；廖传景，2010；廖传景，等，2014)。尽管人们对社会支持内涵的认识还存在分歧，但更多的学者仍倾向于认为社会支持是保护人们免受压力事件不良影响的有益资源(e. g. Langeland & Wahl, 2009)，Cohen & Willis(1985)认为社会支持是他人提供给个体的各种资源(resources provided by other persons)，那些来自友伴和家庭的支持对儿童的日常生活极为重要，而那种能够长期维持的同伴友谊的支持对个体的生活又有着特别的意义(Cattell & Herring, 2002)。社会支持分为客观支持和主观支持两类，客观支持也被称为物质支持，是支持的客观成分——社会网络(social net)；主观支持也被称为精神支持，主要是指个体对社会网络支持的觉察和评估。Quimby & O'Brien(2006)认为主观支持和支持的利用度与个体的心理健康有更紧密的关联，在社会支持中，主观感受到的支持比客观上得到的支持更能影响个体心理症状的表现。

从社会支持与安全感的相关来讲，得到的社会支持越多，拥有的条件和资源自然就越丰富，拥有的机会也就越多，越可能帮助人们形成对现实的掌控感。同样的，若个体感受、领悟到的支持越多，表明他们在认知上进行了积极地调整和改进，做好了应对各种挑战的准备，可以更好地帮助他们形成强大的内心效能。对广大留守儿童来说，他们的社会支持系统并不如成人那么深厚与广阔，其经营和扩展社会支持系统的能力也只是处于初步的发展阶段。尽管如此，在不长的学龄期内，他们还是积累起了一定的对社会支持的领悟能力，以此为基础，他们不断将内心的触角伸向人际交往、应激应对、任务解决等领域，在这个过程搭建自己的安全感体系。留守儿童若拥有良好的领悟社会支持能力，将有

助于他们在人际交往过程中有效控制焦虑感受，钝化敏感性，提升人际自信；在面临可能出现的丧失事件和突发的应激事件时，也能以合理的应对方式予以巧妙化解；强大的主观支持感受也能帮助他们树立自信心，提升自我接纳度，避免自我无助感。总之，留守儿童的安全感形成在很大层面上得益于客观支持的获得，更得益于对支持的知觉、领悟和判断。因此，本研究的假设 2 得到了验证：在不同社会支持与自我效能感水平下，留守儿童的安全感存在显著差异。

调查还发现，留守儿童的领悟社会支持在其感知学校氛围、社会适应与安全感之间发挥了显著的调节作用。Cohen & Willis(1985)提出，社会支持对个体的心理健康发挥了"缓冲器"的作用，在维护心理健康的过程中，发挥了保护效应。良好的领悟社会支持能力，对留守儿童准确判断其所在学校的心理社会氛围及其与他人的社会关系，从而有效提升安全感水平，也具有主观上的保护效应。留守儿童感受到来自学校的支持越多，对学校心理社会氛围的评价会随之升高，同时在与他人的交往过程中保持开放、自然、放松等良性心态，这对于安全感的维护是有积极的促进效用的。Herrera et al. (2010)认为当青少年感受到的与学校的联结、归属，这种联结能够保护他们免受负面家庭关系的影响，感觉自己就是学校和社会的一个组成部分，使他们更愿意符合社会的期待，从而减少问题行为。若留守儿童的领悟社会支持能力降低，则他们更容易对学校的氛围产生消极评价，在与他人的交往过程中，表现出更低的自信，因而降低了对环境的掌控感、力量感和胜任性，容易导致安全感水平的降低。

本研究中，留守儿童的一般效能感与安全感呈显著水平的正相关，这与汪海彬，张俊杰，姚本先，等(2011)的研究结果是一致的。可见，安全感在很大程度上受到了来自个体内心对自我能力的评定的影响。作为一种对自我能力、自我价值、自我意义等存在的认定能力，自我效能感对个体的心理活动、心理健康等都会产生直接或间接的影响，这已被部分研究所证实(如，王才康，刘勇，2000；汪海彬，等，2011)。

就自我效能感与留守儿童的安全感的关系而言，自我效能感正是通过对自我的内在评价而发挥着对环境的作用：掌控、预测、推测与判断。自我效能感表现出典型的社会认知特征，表现为个体对自己是否能胜任某一任务的推测和判断，Bandura(1977)认为自我效能感主要通过两个方面对人类的行为产生影响：①个体对自己处理应激能力的信念通过影响身心调节系统而作用于行为；②个体对自身的健康习惯和生理发展控制感通过影响其动机和行为而影响身心健康。自我效能感强的留守儿童对自己具有较强的自信心，勇于面对生活的考验，积极面对留守经历，相信自己在缺乏父母亲监管与指导的情况下能处理好各种事情，在生活中会更积极主动，善于将困境的消极刺激转化为积极意义。他们能自信地面对生活中的各种压力，相信自我的内心能量时刻提示他们，只要自己努力就能应对各种挑战，有效地掌握和控制生活。因此，在安全感形成和发展的各个方面产生积极的效应：他们自信、积极、乐观的态度，有利于降低人际交往过程的敏感性，有利于促成良好人际关系的建立，从而拥有更高的人际安全感；还有利于判断生活中可能出现的各种负性事件，如面对家庭困难时，强大的自我效能可帮助锤炼心理韧性（廖传景，等，2014），提高对挫折的耐受性，以此来战胜困境；同时自我效能感本身就因为对自我价值、自我意义等有正面、积极的认识，确定自己对现实、对环境等拥有较高的控制感（Mikulincer & Shaver, 2007），这也印证了自我效能感本身就是安全感的一个方面的观点。

研究中还发现，留守儿童的一般自我效能感在其感知学校氛围与安全感之间发挥了显著的调节作用。从某种意义上来讲，人是环境的动物，为适应环境，就发展和演化出适应该环境的一些品质。留守儿童在家庭经济状况相对较差，缺失父母直接教养，所在的社会处境相对弱势的情况下，更多地依赖于从学校环境中汲取发展的要素。在这样的背景下，留守儿童的安全感发展很自然地因自我效能感的不同而表现出巨大的差异。安全感就是个体自我效能感的解读和表达（Fagerström et al., 2011），高自我效能感的人，对所在学校的师生关系、同学交往、学业任务、校园文化等，倾向于积极、正面的解读，往往能主动融入其中，成为校园心理社会氛围的受益者，因而对人际交往的敏感度下降，对可能出现的丧失应激提升了掌控力，对任务的胜任感也随之提升，对自身容貌及能力充满信心。相反，低自我效能感的人，倾向于对所在学校的氛围进行消极感知和判断，首先从士气感受上直接削弱了自我能量，也就无法从容应对人际交往、生活应激和学业任务等的冲击，致使其焦虑感、无助感、无力感、恐惧感上升。

因此，本研究的假设3得到了验证：留守儿童的领悟社会支持在感知学校氛围、社会适应与安全感之间发挥了显著的调节作用；自我效能感在感知学校氛围与安全感之间的调节效应显著。

7.4.4　留守儿童安全感的心理社会因素模型分析

随着对影响留守儿童安全感的心理社会因素分析的深入，本研究应用结构方程模型更为清晰、直观地展示了家庭关怀、感知学校氛围、社会适应、领悟社会支持、自我效能感对安全感的作用。从模型中可以了解到各因素之间的关联与作用。

第一，从家庭关怀的视角来看，留守儿童对家庭功能的评价，并不直接作用于安全感，而是通过影响领悟社会支持而作用于安全感，即领悟社会支持在家庭关怀和安全感之间发挥了完全中介的效应。留守儿童对家庭关怀功能的评定，对是否能更好地领悟来自外界的社会支持，产生了 0.48 的直接预测效应，可见能感受到来自家庭的支持和关怀，对留守儿童感知和领悟外界的支持起到了至关重要的作用。Berdahl, Hoyt & Whitbeck(2005)研究发现，当受到父母的忽视时，儿童无法完整地感受到来自父母的亲情和关爱，在生活中容易感受到沮丧和抑郁，出现学业不成功，无法调整情绪或出现心理失调等，使儿童的处境越发陷入危机。留守儿童领悟到的社会支持对安全感产生了 0.15 的效应量，由此可以看出，对社会支持的主观认知、评价和判断，对安全感的形成和发展产生了一定的影响。该影响可能表现为帮助他们解决生活事件的应激，在提供外力支持的同时，提供了完成任务和适应环境的推动力。正如 Cohen & Wills(1985)等提出的，来自外界的情感支持等让儿童产生了一种被爱和有价值的体验，社会支持就像一个缓冲器，帮助人们缓冲(buffering)了来自应激事件和困难处境的影响，从而有益于改善其安全感受，社会支持也保护儿童免受社会环境中危险因素的伤害(Bjarnason & Sigurdardottir, 2003)。

领悟社会支持的完全中介作用说明，留守儿童对来自家庭的关怀与家庭所能提供的作用的认识和评价，在很大程度上影响了他们对来自外界的社会支持的评定和判断。Davies & Forman(2002)提出在面对家庭困难的时候，儿童可能会通过采用“解散”(dismissing)或“释放”(deactivating)的策略，尝试去保持他们的安全感。释放策略的使用，说明儿童倾向于在情感上脱离家庭，同时忽略家庭在他们生活中的意义。在面对家庭中的不协调关系时，儿童会采取诸如疏远和脱离的策略；在应对压力时，可能会使他们在相似的家庭背景下恢复一些安全感，并得到适应，为了保持安全感，儿童必须调动和使用相当大的必要的心理和物资资源。留守儿童对父母亲是否能帮助其解决困难、应对危机，对家庭环境和条件是否能提供其发展的后盾和平台，对家庭成员之间的亲密关系和情感交流过程等的评定与感受等，对其调动和使用社会支持资源产生了直接的促动作用。留守儿童正是在社会资源的调动、领悟、积累和拓展过程中，采取了合理的应对方式，感受到了人际信任，缓解了应激作用，从而提升了安全感。

第二，从感知学校氛围的视角来看，留守儿童对所在学校的心理社会环境的感知与评价，并不直接作用于安全感的形成和发展，而是通过影响领悟社会支持和自我效能感间接作用于安全感，即领悟社会支持和一般自我效能感在感知学校氛围和安全感之间扮演了完全中介的作用。留守儿童所体验到的校园心理社会氛围，很大程度上改变了他们对来自外界的社会支持的评定和判断，也改变了他们对自我效能的认识。Oberle，Schonert-Reichl & Zumbo(2010)研究发现，青少年感受到与学校的管理产生了更高水平的自尊，出现了更低的心理问题，更高的生活满意感，感觉自己归属于学校、社区，这在整体上将会产生更多积极的效应。留守儿童感受到学校对学生多样性发展的重视，感知到良好、积极、合作、有所期待的师生关系，感受到同学之间的互帮互助行为，对学校的秩序和纪律持有积极评价等，让其对扩大和使用社会支持产生了积极的期待；同时帮助他们提升了利用这些支持资源的意愿，提升了他们对自我能力、价值的肯定，留守儿童正是在社会资源的领悟、积累、拓展，社会支持系统的建构、发展和有效使用，以及在提升自我效能的过程中，降低了人际敏感度，改进了应对方式和应对能力，缓解了应激作用，从而提升了安全感。因此，对留守儿童来说，他们所领悟的社会支持的程度，对于安全感的发展具有决定性的作用。

第三，从社会适应的视角来看，留守儿童的安全感直接受到了社会适应不良的作用，同时，社会适应不良又通过影响自我效能感而间接作用于安全感的形成，自我效能感发挥了部分中介作用，中介效应量占总体效应的 54.8%。大多数适应不良的学生，在社会化的情境中容易感到不舒适和缺乏自信，同时缺乏社会交往技能，在社会性活动和人际交往中害羞、腼腆、拘谨、尴尬、不自然、沉默寡言，这些本身就是安全感缺失的典型特征。在精神科临床上，有的留守儿童因为缺乏正性情绪体验感到较低的社会支持，可能存在害怕和自杀的意念(纪术茂，1999)。如果个体的社会适应状况良好，则表现为对社交场合与行为的喜好，性格随和、活跃，善于应变，精力旺盛且达观、外向，善于从积极方面对自身的处境做出判断，这些都可有力地促进安全感的形成、发展和提升。

自我效能感在社会适应与安全感之间发挥部分中介作用，说明了在接触社交环境，融入社会生活的过程中，个体的自我效能感受到了适应状况的影响，并作用于安全感受。根据 Bandura(1977)的观点，个体是否能成功、顺利地完成某项活动，与其自我效能感的大小密切相关，个体的自我效能感制约行为的动机水平、行为方式以及其他心理水平。高自我效能感的人无论对于失败或成功都倾向于做内归因(如能力较强或努力不够等)，而能力相当但自我效能低的人却倾向于把失败归因于外部因素(如运气较差)。当个体面临可能的危险、不幸、灾难情境时，自我效能感将决定其应激状态、焦虑和抑郁等情绪反应(吴增强，2001)。因此，低自我效能的留守儿童面临困难时不善于积极应对，面对挫折时的有效努力不够，负性情绪长期、持续地存在和积累，这些都不利于安全感的建立和发展。

7.5 小结

通过以上研究，得出如下结论。

(1)留守儿童的家庭关怀、感知学校氛围、社会适应、领悟社会支持、自我效能感和安全感之间有显著的相关；不同水平的心理社会处境(家庭关怀、感知学校氛围和社会适应)下，留守儿童的安全感存在显著差异。

(2)在不同的领悟社会支持与自我效能感水平条件下，留守儿童的安全感存在显著差异。

(3)留守儿童的领悟社会支持在感知学校氛围、社会适应与安全感之间发挥了显著的调节作用；自我效能感在感知学校氛围与安全感之间的调节效应显著。

(4)留守儿童的家庭关怀与感知学校氛围直接预测领悟社会支持；社会适应与感知学校氛围直接预测自我效能感。

(5)留守儿童的社会适应直接作用于安全感；社会支持在家庭关怀、感知学校氛围与安全感之间均发挥了完全中介作用；自我效能感在感知学校氛围与安全感之间发挥完全中介作用，在社会适应与安全感之间发挥部分中介作用。

第 8 章　不同安全感的社会认知特征实验研究

8.1　引言

自 20 世纪 80 年代以来，关于儿童心理发展的社会认知过程及特征的研究日益受到关注，即从关注儿童对客观物质的认知，转向对作为主体的人、自我、社会环境、社会关系、社会生活事件、社会规则等的关注，学者越来越多地探讨儿童对这些社会性存在的感知、理解、判断和思考（eg. Ellis, 1991；Kakinuma, Konno, Mayuzumi & Morinaga, 2003）。Ellis（1991）提出"情绪 ABC 理论"，认为人的情绪及行为的结果（consequence）并非由某一特定的诱发性事件（activate events）而引起，而是由经历了这一事件的个体对事件的观念（beliefs），包括看法、解释、认识和评价等所引起的。情绪 ABC 理论中的"B"即是一种社会认知图式。社会认知是人们对社会性客体的认知，包括了信息的辨别、归类、采择、判断、推理等心理成分（王沛，林崇德，2005），其中，对人的认知就涉及情感、意图、知觉、思维、态度、动机、行为等心理过程或心理特征（庞丽娟，田瑞清，2002）。探讨留守儿童安全感的社会认知加工特征，对于解读安全感的形成和发展，以及安全感和心理健康的维护等都具有重要的价值。

Kumpfer & Bluth（2004）提出，个体的主体性作用，特别是对自身处境、能力的觉知，使得儿童即使处于不利境遇仍能有效应对。在留守儿童所处的生态系统中，主体性对他们保持正常的学习、生活和身心健康发展都起到了十分重要的作用。如儿童对自身、他人及环境的认识，特别是对环境刺激的认识是诱发安全感体验的重要机制。留守儿童对自身怀有积极的态度，自我效能感强，对他人及环境刺激产生合理的认知和判断，使得他们能有效地利用社会生态资源，以应对环境的挑战，使自己日益接近、融入社会系统中，建立应对外界刺激的缓冲和消解机制，以降低不利影响，从而建立和维持较高水平的安全感。与其说是环境决定了留守儿童的安全感差异，不如说是留守儿童对留守经历、生活应激以及自身的认知让他们的安全感体验产生了巨大的差异。

第7章揭示了留守儿童的安全感的心理社会因素及关系，并建构了安全感的心理社会模型，从宏观视角探讨了影响留守儿童安全感的外在因素。个体基于自身的认知系统，对外界刺激产生不同的认知加工，将使安全感产生不同的表现形态，同时使个体的环境适应产生了不同的结果。Jacobson(1995)认为，安全感(或不安全感)是个体对现实刺激和环境因素在威胁性、危险性方面进行评估过程中产生的一种认知反应。在认知上，安全感表现为对事件、条件或情境等进行评估，评估其是否构成对自身安全的威胁性或危险性预测因素；在行为上，安全感体现在当个体感知到威胁或危险时，所能提供的防卫和应对的能力。Smith & Lazarus(1993)认为，只有当个体相信他自己在应对威胁的过程中感到困难，不足以应对时，不安全的观念才会形成。由此可以认定，关于安全(或不安全)的观念并不是个体内心独立的过程或环境因素的单独效应，而是个人主观世界与其所处环境之间的关系的结果，个体的安全感常常随着时间和情境的变化而变化(Lazarus & Folkman, 1987)。

关于安全感的认知过程，Mikulincer & Shaver(2007)用“三成分”进行了阐述。第一，个体对威胁事件进行监测和评估，负责安全感系统的激活；第二，个体对可用性和响应能力的监测和评估，负责安全意识的变化；第三，个体在感到不安全时对寻求社会亲近对象能力的监测和评估，负责激活焦虑或停用回避等应对策略。这三个成分可以表述为三个“如果……就”(if-then)命题。首先，如果受到威胁，就寻求依恋对象(或一些暂时更强、更聪明和可支持的人或角色)的亲近和保护。其次，如果依恋对象是可用和可支持的，就放松心情，享受和欣赏被爱和被安慰的感觉，并自信地参与到其他活动中。最后，如果依恋对象不可用或者未有回应，就努力寻求亲近和舒适(激活依恋系统)，或者停用依恋系统，压抑脆弱的想法，坚定不移地依靠自己。可见，个体安全感的形成和表现，都与其认知过程紧密关联，是个体关于环境、资源、自我和依恋对象等因素是否可用的主观评估。

研究发现，高安全感的人在对各种压力事件进行评估时，比低安全感的人更少使用关于威胁的字词，在运用自己的能力应对各种困境时保持更多的乐观预期(Berant, Mikulincer & Florian, 2001; Mikulincer & Shaver, 2007)；对人性拥有比较积极的看法(Collins & Read, 1994)，用积极特质的词汇描述伙伴关系(Levy et al., 1998)。此外，他们对伙伴的行为有积极的期望，倾向于用积极的方式解释伙伴的消极行为(Collins & Read, 1994)，等等。由此可知，对社会生活信息的认知、处理对于个体安全感的形成和发展具有基础性的作用。因此，不同安全感水平的人具有什么样的社会认知加工特征，仍是值得继续探讨的话题。

社会认知加工理论是将心理学和信息加工理论运用到社会行为研究之中的理论，致力于探讨感知、问题解决等的认知过程及特征，及与个人目标、情绪状态和唤醒调节信息一致的情绪情感过程，兼探讨异常行为和情绪的心理病理机制。已有关于特殊人群、特殊症候，如攻击儿童、网络成瘾行为、抑郁症个体等的社会认知加工研究(冯正直，2002)，采用了社会认知的研究范式，将信息加工理论与社会行为研究相结合，丰富和发展了相应研究领域的理论，为探讨留守儿童安全感的社会认知加工过程及特点提供了很好的范本和启示。从社会认知角度研究安全感，对安全感的编码、回忆和再认过程及特征进行研究，不仅可以深化对不同安全感水平的心理特点的认识，还可为后续的安全感干预辅导提供基础。

本章主要探讨不同安全感水平(低和高)的留守儿童，对学校社会生活事件(正性、中性、负性)的认知信息加工过程及特征。低安全感水平的人在社会认知的编码、回忆和再认三个环节是否也具有负性社会认知特点？与高安全感的人相比，是否达到了显著水平？本章将开展实验研究，对以上问题予以探讨。

基于以上分析，提出如下假设。

(1)不同安全感水平的留守儿童对社会生活事件的编码过程及编码倾向具有显著差异；低安全感者存在显著的负性编码行为及倾向。

(2)不同安全感水平的留守儿童对社会生活事件的回忆过程及回忆倾向具有显著差异；低安全感者具有更多的负性回忆行为及倾向。

(3)不同安全感水平的留守儿童对社会生活事件的再认过程及再认倾向具有显著差异。低安全感者具有更多的负性再认行为及倾向。

8.2 实验一：不同安全感的编码特点实验

8.2.1 研究目的

通过控制留守儿童安全感生活事件的特性，即阅读材料的句子条目类型(正性、中性和负性)，探究低安全感和高安全感留守儿童对不同类型的句子条目的编码特点。

8.2.2 被试筛选

在浙江省某山区县选取 1 所农村小学和 1 所农村初级中学开展实验研究。

选取235名在5～8年级就读的留守儿童进行测试，测试工具为“留守儿童安全感量表”(SSSCLB)。根据SSSCLB总得分高低筛选被试：得分最低的32人定为“低安全感组”，得分最高的35人定为“高安全感组”。参加实验样本的具体分布如表8-1所示。所有的被试均参加编码、回忆和再认的实验，为了避免实验者产生熟悉效应，两个实验之间间隔1周。

表8-1　实验被试的分布

实验组别	性别		是否独生子女		年级				合计
	男	女	是	否	5	6	7	8	
低安全感组	14	18	8	24	10	8	7	7	32
高安全感组	20	15	14	21	8	10	10	7	35
χ^2	1.200		1.705		0.841				
合计	34	33	22	45	16	18	19	14	67

8.2.3　实验方法

8.2.3.1　实验材料

研究采用Tversky的实验范式。该实验范式由Bransford & Johnson(1972)的“洗衣房”实验发展而来。实验者让被试在两种不同的条件下(没有标题和有标题)阅读一段文字，以此探讨个体已有的认知图式是否会对文字材料的理解造成影响。Anderson & Pichert(1978)改进了该实验设计，他们在不同的条件下呈现文字材料(如“在家玩的两个孩子”)，操纵文字材料标题的种类和呈现时间等条件，分析被试回忆的数量。之后，Tversky & Marsh(2000)又做了改进，在实验中呈现与被试有关联的社会生活文字信息(如“两个室友的故事”)，操纵文字材料的性质(正性、中性、负性)和数量(每种条目类型均含18个句子)，考察被试在不同条件下编码、回忆、再认不同性质(正性、中性、负性)的句子条目的数量，从而探讨不同社会心理条件下被试对社会生活信息的认知特征。

Tversky实验范式解决了以往实验中如何定量处理社会生活事件的难题。实验中呈现的文字材料与被试的生活实际有所关联，实验者操纵句子条目的性质和数量等变量，考察被试对社会生活信息的认知加工(编码、回忆和再认)特征。实验综合了内容上的“社会性”和“信息加工的特性”，目前已得到广泛推介和使用。

本研究拟探讨不同安全感水平下被试对不同性质、不同类型的社会生活信息的编码、回忆和再认的特征。Tversky实验范式正好符合这一要求，故而选取该实验范式探讨留守儿童安全感的社会认知特征。参照Tversky的实验范式，研究者编制了“林羽和孟凡的留守生活”实验材料。材料描述了2个留守儿童典型的生活场景,共有54个行为内容,分别包含9个正性、9个中性和9个负性条目。

1)阅读材料的编订过程

首先,通过开放式问卷搜集留守儿童生活中常见的正性、中性和负性行为(或情绪),按照Tversky的实验范式编成社会认知实验材料。

其次,选取5名心理学专业的研究生对实验材料进行试编码,在句子条目后设置括号,让其逐条阅读材料,对句子条目的性质进行评判。正性材料(具有良好、积极、和谐、舒适、愉快等特征)标记为"J",中性材料(包含符合事实、客观描述、自然呈现等特征)标记为"Z";负性材料(包含痛苦、矛盾、焦虑、冲突等特征)标记为"X"。被试对条目的评判结果就是确定句子条目性质的过程。

再次,对以上预评判的结果进行统计分析,选取得到70%认同的句子条目作为阅读材料的素材,并据此制定参照标准。

最后,将两个留守儿童的行为和活动用不同的句子条目来表述,分别包含9个正性、中性和负性的条目,形成了包括54个行为和活动(事件)的阅读材料(见附录8-1)。

2)阅读材料的信效度检验

随机择取100名6、7年级的留守儿童参加测试,考察实验材料的信度和效度。测试发现,阅读材料中的正性、中性和负性材料的内部一致性系数分别为0.768、0.678和0.712,说明该实验材料具有较好的信度。结构效度检验发现阅读材料的正性句子条目与所属类型的相关在0.295～0.627之间,负性条目在0.297～0.635之间,中性条目在0.256～0.555之间,均达到非常显著的水平;不同性质的句子类型的相关在0.112～0.260之间,这些都符合Tucker & Lewis(1973)的推荐。句子条目编订的规范过程保证了实验材料具有较高的内容效度。

8.2.3.2　实验设计

采用2×3双因素混合实验设计,被试间变量为安全感水平(分高低两组),被试内变量为阅读材料的句子性质(正性、中性与负性)。因变量是被试对不同性质的社会生活信息做出正确编码的数量。

8.2.3.3　实验过程

1)学习阶段

主试分发实验材料("林羽和孟凡的故事"),宣布实验要求和指导语:"请认真阅读实验材料,你们将有5分钟的时间学习,然后再进行关于文章内容的测试"。5分钟后主试终止被试的学习进程,同时布置每个被试进行"500－3"的逆运算，时长3分钟。然后主试收回阅读材料，发放编码材料(见附录8-2)。

2)测试阶段

主试给被试清晰地宣读指导语：你拿到的阅读材料和前面的学习材料一样，不同的地方在于有些句子后面有括号，请你根据自己对材料的理解分别在括号里标注三种记号：J表示具有良好、积极、和谐、舒适、愉快等特点；X表示具有消极、痛苦、矛盾、焦虑等特点；Z表示具有中性的、描述的、客观的特征。请注意，你们必须在10分钟内完成。

8.2.4 实验结果

8.2.4.1 不同安全感的编码量

不同安全感水平的留守儿童对不同类型句子条目的编码结果如表8-2所示。

表8-2 不同安全感的被试对不同条目类型的编码忆量

条目类型	低安全感组(n=32)		高安全感组(n=35)	
	M	SD	M	SD
正性条目	11.78	2.24	14.00	2.04
中性条目	12.25	1.55	13.60	2.09
负性条目	14.72	1.92	12.40	2.49

对实验结果进行2(低安全感、高安全感)×3(正性、中性和负性条目)重复测量方差分析，结果发现，正性、中性和负性条目的编码主效应显著($F_{(2,65)}=3.921$，$p=0.022$)，说明被试对不同性质的句子条目的编码量存在显著差异。交互效应检验发现，不同安全感组与不同条目类型存在显著的交互效应($F_{(2,65)}=54.317$，$p<0.001$)。进一步分析发现，不同安全感组的正性条目($t=-4.240$，$p<0.001$)、中性条目($t=-2.984$，$p=0.004$)和负性条目($t=4.241$，$p<0.001$)的正确编码量上均存在显著差异。结果说明了低安全感组的负性编码显著多于高安全感组，而正性编码与中性编码则显著低于高安全感组。交互作用如图8-1所示。

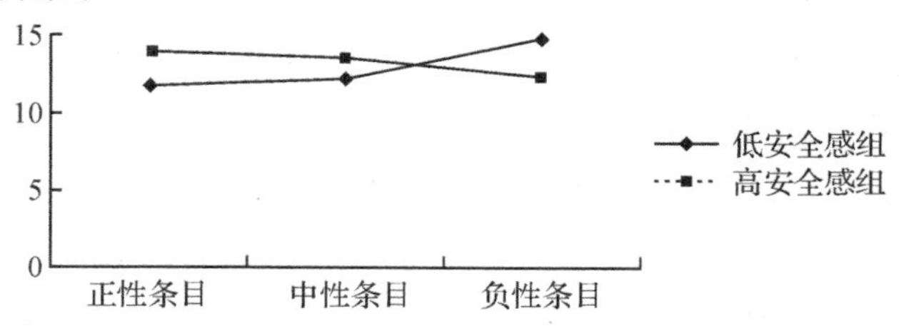

图8-1 安全感水平与条目类型的交互作用图

8.2.4.2　不同安全感的编码倾向

根据钱铭怡，李旭，张光健(1998)关于编码倾向的算式，本研究确定“编码正倾向＝正性编码数－负性编码数”。两组被试的比较结果见图8-2。对实验被试的编码正倾向进行2(低安全感、高安全感)×3(正性、中性、负性条目)重复测量方差分析。结果发现，不同性质条目的编码正倾向的主效应达到显著水平($F_{(2,65)}=847.673, p<0.001$)，说明不同性质条目的编码正倾向存在显著的组内差异。不同安全感组的编码正倾向主效应显著($F_{(2,65)}=137.059, p<0.001$)，在正性条目($t=-4.766, p<0.001$)、中性条目($t=-4.479, p<0.001$)和负性条目($t=-3.436, p<0.001$)的编码正倾向上，两组存在显著差异，说明不同安全感水平的编码正倾向存在显著的组间差异。不同安全感与三种不同类型条目的编码正倾向之间交互作用不显著($F_{(2,65)}=0.679, p=0.413$)。

8.2.5　讨论

8.2.5.1　不同条目性质与安全感编码量的分析

本实验发现，被试对正性、中性和负性条目的编码量具有显著差异，说明了留守儿童对来自生活中的不同性质的社会生活信息的解读是有显著差异的。可见留守儿童感知不同性质的社会生活事件，对其安全感的形成和发展具有不同的影响。

不同安全感组的被试对不同性质的条目编码量存在较大差异，深度解读发现，低安全感组对正性条目的编码量显著低于高安全组，同时对负性条目的正确编码量又显著多于高安全感组。这个结果说明处于低安全感水平的留守儿童对生活中的负性信息更为敏感，接收量更大，也更容易对负性条目做出正确编码。正是由于对负性信息的过度关注，使留守儿童的安全感水平显著降低。

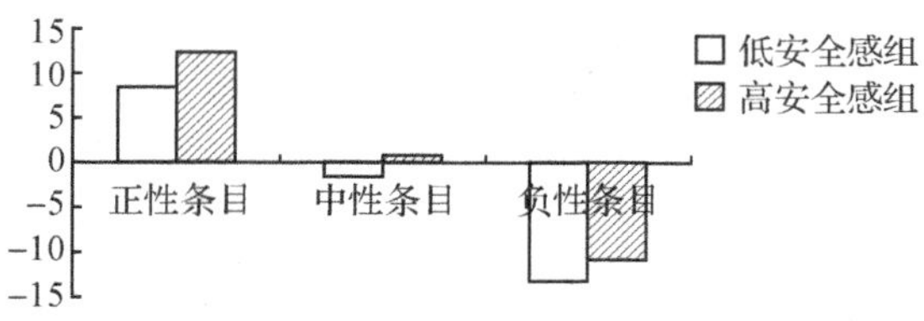

图8-2　不同安全感被试的编码正倾向图

8.2.5.2　编码正倾向的分析

对留守儿童安全感的编码倾向进行分析，发现总体上低安全感组对正性条目的编码正倾向显著低于高安全组，同时对负性条目又存在显著的编码负倾向。实验结果说明留守儿童中的低安全感者对负性信息的加工出现了一定程度的自动化倾向，对正性和中性信息也更容易进行负向编码，他们对正面和中性的社会信息具有较低的编码正偏向。Beck, Rush, Shaw & Emery(1979)提出"自我图式理论"，认为个体对与自我图式一致的信息的加工速度更快、频率更高、程度更深。本实验印证了缺乏安全感的人具有负性的自我图式，他们倾向于将负性信息进行加工，并且习惯于将好事情或具有中性特征的事情解读为不好的事情，或者总是看到事情不好的一面。

根据 Monroe & Simons(1991)提出的"素质-应激"(diathesis-stress)的理论观点，异常行为常常是由生活事件(应激)和脆弱性(素质)共同作用的结果。该理论认为个体的适应不良，在认知上主要是由对自我的认知失调和对现实的认知失调共同作用的结果。对安全感而言，自我认知失调表现为在感受社会生活事件的过程中，不断地接纳和思考负性信息，难以将现实生活中的正性信息进行积极转化，他们可能经历了较长时期的安全感缺失症状，常常具有较低的自我效能感，同时常常自我怀疑、自我无助，容易出现消极的自我评价倾向。大多数安全感缺失的人具有消极的人格特征，如敏感性和焦虑性高，喜欢独处，信任度低，自信心不足等。安全感缺失的人更容易出现认知失调，倾向于以非理性的方式对社会生活刺激进行稳定而整体的归因，即认为生活事件的挑战是难以克服的，充满了习得性无助，无法使内心得到安宁。

8.2.6 小结

(1)不同性质的社会生活信息(条目类型)对留守儿童安全感的形成具有显著不同的影响。

(2)低安全感的留守儿童对社会生活信息具有更多的负性编码。

(3)低安全感的留守儿童存在显著的负性编码倾向。

8.3 实验二:不同安全感的回忆特点实验

8.3.1 研究目的

从实验一得知，不同安全感水平的留守儿童对正性、中性和负性信息的编码存在显著差异，具有不同的编码倾向。那么，不同安全感水平的留守儿童在回忆社会信息的过程中，表现出什么特点呢？在回忆加工环节，是否还会继续存在社会认知加工的倾向性差异？这是实验二重点要探讨的。

8.3.2　被试筛选

被试同实验一。

8.3.3　实验方法

8.3.3.1　实验材料

实验材料的编订过程、信效度检验等过程与实验一相同。

8.3.3.2　实验设计

采用2×3双因素混合实验设计，被试间变量为安全感水平（分高低两组），被试内变量为阅读材料的句子性质（正性、中性与负性条目）。因变量是被试正确回忆不同性质的社会生活信息的数量。

8.3.3.3　实验过程

1)学习阶段

主试分发实验材料（“林羽和孟凡的故事”），告知被试：“请认真阅读实验材料，你们将有5分钟的时间学习，然后再进行关于文章内容的测试”。5分钟后主试终止被试的学习，同时布置每个被试进行“500－3”的逆运算，时长3分钟。然后主试收回阅读材料，发放回忆测试材料（见附录8-3）。

2)测试阶段

主试向被试清晰地宣读指导语：假如你学校的文学社正在征稿，征稿的主题是“朋友的留守生活”，老师要求你也写一篇，请你尽可能多地回忆刚才在材料里出现的关于林羽和孟凡的留守生活的信息，写在下面的空白处（不是写成作文，而是只回忆刚才的材料）。请注意：你必须在15分钟内完成！

8.3.4　实验结果

8.3.4.1　不同安全感的回忆量

不同安全感的留守儿童对不同类型句子条目的回忆量结果如表8-3所示。对实验结果进行2（低安全感、高安全感）×3（正性、中性和负性条目）重复测量方差分析，结果发现，正性、中性和负性条目的回忆主效应不显著（$F_{(2,65)}=0.569$，$p=0.567$），说明被试对不同性质的句子条目的回忆量不存在显著差异。交互效应检验发现，不同安全感组与不同条目类型存在显著的交互效应（$F_{(2,65)}=4.790$，$p=0.010$）。进一步分析发现，低安全感组在中性条目（$t=-0.721$，$p=0.473$）的正确回忆量上与高安全感组不存在显著差异，但在正性条目（$t=-2.390$，$p=0.020$）和负性条目（$t=2.055$，$p=0.044$）的正确回忆量上与高安全感组有显著差异，低安全感组的正性和负性回忆量分别显著少于和多于高安全感组。交互作用如图 8-3 所示。

表 8-3　不同安全感的被试对不同条目类型的回忆量

条目类型	低安全感组(n=32)		高安全感组(n=35)	
	M	SD	M	SD
正性条目	4.28	1.75	5.34	1.88
中性条目	4.34	1.68	4.66	1.86
负性条目	5.06	2.03	4.11	1.75

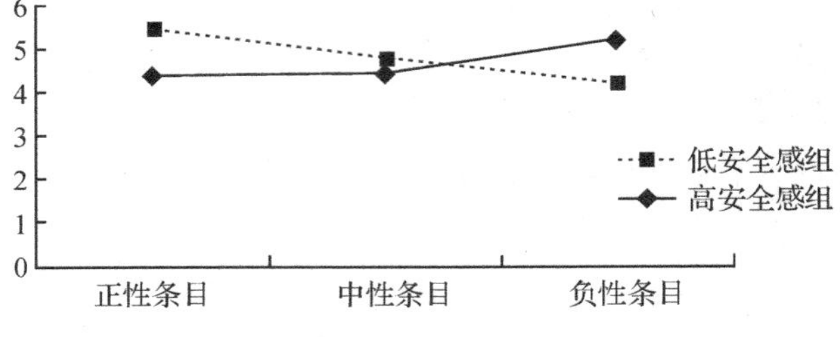

图 8-3　安全感水平与条目类型的交互作用图

8.3.4.2　不同安全感的回忆正倾向

本研究中"回忆正倾向＝回忆正性条目数－回忆负性条目数"。两组被试的比较结果见图 8-4。低安全感组的回忆倾向平均分为－0.78，高安全感组的回忆倾向平均分为 1.23。进一步分析发现，两组的回忆倾向存在显著差异(t=－2.923，p=0.005)。

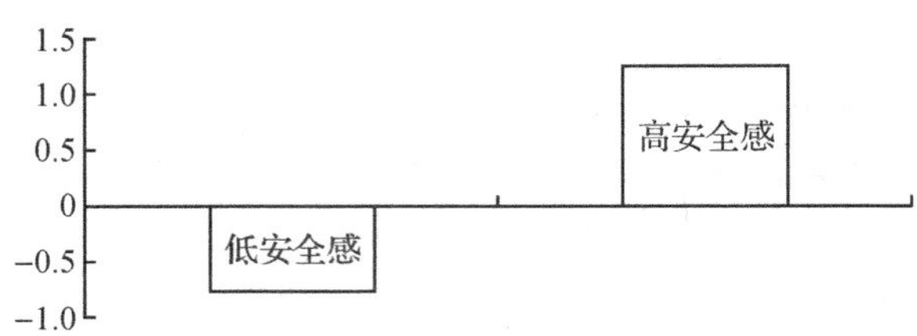

图 8-4　不同安全感被试的回忆正倾向图

8.3.5　讨论

实验二的结果中，正性、中性和负性条目和不同安全感水平的回忆主效应都不显著，说明留守儿童对不同性质的社会生活信息的储存、提取过程及结果没有显著差异。交互效应检验发现，低安全感留守儿童对负性句子条目的正确回忆量显著高于高安全感组。这说明了在低安全感留守儿童的记忆库中，更多地保留了关于负性社会生活事件的信息，这与两组被试的回忆正倾向出现显著差异的结果是一致的。

本研究结果印证了不同依恋安全感水平个体的认知-情感图式。Mikulincer & Shaver(2007)提出，依恋安全感的表征与个人语义记忆网络里的情感结点有关联。这些表征与积极情感的联结特别强烈，因为期望积极效应是安全感典型相关脚本的重要组成部分(如接近他人就能得到宽慰)。Mikulincer & Shaver(2003)提出，对依恋安全感的心理表征无论是慢性的还是情境性的激活(包括操作性的)，都将强化对他人积极的心理表征、稳定的自我效率和自尊的感觉。高安全感的个体会适应更多建构性的应对方式，即使个体在面临压力的状态下，仍能促进情绪能力和稳定性的提高。而不安全感让我们凡事只能看见消极的一面，并且不停地自我怀疑、自我否定(Moore, 2010)。缺乏安全感的人报告了更多的对家庭、朋友、邻居或他人的不信任，这种不充足的人际信任可能是个体产生抑郁心理和感到孤独的重要原因(Fagerström et al., 2011)。研究发现，不同依恋安全性的人有不同的情商。高安全感的人表现出更低水平的述情障碍，更少感到压力，拥有更多的应对资源(Nowinski, 2001)。这些观点印证了个体在记忆层面对安全感和有关安全的社会生活信息的加工过程的特点。

关于社会认知的加工倾向，“心境一致性论”认为，个体的学习和记忆过程与当前的心境状态密切相关。个体在刺激与心境一致的状态下学习，比两者不一致的时候学习效果更佳，即个体处于良好心境时更倾向于用积极的眼光去知觉和解释事件；当个体处于不良心境时，更容易把周围事件解释为负性事件(Niedenthal & Setterlund, 1994)。Bower(1981)将此命名为“情绪网络理论”，他认为每个具体的情绪，如焦虑、恐惧或悲伤、高兴等都被表征为记忆中的一个单元或节点，当某个单元被激活时，与这种情绪相关的认知或记忆就会通过其联结网络的传递和唤起得到激活，使个体倾向于记住或反映与此一致的信息。当个体的心境随环境变化而改变的时候，其认知加工倾向也随之而改变。对留守儿童而言，留守的经历与生活在不少方面使他们的情绪、情感体验处于焦虑、恐慌、受压抑等状态，关联到认知或记忆的活动，则会使其产生更多的负性回忆和再现。

8.3.6　小结

(1)关于留守儿童社会生活信息的记忆量，类型条目与安全感没有显著的主效应。

(2)安全感与条目类型存在显著的交互效应，低安全感个体在正性和负性条目的正确回忆量上分别显著低于和高于高安全感者。

(3)低安全感留守儿童存在对社会生活信息的显著负回忆倾向。

8.4 实验三:不同安全感的再认特点实验

8.4.1 研究目的

控制留守儿童安全感生活事件的特性,即阅读材料的句子条目类型(正性、中性、负性),考察低安全感和高安全感留守儿童对原有与新增的不同类型的句子条目的再认特点。

8.4.2 被试筛选

被试筛选分布同实验一。

8.4.3 实验方法

8.4.3.1 实验材料

再认实验中所用的阅读材料与实验一相同。再认测试包含 108 个问题,所列问题均为问句格式,如“林羽和奶奶住在一起吗”。在 108 个问题中,有 54 个是阅读材料中的关键语句,分别有 9 个正性、中性和负性句子条目描述林羽和孟凡的活动或行为。另外 54 个问题也是关于他们的,同样也分别有 9 个正性、中性和负性语句,只是阅读材料中未出现这些语句,但都与阅读材料里的语句相互匹配。再认测试题目编订完毕后,进行随机编排予以呈现。

8.4.3.2 实验设计

采用 2×3 双因素混合实验设计,被试间变量为低安全感与高安全感,被试内变量为阅读材料的句子类型(正性、中性、负性)。因变量是被试对不同性质的留守生活事件做出正确再认和错误再认的数量。

8.4.3.3 实验过程

1)学习阶段

每一个被试拿到一份阅读材料(同学的留守生活),主试告知被试:“请仔细阅读材料的内容,你们将在学习 5 分钟之后接受关于文章详细内容的测试”。被试学习 5 分钟后,主试告知其将阅读材料放在桌上,进行时长为 3 分钟的“500－3”逆运算。这时主试收回阅读材料,发给再认测试材料(见附录 8-4)。

2)测试阶段

由主试给被试清晰地宣读以下指导语:下面有 108 个问题,请你根据前面学习的材料,依次回答下列问题,凡是符合学习材料内容的,就在问题后面的空格中打“√”；凡是不符合学习材料的内容，就在问题后面的空格中打“×”。请你在 15 分钟内完成这个练习。

8.4.4　实验结果

8.4.4.1　不同安全感的再认量

不同安全感的留守儿童对原有和新增的不同类型句子条目的再认量结果如表 8-4 所示。

表 8-4　不同安全感的被试对不同条目类型的再认量

条目类型		低安全感组(n=32)		高安全感组(n=35)	
		M	*SD*	*M*	*SD*
原有条目	正性条目	10.28	2.48	11.74	1.99
	中性条目	10.41	2.31	11.69	2.01
	负性条目	12.91	2.05	11.74	2.05
新增条目	正性条目	11.62	2.74	12.54	2.12
	中性条目	11.84	2.27	12.29	2.09
	负性条目	13.31	1.87	12.31	1.94

对原有条目的实验结果进行 2(低安全感、高安全感)×3(正性、中性和负性条目)重复测量方差分析，结果发现，正性、中性和负性条目再认的类型主效应显著($F_{(2,65)}=8.281, p<0.001$)，说明被试对不同性质的句子条目的再认量存在显著差异；交互效应检验发现，不同安全感组与不同条目类型存在显著的交互效应($F_{(2,65)}=8.674, p<0.001$)。进一步分析发现，低安全感组的正性条目($t=-2.672, p=0.010$)和中性条目($t=-2.422, p=0.018$)的正确再认量显著低于高安全感组，对负性条目($t=2.319, p=0.024$)的正确再认量显著高于高安全感组，交互作用如图 8-5 所示。

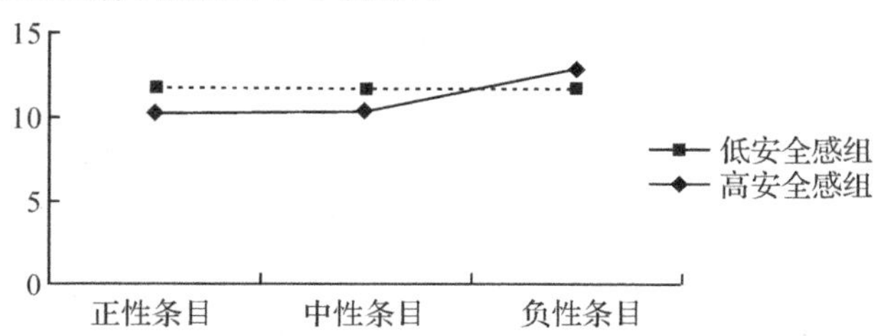

图 8-5　原有条目安全感水平与条目类型的交互作用图

对新增条目的实验结果进行 2(低安全感、高安全感)×3(正性、中性和负性条目)重复测量方差分析，结果发现，不同性质条目的再认主效应不显著($F_{(2,65)}=3.940, p=0.051$)，说明被试对不同性质的句子条目的再认量不存在显著差异；交互效应检验发现，不同安全感组与不同条目类型存在显著的交互效应($F_{(2,65)}=6.795, p=0.011$)。进一步分析发现，低安全感组对新增正性条目($t=-1.540$, $p=0.129$)和新增中性条目($t=0.828$, $p=0.411$)的正确再认量与高安全感组不存在显著差异;但低安全感组在新增负性条目($t=2.140$, $p=0.036$)的正确再认量上显著高于高安全感组,交互作用如图 8-6 所示。

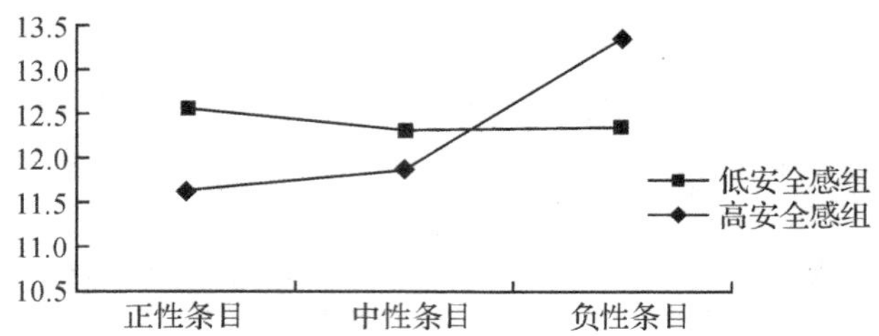

图 8-6　新增条目安全感水平与条目类型的交互作用图

8.4.4.2　不同安全感的再认倾向

本研究中"再认正倾向=再认正性条目数－再认负性条目数"。对实验被试的再认正倾向进行 2(低安全感、高安全感)×2(原有条目、新增条目)重复测量方差分析。结果发现,条目类型的主效应不显著($F_{(2,65)}=1.980$, $p=0.164$),说明被试对原有与新增条目的再认倾向差异不大。不同安全感水平的组间主效应显著($F_{(2,65)}=16.016$, $p<0.001$),说明不同安全感水平的被试对原有与新增条目的再认倾向差异显著。不同安全感与两种不同类型条目(原有与新增)的再认正倾向之间交互作用不显著($F_{(2,65)}=0.732$, $p=0.395$)。两组被试比较结果见图 8-7。

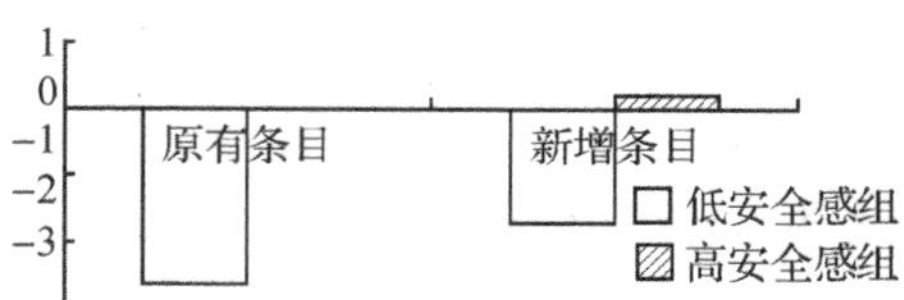

图 8-7　不同安全感水平被试的再认正倾向图

8.4.5　讨论

8.4.5.1　新旧不同条目性质与安全感再认量的分析

实验三发现,低安全感组被试无论是在原有条目还是在新增条目中,在负性条目的再认量上均显著多于高安全感组。Beck et al.(1979)提出了自我认知图式的理论,认为个体对某一类信息的选择及表现出来的倾向,是由于大脑中负性自我图式引导的结果,这些认知图式使他们对外界相关信息的敏感性升高。低安全感的认知图式使个体更多地关注与焦虑、恐惧、烦恼、困惑等有关的信息,自动地与自我关联起来,诱发自我无助,并且在以后的生活中长期保留对它们的记忆。本实验的结果也印证了 Mikulincer & Shaver(2003)提出的观点:

依恋安全感水平高的人倾向于认为自己总体上处于安全的状态，无须激活防卫策略保护自己，他们能够与他人以自信、开放的方式互动，不必被防卫性的社会动机和意在保护脆弱或错误的自我概念的动机所驱使。更重要的是，他们能够投入自己的心理能量帮助拓宽他们的事业和能力，以利于自治能力的发展，自我实现，以及人格功能的完全展现等。

由此可见，对留守儿童安全感的形成和发展造成关键性影响的因素，还是在于对负性信息的认知和理解上。正是因为低安全感个体与高安全感个体对负性信息的再认和接纳程度不同，导致了他们在安全感上的差异。这与低安全感者所形成的对留守生活、留守经历更多的负性认知图式有关。从现实生活经验来看，缺乏安全感的个体往往对负性事件有更多的情绪体验，他们能够从社会生活事件中再认出较多的负性事件，这种认知加工过程也是低安全感者的典型特征。本研究中的再认量可以被视为个体对自我状况评估的结果，受到个体认知图式的影响，并且与其情绪体验状态密切相关。低安全感的留守儿童对留守经历和生活形成了较多的负性认知图式，故而在觉知自身安全感状态的时候，往往借助负性认知图式对社会生活应激做出不利于安全感形成、塑造和稳定的评定。

8.4.5.2 再认倾向的分析

从实验结果可知，不同安全感水平的被试在新旧条目的再认倾向上存在极其显著的差异，结合图8-7，可以得出这种差异主要表现在低安全感组的再认倾向上，低安全感组对原有条目更容易出现再认负倾向。低安全感的个体在评价社会生活事件的过程中，对发生的负性事件的认知、体验要比高安全感者更多，在认知加工方面表现为对不同性质的社会生活信息进行更多的负性加工，随着时间的增长，这种加工过程慢慢演变成个体的认知加工倾向。

认知加工倾向理论认为，个体在社会认识过程中，对与自身有关的信息会慢慢产生选择性偏好，这种偏好广泛存在于知觉、注意、记忆和再认等任务中，同时，外部环境因素和个体内在特质因素等都会对社会认知加工倾向产生影响(Niedenthal & Setterlund, 1994)。一方面，留守儿童不断接受来自外界的应激信息；另一方面，在这样的认知塑造过程中，这种负性的再认倾向会慢慢沉淀，甚至演化成某种特质，使留守儿童面对留守经历及生活形成习得性的负性认知反应，这时候个体的再调整就将变得困难重重。

8.4.6 小结

(1)留守儿童对原有的不同性质(正性、中性、负性)的社会生活信息的再认存在显著差异,但不同安全感水平的再认差异不显著。

(2)在对原有和新增条目的再认过程中,低安全感的留守儿童对负性社会生活信息的正确再认量都显著高于高安全感者。

(3)低安全感的留守儿童对社会生活信息的再认存在显著的负倾向。

8.5 总讨论

从社会认知加工的视角解读留守儿童的安全感,对于进一步认识留守经历、留守状态对儿童的身心发展,特别是安全感的形成和发展的影响,无疑是独特且敏锐的。个体在对环境的逐步适应过程中,不断运用和发展了自己的理性,以实现自身的发展,这就是社会认知加工的意义所在。理论上形成了核心信念的主体,关于社会现实的观念结构在安全感的形成过程中起到了很大的作用,这个观念结构可能是解释个人安全感或不安全感的重要结构。

相比起客观的外界环境来说,留守儿童的主体性在安全感体验的过程中发挥了更为重要的作用。个体基于对压力或逆境进行合理分析和判断,正确认识现实处境,对现有支持资源的把握和利用进行可行性论证,乐观地看待自己的效能,做出合理的决策并有效调控自己的行为,这种有效应对能帮助他们获得并保持较高水平的心理安全感。留守儿童的安全感缺乏与降低,与客观的留守经历、学校生活和社会处境有关联,但是如果他们能获得足够的社会支持,如果其自我效能感足够强,那么从长远来看,其安全感将获得健康的发展。每个留守儿童若缺乏合宜的主体性作用,即使外界只出现了较小效应量的应激挑战,也难确保自身安全感不受影响。

个体的安全观念或者安全感受是在来自环境的信息和个人情境的互相作用过程中心理化地形成的(Bar-Tal & Jacobson, 1998),这个将环境信息化作个体安全感受的过程,体现了社会认知加工的特点,同时也依赖于社会认知机制的功能。Bar-Tal & Jacobson(1998)认为,个体的安全感评估是一个基于个人信念的全部细目(repertoire of personal beliefs)的认知过程,这些个人信念的全部细目构成了人们关于现实的主观认知。处于不同的安全感水平,个体对外在的社会生活信息的编码、回忆和再认的差异,直接或间接地对他们的适应行为产生了导向作用。Davies & Cummings(1998)将安全感的产生划分为三个不同的过程,即情绪反应、行为调节和内在表征。情绪反应是指在潜在可能的威胁情况下,个人感受到恐惧和窘迫,发展起警惕或隐藏的敌对态度。行为调节指的是暴露于危险情境中的调节,缺乏安全感的个体倾向于发展暴露于潜在危险情境的过度调控。最后，内在表征会影响个体对潜在危险有意或无意的图式。个体对不安全的评估会使缺乏安全感的人将威胁情况升级，并对个人产生负面的影响。Goleman(1995)认为，如果个人觉得自己是安全的，那么他/她可能会把同样看到的情况视为积极的信号。当感受到真实存在的威胁时，低安全感的人可能更多选择消极的、不利于适应的回应，以避免威胁或产生过度反应，然而高安全感的人则倾向于选择积极的、适应性强的、朝向问题解决的回应(Phelps, Belsky & Crnic, 1998)。

留守儿童对社会生活信息加工是有倾向的，是具有显著特征的社会认知加工机制。本研究的三个实验都证实了在对社会生活信息的认知方面(编码、回忆和再认)，低安全感的留守儿童无一例外地表现出了对负性信息的显著的负加工倾向。无疑，这个倾向对于正确认识留守儿童安全感的形态和表现具有关键意义和特殊价值。依恋理论认为，与主要照顾者的早期经验影响个体关于关键他人的实用性和反应性的信念和期望(Bowlby, 1969)。安全感(或安全感观念)源自个体自身的心理需要，具有特殊的情绪意义。个体努力去满足他们的愿望，为了平安和冒最小的危险，可能有选择地收集关于安全的信息，同时避免伤及自己。潜在的安全情感需要在信息处理方面扮演导向力角色，人们经常通过拒绝可选择的威胁信息，吸收符合他们所持安全观念需要的信息，以形成安全观念。

不同的人面对同样的外部信息，可能形成不同内容和形式的观念，个体在外在信息的基础上形成的安全信念，依赖于他们头脑中预先存在的认知图式，认知图式的差异，导致了观念的差异。人们在收集信息和解释信息的过程中的差异，导致了在储存信念、感知现实等方面的个体差异。即使如此，人们经常认为他们的认知是“客观”的，并且将吸收的信息作为“永久的真理”。相比低安全感的儿童，高安全感的儿童和青少年与他人交往时更容易表现出移情能力，阅读社交情境和解决冲突时有更多的技巧，更善于建立和维持友谊。安全感水平的高低，引发了儿童对社会生活信息完全不同的解读，反过来也可说明，由于认知结构的相对固定，依循社会认知加工的固定程序，使不同安全感水平的儿童表现出了对安全感信息的不同解读。低安全感的留守儿童对负性信息典型的负认知倾向，很大程度上与他们的观念体系、认知图式有密切的关联，反过来，对他们的生活适应、社会交往、学习成长、心理发育等都将造成直接或间接的负面影响。家长、教师和全社会应共同关注留守儿童，给予他们更多的关爱，关注留守儿童的生活背景和留守经历可能给他们造成的负面影响。要多给予留守儿童正面的辅导，同时也发现、认识和纠正他们在现实生活中出现的负性认知加工倾向，帮助他们构建和维护安全感观念。

第 9 章　留守儿童安全感的干预实验研究

9.1　引言

本研究的第 7 章建构了留守儿童安全感的心理社会因素模型，发现影响留守儿童安全感的心理社会因素之间彼此相互作用，分别以不同的方式作用于安全感的形成和发展。不同的心理社会处境（良好、不利和一般）的留守儿童，其安全感特点差异非常显著，各心理社会因素与安全感之间均存在显著水平的相关；领悟社会支持对感知学校氛围、社会适应与安全感具有调节作用，自我效能感对感知学校氛围与安全感具有调节作用；领悟社会支持在家庭关怀、感知学校氛围与安全感之间均发挥完全中介作用，自我效能感在感知学校氛围与安全感之间发挥完全中介作用，在生活适应与安全感之间发挥部分中介作用。这些结果说明留守儿童的安全感存在非常显著的社会认知特征。第 8 章通过实验法揭示了不同安全感水平的留守儿童对不同性质的社会生活信息的加工特征，结果发现低安全感者具有显著的负编码倾向、负回忆倾向和负再认倾向。以上两项研究皆围绕着留守儿童安全感的社会认知主题而展开。

社会认知（social cognition）研究是当前心理学研究的一个热点。社会认知是人对各种社会刺激的综合加工过程，包括对他人、自我、社会关系、社会规则等社会性客体和社会现象及其关系的感知、理解、思考和判断（高觉敷，1991；杨治良，刘素珍，钟毅平，高桦，唐永明，2008）。从社会认知的过程来看，首先是对社会刺激的知觉，并在此基础上形成印象，对社会刺激进行初步评估，然后对信息进行进一步加工处理，并据此做出推断和评价。Beck et al.（1979）提出“自我图式理论”，认为有关自我的认知结构即“自我图式”，是个体关于自我的认知概括。自我图式来自过去的经验，并对过去经验中有关自我的信息加工进行组织和指导。个体之所以形成某种自我图式，是因为这种图式和认知内容对个体具有重要价值。自我图式既包括以具体事件和情境为基础的认知表征，也包括较为概括的、来自本人或他人评价的表征，它储存于记忆之中，一经建立就会对信息加工产生持续的影响。

社会认知加工是个体对社会性客体之间的关系，如人、人际关系、社会群体、自我、社会角色、社会规范等社会性信息进行辨别、归类、采择、判断和推理的过程，这种社会认知加工会对个体的社会行为产生一定的调节作用（乐国安，2004）。Ellis（1997）认为，引发个体的情绪体验和行为结果的不是事件本身，而是人们对事件的观念和看法，这些观念都储存在个体的认知结构之中。每个人的都有独特的人生经历，每个人的头脑都是一个独特的心理结构。不同的兴趣、价值观、需要、动机、认知特性、个人经验以及认知能力等都不同程度地决定着人们对现实生活的体验和评价。情绪的认知理论认为，认知是情绪的基础，人的情绪通过认知的折射而产生，合理的观念会促进积极情绪的产生，不合理的认知信念会导致消极情绪。陶沙，刘霞（2004）研究发现，个体的认知倾向在认知与负性情绪之间发挥了显著的调节作用，可以通过改造个体的认知倾向，从而预防或矫治负性情绪，或将消极情绪转化为积极情绪。刘宣文，梁一波（2003）研究发现，接受了理性情绪教育的中学生，其心理健康水平有所提高，理性情绪教育活动适合于成长中的学生。

留守儿童的安全感正是基于其对自身留守处境、留守经历、依恋现状、学校生活过程等一系列事件的感知、辨别、归纳、采择、理解和判断而最终形成的。对广大留守儿童来讲，拥有留守经历既可以成为一件好事，也可以对他们造成巨大的伤害；留守处境以及很多因素是他们无法也无力改变的，如家庭经济收入状况、父母亲的文化程度、父母回家次数、父母的教养方式等。他们唯一可以改变的是对现实经历和留守处境的认知、理解、判断和思考。是否可以通过一定形式的教育活动，引导留守儿童通过改变对留守处境、留守经历、依恋过程、生活事件等社会生活信息的认识、理解和判断，从而改变其安全感和身心健康、身心素质，这是本研究意图深入探究的课题。研究者也希望借此研究，为当前开展面向留守儿童的心理健康教育提供参考和借鉴。

本研究提出如下假设：基于情绪 ABC 理论和“认知—领悟”理论的社会认知，干预团体辅导能够有效提升和改善留守儿童的安全感。

9.2 方法

9.2.1 团体辅导活动干预方案

9.2.1.1 团体辅导干预实验的理论依据

团体辅导，也称为团体心理辅导、团体心理咨询，是基于团体动力学的一种心理辅导、教育形式。团体动力是指在一定的时间和空间内，存在于团体内的各种驱动性力量，包括被人们觉察到的，如人际互动、言行影响、团体认同等，也包括未被人们觉察到的现象，如团体的风气、氛围、规则等。共处某一团体内，成员的互动产生并催化了团体动力，促使个体在与其他成员的互动过程中主动融入团队之中。个体在团体内通过观察、倾听、模仿和学习，汲取他人的观点、信念、认识和体会，转化成自己的思考和理解，在不断的反思和感悟中探索自我、认识自我、接纳自我，认识自己与环境的关系，习得新的态度与行为方式，实现自我的成长。

自20个世纪90年代初以来，团体心理辅导传入中国，国内学者对其做过不少研究，证实了它在帮助提升大学、中学、小学学生的心理素质，改善心理健康问题等方面的有效性。基于以上分析，本研究以团体心理辅导作为本次改善留守儿童安全感实验研究的干预手段。从整体上看，留守儿童的安全感是正常的，即使他们中的一部分在心理和行为上表现出了所谓的“问题”，其中大部分还是属于成长过程中伴随出现的发展性心理问题。对正处于身心发展阶段的留守儿童来说，其安全感是在成长过程中逐渐发展、不断完善的，它属于发展性问题。因此，本研究界定干预实验研究以发展性目标为主，将本实验中的团体辅导确定为发展性团体辅导。团体辅导的方案以Ellis的情绪ABC理论和认知—领悟理论为设计依据。根据Ellis的情绪ABC理论，个体的情绪体验和行为后果，并非直接由应激事件所诱发，而是受到个体对应激事件的认识和理解所影响。在生活中，个体安全感的形成与发展很大程度上与个体对现实生活处境、生活经历的理解和认识有关。安全感一方面是个体内心对现实世界的一种体验和感受，另一方面也是经由个体对现实世界的认识与理解而形成。积极、正面的认知，有利于人们形成对自我、现实、他人的良性的判断、理解和体验；消极、负面的认知，则会导致个体形成对现实世界不认同、不胜任、不确定的感受和体验。

根据认知—领悟相关理论，个体的认知活动和过程影响并制约其外显行为，因此，可以通过改变认知的方式影响个体的体验，从而改变个体的行为，而个体行为的变化又反过来影响认知的发展。特殊的留守经历和留守处境给留守儿童的安全感造成了一定的影响，一部分留守儿童由于受缺少亲子关爱及其他相关因素的影响，其依恋安全感缺乏，内心的胜任感、确定感和掌控感随之减少和降低，出现了安全感的降低和缺乏。但是，个体的安全感可以通过改变认知、增强自我效能感的途径而得到改善和提升。本团体心理辅导活动方案意在帮助成员矫正关于现实和自我的不合理观念，学习社交方法和训练社交技巧，改进应对方式，使他们能够正确认识和悦纳自我，提升自信体验，增强自我效能，缓解焦虑感受，改进和提升安全感受。

9.2.1.2　团体辅导干预实验方案的内容

(1)团体活动名称：阳光心灵，一路同行。

(2)团体性质：发展性、结构式、封闭式团体。

(3)团体活动目标：帮助团体成员(留守儿童)更好地认识留守处境、留守经历对自己生活的意义，使他们在遇到困难和挑战时主动建构合理信念，转化认知，学会合理、理性地分析现实问题并学会积极应对，以更好地适应学业任务和社会生活，帮助他们树立良好的自我观念、自我效能感，缓解有关焦虑与不胜任的体验，提升自我确定感。

(4)参加对象：经过筛选的小学 5、6 年级 30 名留守儿童。

(5)成员招募方式：经由学校组织与召集，获得个人同意，形成团体辅导活动实验班。

(6)团体活动次数和时间：共 9 次，每周 1 次，每次 1 小时左右。

(7)活动地点：某校辅导教室。

(8)团队领导者：由研究者担任，并配备 2 名应用心理学专业本科三年级学生做助手。

(9)活动效果评估方式：①团体辅导前后安全感的自我评定；②实验被试反馈调查；③研究者自我评估。

(10)团体辅导活动的主要内容见表 9-1。

表 9-1　留守儿童安全感团体辅导干预实验主要内容

单元	单元名称	主要内容	辅导目标
1	你我相识	团体建立	成员相互认识，澄清活动目的，建立团队，订立团队契约，促进团队成员的认识和相互接纳，初步形成团体氛围
2	直面留守	认识留守生活	进一步增加彼此的认识和了解，强化团队信任，在此基础上交流对留守问题的看法和认识，澄清留守的积极意义和消极影响
3	问题解决	训练问题解决的方法	交流关于留守生活中存在的问题的看法，分享并学习关于各种问题的解决方法，训练积极应对的方法，避免消极应对，培养积极应对困境的意识
4	人际沟通	沟通和交往技巧训练	认识关于人际交往和人际沟通的重要作用，澄清人际交往误区，学会突破自我，训练人际交往的技巧
5	情绪体验	情绪 ABC	认识和体会日常生活中常见的情绪及表现形式，了解情绪的影响因素，认识情绪 ABC 的原理并学习使用，对自己的情绪进行调节

续表

单元	单元名称	主要内容	辅导目标
6	领悟支持	领悟社会支持	认识社会支持的积极效用，澄清并认识自我拥有的社会支持资源，学习主动求助等方法，培养建构社会支持系统并为我所用的意识
7	自我效能	培养自我效能感	体验成功的快乐，展示自己的能力和魅力，体验自我效能，悦纳自我，形成积极的自我图式
8	阳光心灵	树立和培养自信心	感受自信心的重要性，认识并克服自身存在的信心不足问题，学习树立自信的方法
9	扬帆起航	团体结束	回顾心路历程，分享内心感动，说出收获感悟，寄语美好明天，团队告别

9.2.2 实验设计

9.2.2.1 实验设计

研究设实验组和控制组两组，对实验组实施团体心理辅导干预，对控制组不进行团体辅导，由研究者的助手带领他们每周一次做 40 分钟左右的体育活动。干预实验于 2014 年秋季学期的第 5 周开始，从 10 月中旬延续至 12 月中旬，共 9 周，每周 1 次，每次辅导 40～50 分钟不等。干预实验开始前运用测量工具对实验组与控制组进行评定，实验结束后进行重测，比较前测与后测的差异。干预实验的设计如表 9-2 所示。

表 9-2　干预的实验设计

组别	前测	实验干预	后测
实验组	TE1	X	TE2
控制组	TC1	—	TC2

9.2.2.2 干预方案的实施

实验组由研究者亲自带领团队，并配备两个心理学专业三年级本科生作为助手。实验组留守儿童被告知，他们被挑选出来是为了帮助学校评估一个项目，这个项目以后可能在整个学校进行推广应用。团体辅导干预实验地点设在所在学校的辅导教室。实验组 30 名被试分为 5 个小组，每次团体辅导均包括团体热身、主题探讨与分享、深化与总结三个环节，每个环节的时间依团体辅导的内容不同而有所差异(团体辅导的部分图片见附录 9)。

9.2.3 评定工具

9.2.3.1 留守儿童安全感量表(Scale of Sense of Security of Left-behind Children，SSSCLB)

采用“留守儿童安全感量表”来比较实验组和控制组的安全感在前测和后测中的得分，量表介绍详见第 4 章。

9.2.4 被试

选取浙江省南部经济欠发达县的一所农村小学，挑选5、6年级就读的60名留守儿童作为被试。被试的平均年龄为11.80±0.96岁，其中男生24名，女生36名，5年级28名，6年级32名。将60名被试随机分为基本等值的2个小组(实验组和控制组)。卡方检验发现实验组与控制组的性别、年级与是否独生子女等变量的分布均无显著差异，说明两组被试的分布符合实验的同质性分组要求。具体的分布情况见表9-3。

表9-3 干预实验被试分布

组别	性别		年级		合计
	男	女	5	6	
实验组	11	19	13	17	30
控制组	13	17	15	15	30
χ^2	0.278		0.268		
合计	24	36	28	32	60

9.2.5 统计分析

采用SPSS 20.0进行统计分析。

9.3 结果

9.3.1 实验组与控制组前测

对实验组与控制组的安全感的得分进行前测，比较两组的差异，方差分析结果发现，两组的前测差异不显著。这说明这两组被试是同质的，符合平行实验设计的要求(详见表9-4)。

表9-4 实验组和控制组前测比较

比较项目	实验组(n=30)		控制组(n=30)		F	p
	M	SD	M	SD		
人际自信	3.65	1.06	3.82	0.87	0.502	0.481
安危感知	3.56	1.02	3.75	0.91	0.611	0.438
应激掌控	3.37	0.95	3.62	0.87	1.131	0.292
自我接纳	3.58	1.02	3.63	1.09	0.034	0.855
生人无畏	3.50	0.86	3.68	0.93	0.631	0.430
总体安全感	3.53	0.81	3.70	0.65	0.828	0.367

9.3.2 实验组与控制组安全感的前测、后测比较

在干预实验结束后一周，对实验组和干预组的被试同时进行后测。对实验结果进行2(实验组、控制组)×2(前测、后测)重复测量方差分析，结果发现：

(1)人际自信因子的前后测主效应不显著($F_{(1,61)}=0.187$，$p=0.667$)，说明人际自信因子前后测的数据差异不具有统计学意义，但是分组与前后测的交互效应显著($F_{(2,60)}=9.859$，$p=0.003$)，这说明分组与干预前后测的交互作用具有统计学意义。对人际自信因子而言，干预(即干预前和后)的作用随分组(即实验组和控制组)的不同而不同，团体辅导干预对留守儿童的人际自信提升起到了显著的作用。

(2)安危感知因子的干预主效应显著($F_{(1,61)}=5.466$，$p=0.023$)，说明实验组前后测的数据差异具有统计学意义，同时实验分组与前后测的交互效应显著($F_{(2,60)}=4.467$，$p=0.039$)，说明分组和前后测交互效应显著，对留守儿童安危感知力的干预(即干预前和后)的作用，随分组(即实验组和控制组)的不同而不同，团体辅导干预对改进留守儿童的安危感知力起到了显著的作用。

(3)应激掌控($F_{(1,61)}=1.383$，$p=0.244$；$F_{(2,60)}=3.667$，$p=0.060$)、自我接纳($F_{(1,61)}=0.685$，$p=0.411$；$F_{(2,60)}=3.578$，$p=0.064$)和生人无畏($F_{(1,61)}=2.659$，$p=0.110$；$F_{(2,60)}=0.824$，$p=0.368$)三个因子的干预主效应及分组与前后测的交互效应均不显著。但是应激掌控因子和自我接纳因子的交互效应达到接近显著的水平，说明团体辅导干预对改进留守儿童的应激掌控力和自我接纳度均起到了一定的作用。

(4)总体安全感的前后测主效应不显著($F_{(1,61)}=2.880$，$p=0.095$)，但分组与前后测的交互效应显著($F_{(2,60)}=6.089$，$p=0.012$)。

以上结果说明团体辅导干预对提升留守儿童的人际自信心、安危感知力和总体安全感产生了积极作用。实验组、控制组的安全感各因子及总体安全感的前测、后测比较见表9-5和图9-1。

表9-5 实验组、控制组的前测、后测比较

项目	实验组($n=30$)		控制组($n=30$)		多元方差	分组×前后测
	前测	后测	前测	后测	(F)	(F)
人际自信	3.65±1.06	4.02±0.89	3.82±0.87	3.54±0.78	0.187	9.859**
安危感知	3.56±1.02	4.04±0.93	3.75±0.91	3.77±0.77	5.466*	4.467*
应激掌控	3.37±0.95	3.75±0.76	3.62±0.87	3.53±0.86	1.383	3.667
自我接纳	3.58±1.02	3.96±0.86	3.63±1.09	3.47±0.93	0.685	3.578
生人无畏	3.50±0.86	3.83±0.98	3.68±0.93	3.78±0.79	2.659	0.824
总体安全感	3.53±0.81	3.92±0.72	3.70±0.65	3.62±0.63	2.880	6.089*

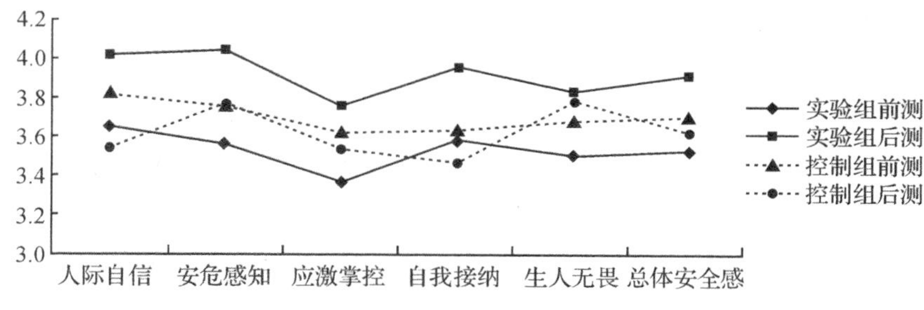

图 9-1 实验组与控制组安全感的前测、后测差异示意图

9.3.3 控制组的前测和后测比较

在干预实验结束后，对控制组的被试进行后测，方差分析发现，所有项目的得分差异均未达到显著水平。这说明没有开展有针对性的团体心理辅导干预，留守儿童的安全感均没有发生显著变化。具体详见表 9-6。

表 9-6 控制组的前测、后测比较

比较项目	前测(n=30)		后测(n=30)		F	p
	M	SD	M	SD		
人际自信	3.82	0.87	3.54	0.78	1.812	0.183
安危感知	3.75	0.91	3.77	0.77	0.013	0.911
应激掌控	3.62	0.87	3.53	0.86	0.168	0.683
自我接纳	3.63	1.09	3.47	0.93	0.330	0.568
生人无畏	3.68	0.93	3.78	0.79	0.169	0.682
总体安全感	3.70	0.65	3.62	0.63	0.250	0.619

9.4 团体辅导过程中的典型个案

9.4.1 访谈程序

研究者采用预设的半结构式访谈提纲，对个案进行一对一的访谈。通过录音设备录制访谈过程，然后转化为文字，形成质性资料。访谈重点围绕被试在干预实验过程中的感受与体会。

9.4.2 访谈对象

访谈对象的筛选标准是安全感前测平均分低于平均分一个标准差，并且根据前后测结果的比较，从中选择有代表性的 2 名被试（一男一女）作为访谈对象。访谈征得了本人同意，所用名字皆为化名，被访谈的 2 名被试均完整地参与了整个干预实验。

9.4.2.1 个案1

1)基本情况

晓宁,女,12岁,现在是小学6年级学生,父母亲都在广州务工。在晓宁5岁的时候,父母亲因为多生了一个男孩,违反了计划生育政策,家中受到20万元的经济处罚。也就是从那年起,晓宁的父亲每年都要外出务工,后来,在她9岁时,母亲也跟着一起去了广州。在家里,晓宁跟爷爷、奶奶和弟弟生活在一起,父母亲每年过年时节才回家一次。平日里,晓宁还会帮助奶奶做一些力所能及的家务。晓宁还跟几个堂姐、堂弟有来往,不过她的堂姐、堂弟们也都是留守儿童。虽然父母亲每年都会给家里定期汇回几笔工资收入,但是她们的家境依旧比较贫寒。

个案的安全感特征:该生身高1.45米,在同学中其貌不扬,话语不多;在学校里的学习成绩位于中等水平,老师和同学反映她跟别人交流较少,班级里朋友也不多。晓宁最初与研究者交谈时感觉不自然,较为羞怯;自述家境贫寒,衣着朴素,感觉自己低人一等,常常有意让自己与别人保持一定的距离;对自己的身材和容貌感到不满意,觉得自己没有能力应对可能出现的困难。综合以上情况,可以界定为该生的人际自信不强,也表现出了较为典型的自我无助感,自信心不足,效能感不强。

2)个案辅导前与辅导后的测量得分

表9-7 晓宁个案的安全感前后测得分

	人际自信	安危感知	应激掌控	自我接纳	生人无畏	总体安全感
前测	2.14	2.00	2.00	3.50	2.00	2.33
后测	3.00	1.86	2.75	3.50	3.25	2.87

晓宁个案的安全感的前、后测如图9-2所示。

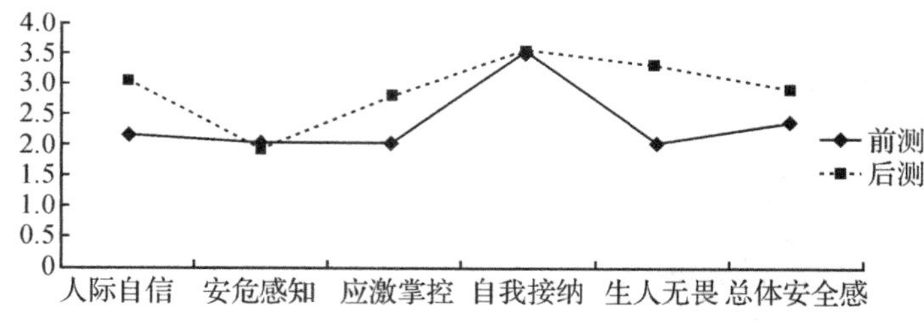

图9-2 晓宁个案的安全感前测、后测差异示意图

3)访谈摘录

Q1:经历这次团体辅导,最深刻的感受是什么?

A1:因为爸爸、妈妈经常不在身边,总是渴望得到大人的关心。很高兴你们来了,教我怎么跟同学交往,我希望跟她们好好交往下去。

Q2:最大的收获是什么?

A2:以前我总觉得自己挺可怜,因为没有爸爸、妈妈的照顾,遇到困难没人帮忙,觉得留守儿童低人一等。这次你们来了,教我怎么树立信心,我想这对我的帮助很大。

Q3:在这个过程中,你发觉自己最大的改变是什么?

A3:每次活动我都很认真地参加,我发现别的留守儿童都很开朗、乐观,我应该向她们学习,以后我会越来越好的。谢谢你们!明年你们还来吗?

Q4:如果总结一句话送给自己,你会说什么?

A4:爸爸、妈妈不在身边没关系,我想我会越来越坚强的!

4)小结

晓宁同学从最初的不善言辞、内敛退缩,实际上表现为人际自信不足(得分低)和自卑;到后来在团体中感受到良好的团队氛围,感觉自己被接纳,被认可,心态上悄悄发生了改变。她原来郁积的自卑、愁绪在团体活动中慢慢消解,也学习了如何调整心态,如何面对困境,如何提升自信心等。团体辅导的干预在一定程度上帮助她改变了对自己和外界的认知,也帮助她提升了社会适应性,主动融入环境中。

9.4.2.2 个案2

1)基本情况

小东,男,11岁,小学5年级学生,虽然家住小镇,但家境较贫穷。父亲初中没毕业,跟着叔公出去闯荡,从湖北山区里娶了个媳妇回来。好日子没过几年,母亲因意外被车撞伤,右腿被撞残疾,脑子也变得不清醒,常常自言自语,脾气变得暴躁。为了养家糊口,父亲只好外出打工,每年只在过年期间回来一次。因为父亲没有技术,所以他工作不稳定,收入不高。小东平时和妈妈、奶奶住在一起。

个案的安全感特征:个案身高1米30左右,比一般同龄儿童要低半个头。学习成绩比较差,想提高成绩,但努力总是不见效果;脑中常常不受控制,胡思乱想一些事情,特别想念父亲;经常担心家里会再出事,害怕父亲打工赚不到钱,被人欺负;父母亲都在家的时候,两人会吵嘴,这让他感到害怕;平时跟同学交往时,比较被动,只有一两个比较要好的朋友,他们也是留守儿童,害怕被人欺负。从安全感的特征来看,有典型的安危感知力和应激掌控力。

2)个案辅导前与辅导后的测量得分

表9-8 小东个案的安全感前后测得分

	人际自信	安危感知	应激掌控	自我接纳	生人无畏	总体安全感
前测	2.14	2.57	1.75	2.75	2.25	2.29
后测	2.43	3.14	2.50	2.50	2.75	2.66

小东个案的安全感前、后测如图 9-3 所示。

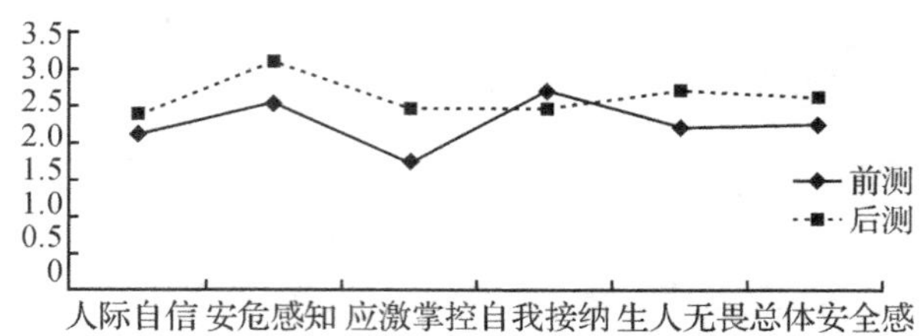

图 9-3　小东个案的安全感前测、后测差异示意图

3)访谈摘录

Q1:9 次团体辅导活动结束了,评价一下自己最大的变化是什么?

A1:刚开始的时候,我并不知道你们要带我们干什么,我以为是学校老师来布置任务,所以很小心地做。后来发现他们都是跟我一样的留守儿童,我就慢慢放心了。这些活动对我帮助很大,可以帮我提高自信心。

Q2:在这次团体辅导活动中,感觉自己最大的收获是什么?

A2:我感觉自己不再那么担心家里的事情了。妈妈的身体虽然不好,也常发脾气,但是她对我还是很关心的。我以前心里会怪我爸爸、妈妈,现在不会了。有一次在我生日的时候,平时难得做饭的妈妈给我做了一碗面,还加了个鸡蛋,我特别地感动,想起这个我就想哭。以前我没认识到父母亲对我的爱,现在我慢慢认识到了。

Q3:在这个过程中,你感到印象最深刻的是什么?

A3:我们的老师以前从来没有像你们这样上课,要是她上课的时候像你们这样就好了,大家在一起比较轻松、快乐,感觉每次活动时间都过得很快。

Q4:对于爸爸妈妈、同学、老师或学校你有什么想表达的吗?

A4:虽然我的妈妈是个残疾人,我爸爸也没有文化,但是我认识到,我自己必须坚强起来,其实我可以帮助家里做很多事情,我从来不乱花家里的钱。通过这个活动,我认识到,有很多像我这样的同学,他们做得比我好很多,我要多向他们学习,我想我一定会越来越好的。

4)小结

小东同学的家庭生活环境对他的心理成长造成了较大的负面影响,使其对安危状况的感知力和对应激的掌控力较低。他担心家人出事,面对事件应激感到无能为力。经过干预实验,小东对家人及自身的安危状况、对父母亲的工作、健康等的认识有了较大的转变,也从团体中学到了一些关于学习的方法,对其自信心的提升有较大的帮助。

9.5　讨论

9.5.1　着眼于留守儿童的身心发展

对于留守儿童的身心发展，本次团体辅导干预实验重点体现了以下两个方面：第一，基于留守儿童身心发展的实际，第二，服务于留守儿童身心发展的目标。本研究所开展的针对改善和提升留守儿童安全感的团体心理辅导干预实验，紧密结合了留守儿童的生活实际，考虑了他们身心发展的具体要求，针对性强，在一定程度上避免了以往以团体辅导为实施途径的部分干预实验在单元内容设计上的不足，不仅紧紧围绕团体辅导的主题和假设来设计单元内容，而且考虑了参与对象的身心发展特征与需求。为更好地提升团体辅导干预的针对性，研究者在设计团体辅导活动前，对留守儿童的需求进行评估，即对留守儿童进行相关主题，如留守生活问题、留守处境、留守感受等问题的调查。从现实调查中发现留守儿童的心理需求，然后找出与现实条件的差距，最后针对留守儿童安全感的特点、实际需要以及现有条件来设计各单元的活动。

在实验设计中，确定采取哪一种团体辅导活动来改善实验被试的安全感是一个非常重要的问题，直接影响到实验的效果达成状况。当前，国内开展以团体心理辅导为载体的干预研究，多半把辅导的重心放在矫正心理问题上，忽视了对学生个体发展中的一般心理问题的辅导。与此相对应，当前的团体心理辅导也大多是以应用于治疗、解决心理问题为主，较少服务于学生的成长性目标。随着我国学校心理健康教育的不断发展，人们对心理健康教育的认识也得到了不断地提升。越来越多的人认识到，无论个体心理咨询还是团体心理辅导，都应该落脚于学生的成长和发展。当前开展学校心理健康教育应当以全体学生为服务对象，服务于学生的发展性目标，适当兼顾心理问题的治疗。

安全感是个体在身心发展的过程中逐渐形成、发展的。一般而言，安全感的缺乏与降低对个体的生存和发展都不会造成根本性的妨碍或冲击，但会对其身心发展过程造成持续性的影响，这种问题属于发展性问题。基于对留守儿童的身心发展特征、安全感影响因素及留守生活处境等的认识，本研究将干预实验的团体辅导确定为发展性团体辅导。与治疗性团体辅导相比，发展性团体辅导的对象受益面更广，能够在认知上帮助其澄清，在方法上给予其指导，更多关注其自我效能的发挥，提升其社会适应能力，更好地塑造个性和完善人格。本次团体辅导即以帮助留守儿童澄清观念、寻找方法、满足发展需要为主旨的团体心理辅导活动。

9.5.2 基于社会认知的团体辅导活动设计

情绪 ABC 理论认为，个体对生活事件不同的理解促使个体产生各种不同的情绪、情感体验，要使个体减少受到生活事件的消极影响，就要转变对事件的消极看法，或努力发现事件的积极意义（Ellis，1991）。在安全感的形成过程中，低安全感的个体习惯于对外界的正性刺激做负性编码、负性回忆和负性再认，正是这种负性认知加工的倾向导致了他们对生活事件的消极理解，从而使他们戴上了灰色的眼镜来评价自我、现实与他人。Fredrickson（1998）提出，用积极的眼光来评定和解释事件，改变习惯化的消极的认知方式，探寻事件的积极意义，引发更多的积极感受，从而基于正性评价和积极观念构建起强大的安全感。着眼并立足于留守儿童安全感的发展这一目标，研究要根据实验组被试的留守处境、留守背景、留守经历、留守感受等生活现实，针对团体成员的具体情况，从改变社会认知入手，逐步帮助他们改善和调整情感，塑造行为。

本研究已证实，留守儿童的自我效能感与领悟社会支持等在其处理来自家庭、社会、学校和他人的生活应激的过程中，发挥了有效的调节和中介效用。个体的认知、理解和判断在缓解来自生活事件的应激方面有着重要的作用，留守儿童对家庭功能的评估、对学校氛围的感知、对生活的感受等，对其安全感的形成和发展具有重要的作用。对广大留守儿童来讲，他们无力改变留守处境，无力获得父母亲对自己的教养，同样也无法改变别人对他们所施加的影响，唯一能够主动操控的是自己如何培育良好的心理素质，以良好的心态来面对应激事件的发生。在辅导过程中，不少留守儿童谈到，对自己的留守处境在幼年时常感到委屈，觉得自己的父母亲狠心，不爱自己了。但是随着年龄的增长和知识的积累，随着对家庭、社会等认识的加深，他们开始对父母亲外出务工的行为表示理解和支持。在活动中，不少留守儿童表示自己要好好珍惜时间，努力学习，自觉承担家务，照顾家人，为父母分担，为家庭出力。这种认知上的转变反映了他们在身心发展上的逐渐成熟。

不少留守儿童认识到自己处于逆境之中，他们虽然羡慕城里那些无忧无虑、天天泡在蜜罐里的儿童的生活，但是他们表示不会抛弃虽然清贫但是却充满温暖的自己的家庭，同样也不会轻易离开虽然平凡、普通，但却非常努力工作的父母亲，并且常常感受到来自父母亲的榜样的力量。在辅导过程中，不少留守儿童表示希望逆境尽快结束，早日与父母团聚，但不知道怎样做才能更好地达到目标。这些都源于他们的认知能力有限，知识水平较低，接受的正面教化较少，身边也没有可以模仿的榜样等，使得他们不懂得如何将逆境转化成人生的财富。为此，本次团体辅导专门增加了"直面留守，转化逆境"的内容，旨在帮助他们正确认识和理解生活中的困境，认识困境的积极意义，树立正确的面对留守困境的态度。

本次干预实验还对参与者进行领悟和使用社会支持的辅导。社会支持系统在个体面临应激时可以发挥缓解的效用，对于广大留守儿童来说更是如此。由于他们普遍失去了父母亲的保护和教养，加上他们年纪尚幼，身心发展不成熟，几乎没有社会阅历，社会支持资源尤其缺乏，面对应激事件时，很容易由于不知道如何识别和利用社会支持系统而使自己陷入无法自控、自救的局面。本次干预实验积极引导留守儿童思考他们现有的社会支持力量，谈谈自己如何在困境中获取更多人的帮助来解决问题。教育他们在需要的时候积极主动地寻求帮助，学习并使用有用的求助方法等。参与实验的留守儿童体会到了团体的力量，认识到面临现实困难时，可以主动寻求来自外界的帮助等。借助团体的力量，留守儿童各自表述了自己的认识，表达了自己的内心愿望。许多人表示自己对困难不能气馁，对家人要懂得感恩，对学习和理想要坚持。团体辅导把成长的希望和种子埋进他们的内心，将有助于他们增强自信心和力量，改变对人生及困境的看法。

9.5.3　强化认知改善的效果，帮助调整情绪和行为训练

情绪的认知理论从认知的观点看待情绪问题，认为情绪是认知、生理、环境三种因素的构成物，认知是导致情绪产生的重要因素，评价是情绪产生的重要条件，通过对刺激事件的评价而产生情绪(Smith & Lazarus, 1993)。从某种意义上来讲，安全感也是一种情绪感受和情感体验，是基于对自身能力，对现实条件的把控和对过程与结果的评价、判断和分析基础上的情绪反应。安全感高的人内心的焦虑性、恐怖性水平相应也较低，自信心水平也较高，胜任力、控制感也较强。对留守儿童安全感的团体辅导干预实验，能帮助他们尝试对生活事件进行合理的认知、判断和思考，为安全感的建构奠定了认知基础。但是，仅靠短暂的认知训练和对生活事件的短暂了解、分析和评价，并不能有效地化解生活应激所造成的消极情绪和情感反应。本次团体心理辅导引导参与者学习如何化解消极情绪，体验积极情绪，帮助他们增加情绪表达，引导他们体验乐观、自信和宁静。

干预实验还对留守儿童的应对行为进行训练，帮助提升其应对心理品质。没有学会适应性应对策略的留守儿童在面对应激事件时，往往采取一些消极的方式来寻求暂时的解脱，如回避、否认、自虐等，导致其内心脆弱，并且无法跨越

困境，解决问题。为帮助矫正留守儿童不当的应对方式，在干预实验过程中，研究者提供了积极、正确的适应性行为榜样。不少实验组被试感到这些正确的应对方式、积极的适应性行为有助于他们应对困境和挫折，表现出了积极的迁移意愿，用于构建自己的安全感防护系统。

9.5.4 团体辅导干预实验的效果的分析

经过周密的干预方案设计与实施，实验组被试接受了两个多月的团体辅导干预，从团体辅导干预的效果来看，实验组被试在总体安全感及相关品质（人际自信和安危感知）的自我评定上产生了显著的差异。实验组被试的安全感总均分和人际自信、安危感知因子的得分显著提升，说明实验组被试整体安全感有了较大的改善，在人际关系判断、人际交往自信、个人及家人安危状态的感知、判断等方面得到了改善，焦虑度有所下降，从而使安全感水平有了较大提升。这与本次团体心理辅导的内容设置及团体辅导本身的形式密切相关。

本次团体辅导干预实验方案基于情绪ABC理论和认知—领悟相关理论而设计，涉及留守儿童对其留守处境、留守经历、留守状况的理性认识，帮助成员树立正确认识逆境的信念，对成员的情绪感受（特别是焦虑情绪）予以正面引导和梳理，提升成员对生活支持系统的认识，在应对方式的认识和使用方面进行了训练、示范。这些内容或多或少对建构留守儿童的自我效能，强化他们成长的力量，提升他们的自我确定感、控制感起到了积极作用。特别在先后9次的团体互动过程中，团体辅导为实验组留守儿童提供了一个学习、交流的平台，让他们彼此之间相互认识、理解和支持，他们从陌生到熟悉，从有所疑虑到彼此接纳和信任，从不知所措到相互帮助、彼此支持。同时，研究者及助手在9次的团体辅导及问卷测试过程中与被试有了更广泛和深入的接触，逐渐建立起信任和合作的关系，给平时较少得到关爱的留守儿童以物质和精神等方面的关怀，让他们体验到了较多的被接纳和支持的感受。这些都有效地转化成为他们对自我的肯定认识和体验，因而使他们在人际自信方面得到显著改善。

对实验组被试不断地正面强化和积极引导，帮助他们正确认识逆境，巧妙转化消极情绪等，一定程度上减少了他们的焦虑情绪体验。同时，两个多月的团体辅导经历提供给他们关于如何改善认知、调整情绪和感受的知识、方法和建议，而团队的配合和支持，团队协作的经历，对他们缓解焦虑心理，改善安危感知力起到了一定的促进作用。特别是对于父母亲工作和奉献的感恩，感悟现实生活中来自老师和同学的关心和帮助，学习积极的应对方法，使他们的安危感知力得到显著的提升。另外，他们的应激掌控感和自我接纳度也得到了较大的提升,达到接近显著差异的水平。尽管干预实验的时间较为匆忙、短暂,但是团体辅导活动在被试的认真配合与积极参与下,干预效果初步得到了显现。

实验结束后,研究者对实验组被试进行了"团体辅导反馈"小调查,结果显示大部分被试对本次团体辅导给予了积极的评价和认可,认为本次团体辅导很有意义,对活动感到满意,并认为团体辅导给他们提供了许多帮助。不少被试还对参加类似的心理辅导活动等产生了积极的兴趣。以上结果表明,基于 Ellis 情绪 ABC 理论和认知—领悟原理的团体心理辅导,可以较好地帮助提升和改善留守儿童的安全感。

9.5.5 思考和启发

9.5.5.1 关于认知调整的学习迁移

如何将实验研究的成果进一步巩固,是任何一项干预研究都需要考虑的重要问题。在现实生活的情境中,留守儿童的安全感受到的挑战及面临的困惑绝非团体辅导所能尽数展现。如何将有效的认知调整与情感体验从团体辅导模拟的情境迁移到真实的生活情境中去,是一个有待进一步探讨的问题。尽管研究者已经在团体辅导干预实验的过程设置了充分及适度的练习,有助于成员对所学内容的理解和掌握,但是仍然无法足够应对现实情境的变化。为了能使团体辅导的干预被吸收、内化为个体的适应性行为方式,需要选择与留守儿童的现实生活息息相关的教学内容,借助各种不同的活动形式,开展生动有趣且富有变化的活动,进行与现实环境的相似匹配、相似创造,让留守儿童对生活应激的认知判断在持续的应用中得以迁移。

9.5.5.2 团体心理辅导干预方案的推广

由于团体心理辅导固有的时间进程较短(一般活动 8～10 次,持续 1～2 个月)、结构封闭(参与人数较少,且流动性不大)、团体动力效用强等特点,团体心理辅导受到学校心理健康教育工作者的普遍认可,研究领域及成果不断得到扩大。如果能将团体心理辅导的受益面扩展到全体受众,则是对学校心理健康教育的极大促进。通过本次干预实验,研究者总结得出,不仅可以对留守儿童等特殊群体开展改进安全感的团体辅导,也可以在普通儿童中进行;不仅可以多次尝试团体辅导的个别实验,也可以将团体辅导与现行的学校心理健康教育载体结合起来,如自然班的各种活动:班会、团队、社团等。在推广的过程中,还需要注意团体辅导的效果优劣与团队带领者的工作能力等因素,对团队带领者的业务素质进行一定的培训和指导。

范方,等(2005)提出,对留守儿童的行为问题、学业不良和不良人格因素的干预，不仅要进行行为矫治和心理辅导，关键是要进行“家庭整合治疗”，改善其家庭环境和心理氛围，而且要整合社区、学校和家庭的力量，共同为留守儿童的健康成长建构一个有效的支持系统。这对于推广本研究的辅导活动方案，提高教育效果和针对性等都将具有重大的参考价值，要将面向留守儿童的安全感辅导纳入到学校心理健康教育的整个系统之中。

9.5.5.3 团体辅导的不足

本次团体辅导并未产生预设的全面改善和提升留守儿童安全感的效果，仅在人际自信、安危感知维度和安全感总均分上产生了显著的改变。就像任何干预实验一样，本次团体辅导干预实验也不能避免实验研究固有的缺陷：实验者效应，即存在被试迎合实验者期待的可能性。为了尽量降低实验者效应的影响，研究者在前测与后测时，尽可能创设了同等的测评环境，安排实验组与控制组被试在同一场合和时间进行自我评定，实验者给两组被试发布的指导语也是一致的。这样尽可能降低了实验者效应。

从实验结果可知，团体辅导干预实验并未全面改善和优化留守儿童的安全感，只是在人际自信和总体安全感两项上产生了显著的积极效应，与被试的安全感密切关联的自我效能感、状态-特质焦虑并未得到实质性的改变。这与团体辅导的预设存在一定的差距。首先，需要对团体辅导的内容进行全面而准确的设计，设计直接服务于改善安全感的团体辅导活动方案，而目前关于留守儿童安全感的团体辅导干预实验方案可以借鉴和参考的并不多，本次辅导活动的方案是否切实、有针对性，还值得继续探讨。其次，团体辅导的效果很大程度上取决于团体辅导的实施过程，对团体带领者的要求也很高，不同的带领者会营造不同的团体活动氛围，经历不同的团体活动过程，并且产生不同的团体辅导效果。

另外，在团体活动背景下，由于时间有限，成员的活动反应差异较大，部分成员的诉求和问题无法得到恰当的回应。团体带领者若觉察到某个成员的诉求无法得到恰当满足时，需要进行适当调整。如在后继的活动中给予关照，或者在团体活动之余进行个别交流，这对团体带领者提出了很高的要求，既要维护团队的一致前进方向，又要照顾和维护个别成员的内心不受伤害。

9.6 小结

通过以上研究及讨论，得出如下结论：团体心理辅导干预能在一定程度上帮助改善和提升留守儿童的总体安全感，帮助提升其人际自信心，降低其人际敏感，改善其安危感知力，降低其对现实的焦虑感。

第10章　总的讨论、结论与建议

10.1　总的讨论

10.1.1　方法学探讨

10.1.1.1　研究的整体设计

本研究首先梳理了关于安全感的相关研究，基于个案访谈，归纳了留守儿童"安全——不安全感受"的表现（研究一）；依循测量心理学的程序，编制了留守儿童安全感测量工具，探析了安全感的结构，分析了留守儿童安全感的特点（研究二）；基于调查实证，分析了留守儿童安全感的效用（研究三）；建构结构方程模型，分析了影响留守儿童安全感的心理社会因素及相互关联（研究四）；开展实验研究，探讨不同安全感的社会认知加工特点（研究五）；最后开展了改进留守儿童安全感的干预实验研究，探讨安全感问题的解决方案（研究六）。

在具体研究设计上，遵循"现象"（安全感的现象归纳、结构探讨、特征分析）—"机制"（安全感的效用、心理社会因素、社会认知特点）—"应用"（干预方案）的逻辑思路，围绕"留守儿童安全感"这一主题，多视角、多方法，逐层推进，系统考察。在具体研究内容的选择上，体现了内容的系统性和全面性。如：对留守儿童安全感效应的研究，既涉及了安全感在生活事件与心理健康之间的中介和调节效应的研究，又针对安全感在留守处境与心理健康之间的中介效应进行探讨，力图较全面地揭示安全感的效用。再如：一方面对留守儿童的安全感与心理健康等进行大范围的问卷调查，揭示普遍性的规律和特点，同时还开展实验室实验和个案访谈，力图实现点与面的有机结合。

10.1.1.2　研究的现实取向

本研究的现实取向表现为以下几点。

首先，留守儿童问题是当今我国社会发展面临的一个重要问题，是极具中国特色的一个研究课题。留守儿童的心理发展与学校教育、家庭教育问题受到社会各界的普遍关注，本研究从探讨留守儿童心理健康与心理发展问题的现实需要出发，聚焦于留守儿童的安全感，从现象学的角度出发，以留守儿童安全感及其影响因素、表现特点等展开系统的研究。

其次，研究立足于留守儿童社会适应的典型社会现实——留守处境对安全感的结构、特征、效用、影响因素、认知特点、教育方法等开展研究，所得的研究结果均较好地反映了留守儿童的心理发展特征和生活实际；为探究留守儿童心理发展与教育问题做出有益补充。

最后，关于留守儿童安全感研究内容的选取也充分体现了现实研究取向。第一，通过个案访谈初步归纳了留守儿童"安全—不安全感受"的典型特征及影响因素，获取了第一手资料；第二，基于留守儿童的心理发展和生活实际，依循测量心理学程序，编制了留守儿童安全感测量工具；第三，对影响留守儿童安全感的社会认知因素的选取，与其生活实际密切相关，即从家庭功能、学校氛围、社会适应、自我效能感和领悟社会支持五个方面展开探讨；第四，干预研究也是立足于前期的社会认知影响因素及社会认知加工特点而展开。

10.1.1.3 研究方法

在研究方法上，本研究采取了"量的研究为主，质性研究为辅；调查研究为主，实验研究为辅，现象揭示为主，原因探讨为辅"的整体研究方法系统。具体体现在：以质性研究为基础，开发出量的测量工具；以量化研究的结果为依据，开展实验研究；在现象描述的基础上，进一步开展干预实证研究。在研究过程中，力图做到质性研究和量的研究相结合，调查研究与实验研究相结合。研究结果也证实质的研究与量的研究发挥了各自的效应，体现了研究意义，彼此互为补充、相互印证、相得益彰。

关于具体的研究方法，主要选取了文献法、个案法、访谈法、调查法和实验法等多种研究方法对留守儿童安全感的结构、特征、效用、影响因素、认知特点及教育对策等进行了研究。在统计方法上，使用了方差分析、探索性与验证性因素分析、相关分析、聚类分析、回归分析和结构方程模型验证等。在研究结果的讨论与分析上，主要从心理学、教育学、社会学等多种学科的视角进行思考，实现了研究的综合化。

10.1.2 研究结果的综合讨论

10.1.2.1 留守儿童安全感的结构与特征

本研究通过个案访谈对留守儿童安全感的特征及影响因素等进行初步探索；基于已有研究和开放式问卷、半结构化访谈，提出留守儿童安全感的初步构想，编制预测问卷；经过项目分析、预测试，形成初测问卷；对初测问卷进行大样本调查，对留守儿童安全感的结构进行探索性和验证性因素分析，运用测量学方法检验问卷的信度和效度，形成正式问卷；改变留守儿童安全感问卷的部分题项，抽取非留守儿童样本进行测量，比对两类儿童安全感得分的差异，建立留守儿童安全感的常模。留守儿童安全感由人际自信、安危感知、应激掌控、自我接纳和生人无畏等五个维度构成，与安全感的操作性定义相吻合，集中反映了留守儿童的生活现实与心理特征。留守儿童安全感量表的编制过程科学、严谨；操作程序符合测量学要求；统计方法使用正确、有效；基于十余个省市的大样本调查，基本能代表留守儿童的整体状况；所得留守儿童安全感的结构符合安全感研究的理论架构，能反映留守儿童的身心发展特点和留守生活处境的独特性；所建常模具有较高的参考价值。

为探讨留守儿童安全感的具体分布特征，本研究在问卷编制调查的基础上，区分了不同性别、民族、年级、是否独生子女、父母务工类型、亲子沟通次数、父母亲文化程度、家庭经济水平、学业成绩等群组，开展留守儿童安全感差异分析。结果发现，大多数变量能对留守儿童的安全感得分进行显著性水平的区分，所得结论与已有研究、生活经验、实证分析等吻合。回归分析发现，性别与家庭经济状况变量对留守儿童安全感的预测力最高，其次为年级和学业成绩变量，再次为亲子沟通次数、民族、父母回家次数、留守类型和是否独生子女变量。在研究和探讨留守儿童安全感的问题时，可依上述结果有所侧重、有所区分。对留守儿童安全感特征的揭示，帮助人们更清晰地了解到留守儿童安全感的现实水平和群体分布特征，为相关研究及教育工作的开展提供了有效参考。

10.1.2.2 留守儿童安全感的效用

安全需要是人类的基本需要(Maslow et al., 1945)，奥尔波特将安全感看作是评定个体心理健康的重要评定指标(马建青，2005)，Nowinski(2001)认为安全感是个体自信人格发展的重要一环。诸多心理学家对安全感的积极效用给予了充分肯定，同时也对于安全感缺失所产生的问题给予了认定。Bowlby(1969，1982)认为依恋行为系统是个体早年发展最有力和最重要的证据，Mikulincer & Shaver(2007)认为只有在有效的家庭教养和支持的背景下，儿童才能发展出稳定的依恋安全感，而依恋安全感被视为探索系统优化发展的基础。

本研究致力于探讨安全感在留守儿童的生活事件、留守处境和个体身心健康之间的效用。所得结论证实了已有的各种心理学理论对安全感效用的描述和界定，安全感对留守儿童的身心健康具有重要作用，留守处境对安全感具有预测效应，并对心理健康产生作用，安全感在留守处境与心理健康之间发挥了完全中介效应。这个结论证实了本研究的基本假设，启发教育者、家长、学校和社会要积极关注留守儿童的安全感问题,并启发针对留守处境、留守经历对安全感影响的继续探究。

10.1.2.3 影响留守儿童安全感的心理社会因素及社会认知特点

根据 Ellis(1991)的"情绪 ABC 理论",人们对事物的观念、看法、评价不同,就会引发不同的情绪和行为。因此,在受到情绪困扰的时候,可以通过调节认识的方式来调节情绪。本研究探讨了影响留守儿童安全感的心理社会因素,并构建了安全感的社会认知模型;还探讨了不同安全感的社会认知加工(编码、记忆和再认)特点。这两项研究旨在探寻留守儿童安全感的社会性影响因素及认知特点,为改进安全感寻找突破口和支撑点。即通过改变或控制影响留守儿童安全感的心理社会因素,如评价家庭功能、感受学校氛围、社会适应评价、自我效能感、领悟社会支持等,来实现对安全感受的优化和提升。同时,通过比对高低两种不同安全感的被试在进行有关留守生活社会信息的认知加工过程中可能存在的差异,为开展留守儿童安全感的干预提供参考和借鉴。

留守儿童的安全感存在较大的个体差异,集中体现在对家庭和亲人的担忧、牵挂(安危感知),面对突发事件的不知所措(应激掌控、自我接纳)以及在人际交往过程中的敏感和焦虑(人际敏感、生人恐惧)。关于影响留守儿童安全感的心理社会因素研究,验证了研究假设。留守儿童的安全感受到多重因素影响,如长期缺失的家庭教养、亲子感情中断、家境不良、留守经历、家庭背景和性格因素等。个案访谈初步归纳了留守儿童的"安全—不安全感受"存在各自差异的社会认知特征,第 8 章的实验研究也证实了,不同安全感水平的留守儿童存在显著不同的社会认知加工特征,为后续开展有针对性的改善留守儿童安全感的干预研究做了铺垫。

10.1.3 本研究的价值及创新之处

(1)从心理健康的视角探讨留守儿童的安全感,着眼于解决现实生活中的心理学问题。本研究揭示了留守儿童安全感的结构、特征、效用、影响因素和社会认知特征等,也为更全面、深刻、透彻地理解留守儿童的心理发展与教育问题提供了新的视角和思路。为探究家庭环境、家庭教育、亲子分离等因素对个体心理发展产生的影响提供了样例,为澄清和深化对留守经历影响个体心理健康的认识提供了安全感的视角。

(2)研究成果在一定程度上实现了安全感研究的本土化,丰富了留守儿童心理健康研究的内容,拓展了留守儿童心理健康研究的视野。在中国社会发展的转型时期,留守儿童群体、现象及问题还将长时间存在,在这种背景下,加强和改进针对中国社会现实问题的研究，不仅是心理学研究本土化的要求，对经济和社会的健康发展更具有长远的作用。本研究从留守儿童的生活实际及身心发展特征出发，立足于大变革社会背景下的社会现实，紧扣解决留守儿童心理发展与教育问题的现实需要，对留守儿童的安全感展开系统研究，突显了本研究对实践工作的指导意义。

(3)基于亲情缺失和特殊的依恋经历，编制了适用于留守儿童的安全感测量工具，探讨了安全感的结构，建立了留守儿童安全感的总体、性别和年级常模，为未来留守儿童安全感和心理健康的相关研究、教育、临床评估等提供了研究工具和比对标准。

(4)对留守儿童安全感的特点进行多变量的探讨，区分了不同群体留守儿童安全感的特征，多视角、全方位地展示了留守儿童安全感的分布特点和发展趋势，为人们准确判断留守经历对儿童心理发展的影响提供了新的视角，为学校教育、家庭教育、社区辅导、临床诊断等实践工作提供了可靠的视角和判断依据。

(5)研究揭示了留守儿童安全感的心理社会因素，不同安全感的社会认知加工特点，拓展了社会认知研究的新领域，有助于人们深刻了解留守儿童安全感的产生及发展特点，有助于学校、家庭和社会深化对留守儿童心理问题的认识。

(6)基于"情绪 ABC 理论"和"认知—领悟"理论设计并实施了留守儿童安全感的团体心理辅导干预实验，验证了留守儿童的安全感可以通过一定的教育手段得到改善和提高，为解决留守儿童的心理健康问题提供新的方法，对于开展有针对性的安全感教育工作具有重要的启示价值和指导意义。

(7)在研究视角上，从多元文化视角出发，基于心理学、社会学、教育学等不同学科视角的交叉和整合，对研究问题展开深入的探讨。在研究方法上，采用质的研究与量的研究相整合的思路，综合运用了文献法、访谈法、测量法、实验法、个案法等多种研究方法，对问题进行多视角、多层面的探讨，推动了留守儿童心理发展与教育问题研究的多元化与综合化。

10.1.4　本研究的不足及尚需深化的问题

(1)受到时间、空间、经济条件、精力和经验等因素的限制，虽然本研究在十余个省份都取了样，样本量及代表性较已有研究有所突破，但是尚未能包括国内的全部省(市、区)，特别是留守儿童人数较多的广西、甘肃、山西、陕西等省(区)。研究对象仅限于 5～8 年级，未能涵括各个年龄层的留守儿童。特别是低龄段的留守儿童，其安全感受到亲情缺失的影响更大，在未来的研究中还需要进一步扩大取样的范围和容量，同时开发适用于低龄段留守儿童的安全感测评工具，以求得更多具有现实意义和推广价值的研究结论。

（2）研究提出了留守儿童安全感的五因素结构，虽然已经基本包括了留守儿童安全感的主要内容，也体现了留守儿童的生活现实和心理发展特征，但是安全感的结构还需要进一步深化。关于留守儿童对环境的认知、理解、适应和接纳过程尚未被包括到安全感的结构之中，还需进一步验证和完善。

（3）虽然对留守儿童安全感的结构、特征、效用、社会认知加工特征等进行了探讨，但是对安全感的社会认知机制的探讨还有待进一步展开，还可以从内隐社会认知、脑认知神经机制的视角探讨留守儿童的安全感。

（4）虽然本研究选用了文献法、调查法、比较法、实验室实验、干预研究和个案法等方法，试图展开对留守儿童安全感的多方位、多视角的探讨，但是仍存在一定的不足，如干预研究较为简单，各研究方法的统整还有不足，系统性和逻辑性有待加强。下一阶段将在整合现有研究的基础上，使用其他方法开展安全感研究，如安全感启动研究、ERP 研究和脑认知神经机制研究等，以更深入、全面地探讨留守儿童的安全感。

10.2 总结论

本研究采用文献法、个案法、调查法、访谈法、问卷测量法、实验室实验和干预实验法等多种方法，对留守儿童的安全感进行系统研究，研究的主要发现如下。

（1）留守儿童安全感存在明显的个体差异，表现为对家庭和亲人的担忧、牵挂，面对突发事件的不知所措，以及在人际交往过程中的敏感和焦虑体验等。影响留守儿童安全感的因素是多元的，主要有长期亲子分离、家境不良、长辈之间的关系、性格因素和特殊的家庭背景等。不同水平的安全感的社会认知特征差异较大，不同的社会认知加工显著影响了儿童对现实世界的安全感受和体验。

（2）留守儿童安全感包括人际自信、安危感知、应激掌控、自我接纳和生人无畏等五个因素，这些因素对应于留守儿童的生活处境和身心发展特征，符合其自我评价及对生活的认识、理解、体会和感受。

（3）留守儿童安全感问卷有着较好的信度和效度，能够作为留守儿童安全感的测量工具。留守儿童在安全感上的得分显著区别于非留守儿童，留守儿童安全感的总体常模、性别常模和年级常模等可提供给有关研究、教育和临床诊断等使用。

(4)留守儿童的安全感总体呈现正态分布;从安全感的因子得分的情况来看,从高到低依次为:人际自信、自我接纳、安危感知、生人无畏和应激掌控。留守儿童的安全感具有显著的群体差异:留守女童低于男童,少数民族低于汉族,非独生子女低于独生子女,低年级低于高年级,农村留守儿童低于城镇留守儿童,家境较差的低于家境较好的,特殊家庭低于正常家庭,父母皆外出低于父母单方外出,学业成绩较差的低于成绩较好的,父母文化程度低的低于文化程度高的,与父母沟通次数少的低于次数多的,无父母监管的低于父母一方监管的。以上诸项差异均达到了显著水平,对留守处境较差的留守儿童,学校和社会应给予更多的关爱和支持。

(5)性别与家庭经济状况变量对留守儿童安全感的预测力最高,其次为年级和学业成绩变量,再次为父母文化程度、亲子沟通次数、民族、父母回家次数、留守类型和是否独生子女变量;开始留守年龄与托管对象等变量对安全感没有预测效应。

(6)留守儿童感受到的来自生活事件的应激显著高于普通儿童,不同的生活事件应激,安全感水平呈现出显著的差异,应激量越大,安全感水平越低;留守儿童的心理健康状况普遍堪忧,不同安全感水平的留守儿童,其心理健康分布差异显著;生活事件与安全感呈显著负相关,与心理健康呈显著正相关;安全感在生活事件影响心理健康的过程中具有显著的调节作用和部分中介作用;留守儿童的生活处境是影响心理健康的重要原因,安全感在留守处境与心理健康之间发挥了完全中介作用,留守处境正是通过作用于安全感的形成和发展,进而影响心理健康。

(7)留守儿童的家庭支持、感知学校氛围、社会适应、领悟社会支持、自我效能感和安全感之间有显著的相关,构成了完整的心理社会因素模型;不同类型的心理社会处境的安全感、领悟社会支持、自我效能感具有显著差异;留守儿童的领悟社会支持在感知学校氛围、社会适应与安全感之间发挥了显著的调节作用;自我效能感在感知学校氛围与安全感之间的调节效应显著;留守儿童的家庭关怀与感知学校氛围直接预测领悟社会支持,社会适应与感知学校氛围直接预测自我效能感;留守儿童的社会适应直接作用于安全感,领悟社会支持在家庭关怀、感知学校氛围与安全感之间均发挥完全中介作用;自我效能感在感知学校氛围与安全感之间发挥完全中介作用,在生活适应与安全感之间发挥部分中介作用。

(8)不同性质的社会生活信息对留守儿童安全感的形成具有显著不同的影响;低安全感的留守儿童对社会生活信息具有更多的负性编码和负性编码倾向;低安全感的留守儿童在正性和负性条目的正确回忆量上分别显著低于和高于高安全感者,存在显著的负回忆倾向;低安全感的留守儿童对负性条目的正确再认量显著高于高安全感者,对社会生活信息的再认存在显著的负倾向。

(9)团体心理辅导干预能在一定程度上帮助改善和提升留守儿童的总体安全感,帮助提升其人际自信心,改善安危感知力。

10.3 对开展留守儿童安全感教育的建议

受到留守经历的独特影响,处于留守处境之中,留守儿童的安全感是其心理健康及社会适应的重要基础,不仅影响到个体心理的正常发展,而且还关系到家庭、学校的教育,乃至社会的和谐与稳定。留守儿童教育问题的解决是一个长期、复杂、系统的工程(范先佐,等,2015),如今学生的问题已不仅是其个人问题,常常涉及家庭、学校、社区等多方面因素(张大均,王金良,郭成,2007)。虽然家庭、学校、政府、社会都对留守儿童问题有了一定程度的认识,但父母与子女分离导致的教育缺失问题、学校存在的管理失控与教育失误问题等值得进一步反思与探讨。基于本研究的结果与发现,提出如下关于开展留守儿童心理健康教育的建议。

10.3.1 关心留守儿童的心理健康,从帮助建构安全感开始

本研究发现,留守处境对心理健康有直接的预测效应,加入安全感变量之后,安全感在留守处境与心理健康之间发挥了完全中介效应。这个结果说明留守处境对留守儿童的安全感形成了影响,同时又通过影响安全感的形成和发展对心理健康产生作用。同时,安全感在留守儿童的生活事件和心理健康之间也发挥了部分中介效应。研究结果证实了安全感是留守儿童身心健康发展的关键因素。在儿童成长和发展的关键时期,缺失了来自父母亲的关爱,对留守儿童的社会适应、身心健康等都产生了消极影响,同时也消解了安全感的建构。关心留守儿童的身心健康,从帮助建构稳定而坚实的安全感开始。

10.3.2 区别不同的对象和群体,开展有针对性的安全感教育

本研究发现,不同群体的留守儿童在安全感各因子的得分上有显著差异。这个结果启示教育者应该根据不同的留守儿童属性,分别给予关心、帮忙、教育

和辅导。如对留守女童，对家庭经济条件较差的留守儿童，对年龄较低的留守儿童，对少数民族留守儿童，对家庭发生了变故的留守儿童等，应该给予更多的关注。学校可以给这些孩子建立心理档案，内容包括留守儿童个人的家庭背景，个人的身体状况，与父母亲或监管人的关系，学业成绩与学习态度、学习习惯，师生关系、同伴关系，性格特征、兴趣爱好，思想品德，行为习惯等。同时开展一些针对特殊属性留守儿童的活动，如慰问、经济资助、学业辅导、课外培训、家访、小组合作学习等，给予特殊属性留守儿童群体特殊的关照，能帮助他们在建构心理安全感的过程中奠定良好的基础，帮助他们迈出坚实的步伐。

10.3.3　家长在子女的安全感建构中应发挥关键作用

从表现特征来看，离开了父母的监护，留守儿童的需要、愿望、情感、行为等常常无法得到关注，现实生活中无论是由祖父母辈还是由其他亲戚照顾，留守儿童都无法获得完整的来自家庭的亲情和爱。青少年的安全感受到许多消极因素的影响，如不良的家庭教养方式、经济不稳定、缺少教育，药物和酒精滥用，身体和性虐待等(Chassin & Haller, 2011)。关于如何提供给青少年良好的家庭教养，McKinney & Renk(2011)提出了以下建议：父母亲必须为子女提供合适的亲子关系，家长要灵活调整教养方式，包括如何惩罚他们的孩子，调整他们对子女的期望值等；家长应该是通情达理的，尽量多与子女协商讨论，与子女保持开放的关系，而不是单纯地对子女进行控制；家长需要给子女提供更多的权力、责任和一些自由；家长还需要考虑让子女意识到家庭是一个整体，每个人都在为整体而努力，让子女感到自己可以安全地、自由地表达自己的感受，在家庭里任何事情都可以协商，让子女在家庭里面建构自尊。这些面向家长的家庭教养建议都非常具有参考价值。谭中长(2011)提出，如果家长与留守儿童保持合适的联系和沟通，留守儿童就能够理解、支持家长的行为。同时，如果留守儿童有机会获得指导进行积极的自我调适，那么他们的心理会处于正常的水平，不至于产生心理问题。反之，亲情的缺失可能使部分留守儿童变得孤僻、抑郁，甚至有一种被遗弃的感觉，这将严重影响他们心理健康的发展。

从本研究结果来看，留守儿童的留守处境越好，其身心健康水平与安全感水平也就会越高，特别是家庭经济状况、父母外出的类型、父母外出的时间、父母亲的文化程度、父母与子女的沟通次数及时间、父母回家的次数等。这些要素组合在一起构成留守儿童的生活背景，是他们区别于非留守儿童的留守处境。本研究发现，留守处境直接预测心理健康和安全感，是造成留守儿童心理问题和安全感缺乏的重要影响因素。对于广大农民工来说，他们背井离乡，离开孩子和父母远赴城市务工、经商，是由于我国长期以来形成的城乡分割二元社会体制造成的(赵俊超，2012)，这是凭他们一己之力所无法改变的。但是对于自己子女成长环境的塑造，却是通过他们的努力可以做到的。如每个月增加与子女沟通的次数，除了关心孩子的学习以外，还可以跟他们分享自己在工作中的经历，分享自己的生活感悟，以自身的言行为他们树立起发展的标杆，带动孩子向上成长、向前迈进。家长还可以经常给孩子邮寄生活用品或提供物质帮助，一定的物质产品能让个体产生实实在在的依靠感，让孩子从物质产品的逐渐丰富中，感受到来自生活的乐趣。作为家长，自己还要多学习科学文化知识，学习一些家庭教育的方法和知识，提高教育的能力和水平，与孩子一同成长。在条件允许的情况下，父母亲不要双方都离家务工，同时增加回家的次数，延长在家里与子女相处的时间等。这些做法都可以帮助改善留守儿童的安全感，从而提升其心理健康水平。

当前我国已经将农民工城市化列为社会发展的战略，我们有理由相信和期待城市的大门进一步打开，不仅接纳农民工进入城市务工，更要允许和鼓励农民工将子女带入城市接受教育，至少让一部分留守儿童在城市里获得同等的接受义务教育的权利，这样留守儿童就可以跟随在父母亲的身旁，既可以获得物质上的保障，又可以使精神和心理的成长获得保障(赵俊超，2012)。

10.3.4 学校要开展多种形式的活动，建构留守儿童的安全感

留守经历给儿童的身心健康与安全感造成了负面影响，因而学校便成为影响留守儿童成长的重要物质载体，教师便成为替代父母亲角色的重要他人。本研究证实，留守儿童对学校氛围的感知通过领悟社会支持和自我效能感间接预测了安全感，这个结果启发教育者，应该让留守儿童感受到更多来自学校、教师和同学的支持，让他们增强自我的效能感、自信心，这可以有效地帮助他们提升安全感。来自外界的关心、帮忙或资助，往往能给尚处年幼的留守儿童内心带来强大的正能量，让他们领悟到除了家庭以外，学校和社会是有温暖的，除了家长以外，老师和同学也是可以提供爱心的。在教育过程中，学校可以适当组织面向留守儿童的集体活动，如团体心理辅导、留守儿童关爱活动，让他们在活动中增长知识、积累经验，获得成功的体验，从而不断树立自信心，增强自我效能感，提升自我管理的能力，成为主宰自我的人。

10.3.5 在课程教学过程中帮助留守儿童树立正确的社会认知观念

面对同一生活事件，个体产生的情绪或行为结果可能是各不相同的，这个

源自个体已有的认知模式、认知结构或认知图式。乐观、开朗的人面对环境应激时,往往能往好处想;凡是采取面对问题、解决问题或主动求助等应对方式的个体,更容易克服生活事件应激的影响。因而,对教育者来说,在无法改善留守儿童的留守处境的情况下,尽可能地帮助他们树立起正确的社会认知观念,这是最可取的。在学校教育的课程教学过程中,应该多开展培育正确社会认知观念的教育。教师结合课堂教学和课程知识的讲解,鼓励留守儿童积极面对问题,认识自己的留守处境,化被动为主动,认识留守处境对个体成长的积极意义,在逆境中不断锤炼和发展自己的应对能力和心理品质。教师可教给留守儿童更多的正面成功的案例,如提高学业成绩,考取更高级学校而成才的案例,鼓励他们正视现实,树立起发展的信心。特别对那些安全感水平较低的留守儿童,要注意保护他们脆弱的内心防线,还要注意到他们平时很容易产生困扰,容易陷入自我无助的境地,因为他们对社会生活信息的编码、回忆和再认都存在着消极倾向,容易忽略好事,扩大坏事的消极影响等。所以,要教育他们正确看待生活中发生的每一件事情,细心领悟来自学校、社会、家人、老师和同学等外界的力量,从小学会在内心构建一道坚固的自我防护壁垒。

10.3.6　开展切实有效的学校心理健康教育

开展学校心理健康教育,不仅仅是为了尽量避免学生产生心理健康问题,更重要的价值在于为留守儿童身心健康发展创造了条件和机会。心理健康教育的内容应该包括:建立良好的自我意识,正确认识自己;建立良好的人际关系,学会与他人相处,学会更好地社会适应;合理地调控情绪,提升挫折承受力;培育良好的个性心理品质;改进学习方法和技能等。心理健康教育的形式也可以多种多样。鼓励有条件的学校开设心理健康教育课,开展形式多样的心理健康教育及活动,如团体心理辅导、个别心理辅导、心理健康知识讲座、心理健康知识竞赛、心理知识手抄报比赛、心理健康教育活动月、心理剧、心理影视欣赏等。这些活动是学生喜闻乐见的,融知识性、趣味性、参与性和操作性为一体。针对留守儿童的实际情况,可以尝试为他们专门设置亲情交流的场所,如建立亲情聊天室,创设条件让留守儿童与家长进行视频聊天,或者开通亲情电话,让留守儿童每个月都有机会主动与在外务工的父母亲通过电话或网络沟通。学校还可以设立心理信箱,给学生创设向老师倾吐心声、答疑解惑的机会;同时,还可开展每月一次的集体生日等活动,让留守儿童感受到集体的温暖和情感。

附　录

附录1　留守儿童个案访谈提纲

1.出生：________年________月　就读________年级　家庭住址：____________

2.家庭成员：________________现在跟谁住一起________________________

3.父母务工状况：□父母都打工　□仅父亲打工　□仅母亲打工

4.父亲打工时间：________年，地点：________________，父亲的职业：________

5.母亲打工时间：________年，地点：________________，母亲的职业：________

6.父母回家次数：1年____次(1月____次)，一般在什么时候回家？__________

7.回家待多久？____________________，做什么？________________________

8.每个月和父母通话的次数________次/月，每次父母回家见到时的心情______

9.父母离开家时，你的心情____

10.你对父母怀有什么样的感情？______________________________________

11.对父母离开自己外出打工的看法是怎样的？__________________________

12.如何评价父母外出打工对自己的影响？______________________________

13.怎样看待那些父母亲没有打工的同学与他们父母之间的交流？__________

14.在学校里的学习情况如何？____________，如何评价自己的学习成绩，____

15.如何看待自己的能力？__________，在学校里和同学交流情况__________

16.在学校里的感受(可多选)：□轻松　□愉快　□快乐　□安全

□充实　□好奇　□无聊　□担忧

□郁闷　□压抑　□自在　□其他

17.哪些事情发生让你感到很无奈？____________，当时你是怎样想的？_____

18.怎么看待受到别人欺负？____

19.社会上有没有人来帮助(资助)？________参加了哪些受资助的活动？____

提供了什么样内容的帮助？____________你怎么看待这些帮助？________

20.对自己的未来怎么看？____

21.对自己的家庭怎么看？____

22. 对爸爸妈妈怎么看？ ______________________________

23. 对父母亲有什么要求？ ______________________________

24. 对学校/国家/社会有什么样的要求？ ______________________________

25. 生活中最害怕什么？ ______________________________

26. 对生活中存在的困难或(事件)的看法______________________________

27. 哪些情况出现会让你产生内心不安或感到无能为力？ ______________________________

28. 最渴望得到什么，____________这个东西对自己的意义是什么？ __________

29. 在与陌生人交流过程中的内心感受是什么？ ____________为什么？ ______

30. 平时自己是通过什么样的方式来增强自信心的？ ______________________________

31. 如何提高自己解决问题的能力的？ ______________________________

32. 平时遇到无法克服的困难和问题时，通常怎样应对的？ ______________________________

33. 想过寻求别人的帮助吗？ ______________________________

34. 对家庭经济状况(条件)是怎么看待的？ ______________________________

35. 还有什么其他问题？ ______________________________

附录2 留守儿童安全感量表(正式问卷)

【指导语】亲爱的同学你好！非常感谢你参加本次问卷调查！这些题目是调查你的心情和感受的，不是测量智力和学习能力，与学习成绩无关，答案也没有好坏之分。每道题后都有"1～5"5种可供选择的答案，每道题都要回答，但只能选择一个答案，请选择最符合你实际情况的答案(画"√"或"○")。回答时间没有限制，但不要过多考虑，请不要跳题或漏题。谢谢你的配合！

数字的含义：1＝非常符合你的实际情况，2＝比较符合你的实际情况，3＝不确定(介于符合不符合之间)，4＝比较不符合你的实际情况，5＝非常不符合你的实际情况。

序号	题　目	非常符合	比较符合	不确定	比较不符合	非常不符合
1	与陌生人交往让我感到担心和害怕	1	2	3	4	5
2	面对一些突发事件，常常不知道该怎么办	1	2	3	4	5
3	常常担心父母会被别人欺负(打骂或不给工钱)	1	2	3	4	5
4	总感觉不认识的人是坏人	1	2	3	4	5
5	常常感到别人讨厌我	1	2	3	4	5
6	常常为自己的长相感到烦恼	1	2	3	4	5
7	大人们一吵架我就感到十分害怕	1	2	3	4	5
8	总担心不认识的人会欺负我	1	2	3	4	5
9	总感觉家人会被坏人抓走	1	2	3	4	5
10	和不认识的人说话让我感到心惊肉跳	1	2	3	4	5
11	常常担心家里会被别人偷盗	1	2	3	4	5
12	常常感觉别人吵架会伤害到我	1	2	3	4	5
13	总觉得好朋友们并不是真心喜欢我	1	2	3	4	5
14	我常常担心爸妈在外面打工会出意外(或事故)	1	2	3	4	5
15	总是担心别人会对我家人不好	1	2	3	4	5

续表

序号	题 目	非常符合	比较符合	不确定	比较不符合	非常不符合
16	担心别人会偷(或抢)我的东西	1	2	3	4	5
17	常常担心自己会被绑架	1	2	3	4	5
18	总觉得别人不在乎、不关心我	1	2	3	4	5
19	常常感到照顾我的人他们不要我了	1	2	3	4	5
20	常常觉得没有人保护我	1	2	3	4	5
21	别人不喜欢我,这常常使我感到烦恼	1	2	3	4	5
22	常常担心别人会对我不好	1	2	3	4	5
23	常常为我的人际关系感到担心	1	2	3	4	5
24	我长得不够好看,别人不喜欢我	1	2	3	4	5
25	总感觉别人比我更聪明、长得更好看	1	2	3	4	5
26	我的情感很容易受到伤害	1	2	3	4	5

附录 3 留守儿童安全感调查量表

附录 3-1 症状自评量表(人际敏感与恐怖性维度)

【指导语】以下表格中列出了有些人可能有的病痛或问题,请仔细阅读每一条,然后根据最近半年内下列问题影响你或使你感到苦恼的程度,在方格选择最合适的一格,划一个“√”。

题　目	没有	很轻	中等	偏重	严重
1. 对旁人责备求全	没有	很轻	中等	偏重	严重
2. 害怕空旷的场所或街道	没有	很轻	中等	偏重	严重
3. 同异性相处时感害羞不自在	没有	很轻	中等	偏重	严重
4. 怕单独出门	没有	很轻	中等	偏重	严重
5. ……					

附录 3-2 状态-特质焦虑问卷

【指导语】以下条目(句子)每个都叙述一种情况,请仔细阅读,再与您的实际情况相比较,选出一个与您的情况最为符合的选项,写在题后的方框内。

1＝几乎没有; 2＝有些时候有; 3＝中等程度或是经常有; 4＝非常明显或几乎总是如此

条　目	选项	条　目	选项
1. 感到心情平静 2. 我感到安全 3. 我是紧张的 4. 我感到紧张束缚 ……		21. 我感到愉快 22. 感到神经过敏和不安 23. 我感到自我满足 24. 我希望能和别人那样地高兴 ……	

附录 3-3 安全感量表

【指导语】请仔细阅读下面的每一条陈述,判断与你经常性的感受或行为相符合的程度,在每题前面的横线上填上最符合的字母。答案无所谓对或错,因此不必对任何一条花太多的时间去考虑,只要答出你平时的实际感受是怎样的就可以了。

A 非常符合　B 基本符合　C 中性或不确定　D 基本不符合　E 非常不符合

1. 我从来不敢主动说出自己的看法。(　　)
2. 我感到生活总是充满不确定性和不可预测性。(　　)
3. 我习惯于放弃自己的愿望和要求。(　　)
4. 我总是担心会发生什么不测。(　　)

附录 3-4 孤独感量表

【指导语】下面的表格中罗列了很多与你有关的项目，请根据你的实际情况，选择与你最像的数字。

1＝一直如此； 2＝经常如此； 3＝有时如此； 4＝很少如此； 5＝从未如此

序号	题 目	一直如此	经常如此	有时如此	很少如此	绝非如此
1	在学校交新朋友对我很容易。	1	2	3	4	5
2	没有人跟我说话。	1	2	3	4	5
3	我跟别的孩子一块时干得很好。	1	2	3	4	5
4	我很难交朋友。	1	2	3	4	5
	……					

附录 3-5 儿童自我意识量表

【指导语】下面的句子是关于你怎样看待你自己的。请你决定哪些符合你的实际情况，哪些问题不符合你的实际情况。对于每一个问题你只能作一种回答，并且每个问题都应该回答。在选项后面画"√"。

1. 我的同学嘲弄我。 是（　　） 否（　　）
2. 我是一个幸福的人。 是（　　） 否（　　）
3. 我很难交朋友。 是（　　） 否（　　）
4. 我害羞。 是（　　） 否（　　）

……

附录4　人口学变量

【指导语】下面是对你的一些基本情况的描述，请在符合您情况的选项上画“○”或“√”，或在(________)内填空。再次申明：你的回答都会被严格保密！谢谢你的配合！

●你的性别：(1)男，(2)女；

●就读于(________)年级；

●出生于(________)年；

●民族：(1)汉族，(2)少数民族(________族)；

●是否独生子女：(1)是，(2)不是；

●在班级里成绩：(1)较好，(2)一般，(3)较差；

●是否贫困生：(1)是，(2)不是；

●父母打工情况：(1)父母亲都在外打工，(2)只有父亲打工，(3)只有母亲打工；

●父亲的文化程度：(1)小学及以下，(2)初中，(3)高中，(4)大学及以上；

●母亲的文化程度：(1)小学及以下，(2)初中，(3)高中，(4)大学及以上；

●你的家庭：(1)双亲家庭，(2)父母离异的单亲家庭，(3)父母离异的重组家庭；

(4)父母单亡的单亲家庭，(5)父母单亡的重组家庭，(6)父母双亡投靠亲友；

●你觉得你家的经济收入在当地属于：(1)较好，(2)一般(中等)，(3)较差；

●在你(________)岁的时候，你父母就外出打工了；

●每个月，他们会和你通(________)次电话；

●他们每年回家(________)次；

●父母打工期间，你跟(______________________________)住一起。

附录 5　留守儿童安全感量表初分、百分等级和 T 分常模对照表

附录 5-1　总体常模对照表(n=3 666)

百分等级	人际自信			安危感知			应激掌控			自我接纳			生人无畏			总体安全感		
	初分	Z 分	T 分	初分	Z 分	T 分	初分	Z 分	T 分	初分	Z 分	T 分	初分	Z 分	T 分	初分	Z 分	T 分
10	2.25	−1.40	36.01	2.14	−1.33	36.72	1.50	−1.48	35.20	2.00	−1.47	35.32	2.00	−1.44	35.57	2.37	−1.32	36.81
20	2.75	−0.84	41.62	2.57	−0.87	41.32	1.75	−0.78	42.23	2.50	−0.97	40.33	2.50	−0.90	40.98	2.69	−0.87	41.34
30	3.00	−0.56	44.42	2.86	−0.56	44.38	2.00	−0.57	44.30	3.00	−0.46	45.35	2.75	−0.63	43.68	2.91	−0.54	44.58
40	3.37	−0.14	48.63	3.14	−0.26	47.45	2.50	−0.33	45.74	3.25	−0.21	47.86	3.00	−0.36	46.38	3.10	−0.26	47.38
50	3.50	0.00	50.03	3.43	0.05	50.51	2.75	−0.07	49.25	3.50	0.04	50.37	3.25	−0.09	49.09	3.28	−0.01	49.92
60	3.75	0.28	52.84	3.71	0.36	53.58	3.00	0.28	52.77	3.75	0.29	52.88	3.50	0.18	51.79	3.46	0.26	52.57
70	4.00	0.56	55.64	4.00	0.66	56.64	3.50	0.63	56.28	4.00	0.54	55.39	4.00	0.72	57.20	3.65	0.54	55.37
80	4.37	0.99	59.85	4.29	0.97	59.71	3.75	0.98	59.80	4.50	1.04	60.41	4.25	0.99	59.90	3.89	0.88	58.79
90	4.62	1.27	62.66	4.57	1.28	62.78	4.00	1.33	63.31	4.75	1.29	62.92	4.50	1.26	62.60	4.18	1.30	63.04

附录 5-2　留守男童常模对照表(n=1 838)

百分等级	人际自信			安危感知			应激掌控			自我接纳			生人无畏			总体安全感		
	初分	Z 分	T 分	初分	Z 分	T 分	初分	Z 分	T 分	初分	Z 分	T 分	初分	Z 分	T 分	初分	Z 分	T 分
10	2.50	−1.12	38.81	2.14	−1.33	36.72	1.75	−1.13	38.71	2.25	−1.22	37.83	2.25	−1.17	38.27	2.52	−1.10	38.96
20	3.00	−0.56	44.42	2.71	−0.71	42.85	2.00	−0.78	42.23	2.75	−0.72	42.84	2.50	−0.90	40.98	2.84	−0.65	43.51
30	3.25	−0.28	47.23	3.00	−0.41	45.92	2.50	−0.43	45.74	3.00	−0.46	45.35	3.00	−0.36	46.38	3.02	−0.38	46.24
40	3.50	0.00	50.03	3.29	−0.10	48.98	2.75	−0.26	47.40	3.50	0.04	50.37	3.25	−0.09	49.09	3.22	−0.09	49.08
50	3.75	0.28	52.84	3.57	0.20	52.04	3.00	−0.02	49.80	3.75	0.29	52.88	3.50	0.18	51.79	3.38	0.14	51.43
60	3.88	0.42	54.24	3.71	0.36	53.58	3.25	0.28	52.77	4.00	0.54	55.39	3.75	0.45	54.49	3.55	0.39	53.87
70	4.13	0.70	57.05	4.00	0.66	56.64	3.50	0.63	56.28	4.25	0.79	57.90	4.00	0.72	57.20	3.76	0.70	56.96
80	4.50	1.13	61.25	4.29	0.97	59.71	3.75	0.98	59.80	4.50	1.04	60.41	4.25	0.99	59.90	3.96	0.99	59.90
90	4.75	1.41	64.06	4.71	1.43	64.30	4.25	1.33	63.31	5.00	1.54	65.42	4.75	1.53	65.30	4.30	1.48	64.78

附录 5-3　留守女童常模对照表(n=1 793)

百分等级	人际自信			安危感知			应激掌控			自我接纳			生人无畏			总体安全感		
	初分	Z分	T分	初分	Z分	T分	初分	Z分	T分	初分	Z分	T分	初分	Z分	T分	初分	Z分	T分
10	2.13	−1.54	34.60	2.00	−1.48	35.19	1.25	−1.48	35.20	2.00	−1.47	35.32	2.00	−1.44	35.57	2.28	−1.45	35.42
20	2.50	−1.12	38.81	2.43	−1.02	39.79	1.75	−1.13	38.71	2.50	−0.97	40.33	2.50	−0.90	40.98	2.59	−1.00	39.97
30	2.88	−0.70	43.02	2.74	−0.68	43.16	2.25	−0.71	42.93	2.75	−0.72	42.84	2.75	−0.63	43.68	2.79	−0.71	42.90
40	3.13	−0.42	45.82	3.14	−0.26	47.45	2.50	−0.43	45.74	3.00	−0.46	45.35	3.00	−0.36	46.38	2.99	−0.43	45.69
50	3.38	−0.14	48.63	3.29	−0.10	48.98	2.75	−0.07	49.25	3.50	0.04	50.37	3.25	−0.09	49.09	3.17	−0.17	48.30
60	3.63	0.14	51.44	3.57	0.20	52.04	3.00	0.28	52.77	3.75	0.29	52.88	3.50	0.18	51.79	3.35	0.09	50.93
70	3.88	0.42	54.24	3.86	0.51	55.11	3.25	0.63	56.28	4.00	0.54	55.39	3.75	0.45	54.49	3.55	0.40	53.95
80	4.13	0.70	57.05	4.14	0.82	58.17	3.50	0.98	59.80	4.25	0.79	57.90	4.00	0.72	57.20	3.80	0.76	57.57
90	4.50	1.13	61.25	4.57	1.28	62.77	4.00	1.33	63.31	4.75	1.29	62.92	4.50	1.26	62.60	4.05	1.12	61.19

附录 5-4　五年级留守儿童常模对照表(n=891)

百分等级	人际自信			安危感知			应激掌控			自我接纳			生人无畏			总体安全感		
	初分	Z分	T分	初分	Z分	T分	初分	Z分	T分	初分	Z分	T分	初分	Z分	T分	初分	Z分	T分
10	2.63	−0.98	40.21	2.00	−1.48	35.19	1.50	−1.48	35.20	2.25	−1.22	37.83	1.75	−1.71	32.86	2.39	−1.30	36.99
20	2.88	−0.70	43.02	2.43	−1.02	39.79	1.75	−0.97	40.33	2.75	−0.72	42.84	2.25	−1.17	38.27	2.67	−0.89	41.07
30	3.13	−0.42	45.82	2.71	−0.71	42.85	2.00	−0.72	42.84	3.00	−0.46	45.35	2.50	−0.90	40.98	2.84	−0.64	43.61
40	3.38	−0.14	48.63	3.00	−0.41	45.92	2.25	−0.43	45.74	3.25	−0.21	47.86	2.75	−0.63	43.68	3.02	−0.37	46.26
50	3.63	0.14	51.44	3.29	−0.10	48.98	2.75	−0.07	49.25	3.50	0.04	50.37	3.00	−0.36	46.38	3.19	−0.13	48.70
60	3.75	0.28	52.84	3.43	0.05	50.51	3.00	0.28	52.77	3.75	0.29	52.88	3.25	−0.09	49.09	3.34	0.08	50.85
70	4.00	0.56	55.64	3.77	0.42	54.19	3.25	0.63	56.28	4.00	0.540	55.39	3.50	0.18	51.79	3.51	0.33	53.30
80	4.25	0.84	58.45	4.00	0.66	56.64	3.50	0.79	57.90	4.25	0.79	57.90	3.75	0.45	54.49	3.76	0.70	57.00
90	4.63	1.27	62.66	4.43	1.12	61.24	3.75	1.33	63.31	4.75	1.29	62.92	4.25	0.99	59.90	4.04	1.10	61.00

附录 5-5 六年级留守儿童常模对照表($n=907$)

百分等级	人际自信			安危感知			应激掌控			自我接纳			生人无畏			总体安全感		
	初分	Z 分	T 分	初分	Z 分	T 分	初分	Z 分	T 分	初分	Z 分	T 分	初分	Z 分	T 分	初分	Z 分	T 分
10	2.25	−1.40	36.01	2.14	−1.33	36.72	1.50	−1.48	35.20	2.00	−1.47	35.32	2.00	−1.44	35.57	2.38	−1.31	36.91
20	2.75	−0.84	41.62	2.43	−1.02	39.79	1.75	−0.98	40.20	2.50	−0.97	40.33	2.50	−0.90	40.98	2.66	−0.91	40.92
30	3.13	−0.42	45.82	2.86	−0.56	44.38	2.25	−0.67	43.31	3.00	−0.46	45.35	2.75	−0.63	43.68	2.91	−0.54	44.59
40	3.38	−0.14	48.63	3.14	−0.26	47.45	2.50	−0.33	46.76	3.25	−0.21	47.86	3.00	−0.36	46.38	3.09	−0.28	47.21
50	3.50	0.00	50.03	3.43	0.05	50.51	2.75	−0.07	49.25	3.50	0.03	50.37	3.25	−0.09	49.09	3.25	−0.05	49.51
60	3.75	0.28	52.84	3.71	0.36	53.58	3.00	0.28	52.77	3.75	0.28	52.88	3.50	0.18	51.79	3.47	0.27	52.74
70	4.00	0.56	55.64	4.00	0.66	56.64	3.25	0.63	56.28	4.00	0.54	55.39	3.75	0.45	54.49	3.68	0.58	55.81
80	4.38	0.99	59.85	4.29	0.97	59.71	3.75	0.98	59.80	4.50	1.04	60.41	4.25	0.99	59.90	3.87	0.86	58.57
90	4.75	1.41	64.06	4.57	1.28	62.77	4.00	1.33	63.31	4.750	1.29	62.92	4.50	1.26	62.60	4.20	1.33	63.28

附录 5-6 七年级留守儿童常模对照表($n=957$)

百分等级	人际自信			安危感知			应激掌控			自我接纳			生人无畏			总体安全感		
	初分	Z 分	T 分	初分	Z 分	T 分	初分	Z 分	T 分	初分	Z 分	T 分	初分	Z 分	T 分	初分	Z 分	T 分
10	2.23	−1.43	35.73	2.14	−1.33	36.72	1.50	−1.48	35.20	2.00	−1.47	35.32	2.25	−1.17	38.27	2.34	−1.37	36.30
20	2.70	−0.89	41.06	2.57	−0.87	41.32	1.75	−1.13	38.71	2.50	−0.97	40.33	2.75	−0.63	43.68	2.70	−0.84	41.59
30	3.00	−0.56	44.42	3.00	−0.41	45.92	2.25	−0.78	42.23	3.00	−0.46	45.35	3.00	−0.36	46.38	2.94	−0.50	44.97
40	3.25	−0.28	47.23	3.29	−0.10	48.98	2.50	−0.43	45.74	3.25	−0.21	47.86	3.25	−0.09	49.09	3.13	−0.22	47.78
50	3.50	0.00	50.03	3.57	0.20	52.04	2.75	−0.07	49.25	3.50	0.04	50.37	3.50	0.18	51.79	3.32	0.05	50.48
60	3.88	0.42	54.24	3.71	0.36	53.58	3.00	0.28	52.77	3.75	0.29	52.88	3.75	0.45	54.49	3.47	0.27	52.74
70	4.00	0.56	55.64	4.00	0.66	56.64	3.50	0.63	56.28	4.00	0.54	55.39	4.00	0.72	57.20	3.68	0.58	55.83
80	4.38	0.99	59.85	4.43	1.12	61.24	3.75	0.98	59.80	4.50	1.04	60.41	4.25	0.99	59.90	3.93	0.94	59.43
90	4.75	1.41	64.06	4.71	1.43	64.30	4.00	1.33	63.31	5.00	1.54	65.42	4.75	1.53	65.31	4.24	1.40	63.97

附录 5-7　八年级留守儿童常模对照表(n=869)

百分等级	人际自信			安危感知			应激掌控			自我接纳			生人无畏			总体安全感		
	初分	Z分	T分	初分	Z分	T分	初分	Z分	T分	初分	Z分	T分	初分	Z分	T分	初分	Z分	T分
10	2.13	−1.54	34.60	2.14	−1.33	36.72	1.75	−1.13	38.71	2.00	−1.47	35.32	2.25	−1.17	38.27	2.39	−1.29	37.08
20	2.50	−1.12	38.81	2.73	−0.71	42.8	2.00	−0.78	42.23	2.50	−0.97	40.33	2.75	−0.63	43.68	2.74	−0.79	42.10
30	2.88	−0.70	43.02	3.00	−0.41	45.92	2.50	−0.43	45.74	3.00	−0.46	45.35	3.00	−0.36	46.38	2.96	−0.47	45.28
40	3.13	−0.42	45.82	3.29	−0.10	48.98	2.75	−0.07	49.25	3.25	−0.21	47.86	3.50	0.18	51.79	3.18	−0.14	48.54
50	3.50	0.00	50.03	3.57	0.20	52.04	2.75	−0.07	49.25	3.50	0.04	50.37	3.75	0.45	54.49	3.36	0.11	51.10
60	3.75	0.28	52.84	3.71	0.36	53.58	3.00	0.28	52.77	3.75	0.29	52.88	3.75	0.45	54.49	3.54	0.38	53.80
70	4.00	0.56	55.64	4.00	0.66	56.64	3.50	0.63	56.28	4.00	0.54	55.39	4.00	0.72	57.20	3.76	0.70	56.98
80	4.25	0.84	58.45	4.29	0.97	59.71	4.00	0.98	59.80	4.50	1.04	60.41	4.25	0.99	59.90	3.98	1.01	60.05
90	4.63	1.27	62.66	4.57	1.28	62.77	4.25	1.33	63.31	4.75	1.29	62.92	4.75	1.53	65.31	4.20	1.34	63.39

附录6 心理健康问卷、生活事件调查量表

附录6-1 中国中学生心理健康问卷

【指导语】下面是有关你近一个月来状态的问题，请你仔细阅读每一个题目，然后根据你的实际情况认真回答。答案没有对错之分，请你尽快回答，不要过多思考。每个题目后面都有五个等级："1 无、2 轻度、3 中度、4 较重、5 严重"供选择，请在相应的数字上画"○"或"√"。

题 项	无	轻度	中度	较重	严重
1. 我不喜欢参加学校的课外活动。	1 无	2 轻度	3 中度	4 较重	5 严重
2. 我心情时好时坏。	1 无	2 轻度	3 中度	4 较重	5 严重
3. 做作业必须反复检查。	1 无	2 轻度	3 中度	4 较重	5 严重
4. 感到人们对我不友好，不喜欢我。	1 无	2 轻度	3 中度	4 较重	5 严重
……					

附录6-2 青少年生活事件量表

【指导语】以下每个题目都简单地陈述了一个生活事件，请仔细阅读每个题目，并思考在过去12个月内，您或您的家庭是否发生过下列事件？如果该事件未发生，请选0；如果该事件发生过，请继续考虑该事件给您造成的苦恼程度，若您觉得该事件没有造成影响，请选1；若造成了轻度影响，请选2；若造成了中度影响，请选3；若造成了重度影响，请选4；若造成了极重的影响，请选5。请在数字上画"○"或"√"。

注意：这些题目及答案没有对错之分，请您根据第一反应如实作答；只能选一个答案，不要漏题。

生活事件名称	未发生	发生过，对你的影响程度				
		1	2	3	4	5
1. 被人误会或错怪	0	没有影响	轻度影响	中度影响	重度影响	极重影响
2. 受人歧视冷遇	0	没有影响	轻度影响	中度影响	重度影响	极重影响
3. 考试失败或不理想	0	没有影响	轻度影响	中度影响	重度影响	极重影响
4. 与同学好友发生纠纷	0	没有影响	轻度影响	中度影响	重度影响	极重影响
……						

附录 7　影响留守儿童安全感的心理社会因素调查量表

附录 7-1　家庭关怀度指数问卷

【指导语】请从符合你的实际情况的选项前的“□”里画“√”。

1. 当我遇到问题时，我可以从家人那里得到满意的帮助

□几乎很少 □有时这样 □经常这样

2. 我很满意家人与我讨论各种事情以及分担问题的方式

□几乎很少 □有时这样 □经常这样

3. 当我希望从事新的活动或发展时，家人都能接受

□几乎很少 □有时这样 □经常这样

4. 我很满意家人对我的情绪表示关心和爱护的方式

□几乎很少 □有时这样 □经常这样

5. 我很满意家人与我共度时光的方式

□几乎很少 □有时这样 □经常这样

附录 7-2　感知学校氛围问卷

【指导语】学校是同学们每天学习和生活的地方，你眼中的学校是什么样子的？请你根据自己的亲身观察和感受，思考下面句子的描述与你现在学校情况的符合程度，并在题目后面的“(　　)”里填上符合你想法的答案。

注意：“完全不符合”选 1，“不太符合”选 2，“比较符合”选 3，“完全符合”选 4

1. 学校的老师真心关心同学。(　　)
2. 学校里比较吵闹。(　　)
3. 同学之间和睦相处。(　　)
4. 学校额外增加课时或补课。(　　)

……

附录 7-3　社会适应不良量表

【指导语】以下的句子后面有 2 个答案：“是”与“否”，请根据自己的实际情况选择一个答案，画“√”。

1. 遇到同学或不常见的朋友，除非他们先向我打招呼，不然我就装作没看见。　是(　　)否(　　)
2. 我和别人一见面就熟了。　是(　　)否(　　)
3. 因为我太拘谨，所以有时我难于坚持自己的正确意见。是(　　)否(　　)
4. 我一般不愿意同人讲话，除非对方先开口。　是(　　)否(　　)

……

附录 7-4　领悟社会支持问卷

【指导语】以下有 12 个句子，每一个句子后面各有 7 个答案。请您根据自己的实际情况在每句后面选择一个答案，在选项的数字上画"√"。

题　项	极不同意	很不同意	稍不同意	中立	稍同意	很同意	极其同意
1. 在我遇到问题时有些人（领导、亲戚、老师、同学、朋友）会出现在我的身旁	①	②	③	④	⑤	⑥	⑦
2. 我能够与有些人（领导、亲戚、老师、同学、朋友）共享快乐与忧伤	①	②	③	④	⑤	⑥	⑦
3. 我的家庭能够切实、具体地给我帮助	①	②	③	④	⑤	⑥	⑦
4. 在需要时我能够从家庭获得感情上的帮助和支持	①	②	③	④	⑤	⑥	⑦
……							

附录 7-5　一般自我效能感问卷

【指导语】以下 10 个句子是关于你平时对自己的一般看法，请你根据你的实际情况（或实际感受），在右面合适的选项上画"○"或"√"（备注：答案没有对错之分，对每一个句子无须多考虑）。

1. 如果我尽力去做的话，总是能够解决问题的。

   (1)完全不符 (2)有点符合 (3)多数符合 (4)完全符合

2. 即使别人反对我，我仍有办法取得我所要的。

   (1)完全不符 (2)有点符合 (3)多数符合 (4)完全符合

3. 对我来说，坚持理想和达成目标是轻而易举的。

   (1)完全不符 (2)有点符合 (3)多数符合 (4)完全符合

4. 我自信能有效地应付任何突如其来的事情。

   (1)完全不符 (2)有点符合 (3)多数符合 (4)完全符合

……

附录8 留守儿童实验阅读、编码、回忆、再放材料

附录8-1 实验阅读材料

林羽和孟凡的留守生活

你是一所农村学校的学生，你班上有两个同学：林羽和孟凡，她们俩都是留守儿童。林羽从乡下搬到镇上住（正），家里买了地基，盖了新房（正），因此欠下了不少债（负），她父母只好外出打工（负）。林羽和奶奶住一起（中）。有一次，她家里来了两个陌生人（中），林羽一直躲在楼上不敢下楼（负）。孟凡她家离学校很远（中），上学常常迟到（负），原来她家比较有钱（正），五年前她妈妈偷生了一个男孩，家里被罚20万（负），她爸爸去广州打工，过年的时候回家（中），常常有人到家里讨债（负）。

林羽是你的同桌（中），她在家里要照顾生病的奶奶（负），老师说她比一般同学更成熟（正），学习成绩比较好（正），同学们经常向她请教学习的方法（中）。她喜欢运动（中），曾代表班级参加校运会（中）。孟凡的成绩一般（中），她对自己的成绩也感到没有办法（负），妈妈没有时间也不会帮助孟凡辅导学习（负）。孟凡喜欢唱歌，她妈妈说这些会耽误学习，不允许她唱歌（负）。林羽的字写得不错（正），她参加了学校的手抄报比赛（中），得了优胜奖（正）。林羽希望自己能考上大学（正），孟凡不知道自己将来要做什么（负），她妈妈和弟弟在家里，让她感觉有依靠（正），家里经济状况不好（负），她常帮妈妈干一些家务活（正），她希望妈妈不要出去打工（中）。林羽的爸爸妈妈上个星期回家了（正），没待几天又出去打工了（负），爸爸临走的时候她没去送别（中），悄悄躲在一边流眼泪（负）。

孟凡有不少朋友（正），这个学期她当上了班干部（正），负责班级的纪律检查工作（中），老师和同学都喜欢她（正）。上星期，教育局来学校慰问留守儿童，孟凡作为代表参加了活动（中），学校安排孟凡给爸爸打电话（中），孟凡满心期待能和爸爸通电话（正），电话没有接通（中），孟凡哭了很长时间（负）。

在学校里，林羽是个话语不多的人（中），最近林羽上课总是开小差（负），她在担心爸爸妈妈在外面打工的安危（负），忘了老师布置了什么作业（负）。孟凡积极回答老师的问题（正），考试成绩有了不少进步（正）。下课后，孟凡和同学讨论周末组织春游的事情（中），她的号召能力和组织能力比较强（正），讨论会上林羽提出了许多可行的建议（正）。

这就是发生在你身边的留守儿童的故事。

附录 8-2 实验编码材料

【指导语】亲爱的同学，你好！

你拿到的阅读材料与前面学习的材料一样，不同之处是有些句子后面有空格，请你根据自己对这句话的理解和体验分别标上三种记号。

在具有良好、积极、和谐、舒适、愉快等特点的句子后面括号里标上“J”，在具有消极、痛苦、矛盾、焦虑等特点的句子后面括号内标注“X”，在具有中性的、描述的、客观的特征的句子后面的括号里标注“Z”。

请注意你们须在 10 分钟内完成。

林羽和孟凡的留守生活

你是一所农村学校的学生，你班上有两个同学：林羽和孟凡，她们俩都是留守儿童。林羽从乡下搬到镇上住（　　），家里买了地基，盖了新房（　　），因此欠下了不少债（　　），她父母只好外出打工（　　）。林羽和奶奶住一起（　　）。有一次，她家里来了两个陌生人（　　），林羽一直躲在楼上不敢下楼（　　）。孟凡她家离学校很远（　　），上学常常迟到（　　），原来她家比较有钱（　　），五年前她妈妈偷生了一个男孩，家里被罚 20 万（　　），她爸爸去广州打工，过年的时候回家（　　），常常有人到家里讨债（　　）。

林羽是你的同桌（　　），她在家里要照顾生病的奶奶（　　），老师说她比一般同学更成熟（　　），学习成绩比较好（　　），同学们经常向她请教学习的方法（　　）。她喜欢运动（　　），曾代表班级参加校运会（　　）。孟凡的成绩一般（　　），她对自己的成绩也感到没有办法（　　），妈妈没有时间也不会帮助孟凡辅导学习（　　）。孟凡喜欢唱歌，她妈妈说这些会耽误学习，不允许她唱歌（　　）。林羽的字写得不错（　　），她参加了学校的手抄报比赛（　　），得了优胜奖（　　）。林羽希望自己能考上大学（　　），孟凡不知道自己将来要做什么（　　），她妈妈和弟弟在家里，让她感觉有依靠（　　），家里经济状况不好（　　），她常帮妈妈干一些家务活（　　），她希望妈妈不要出去打工（　　）。林羽的爸爸妈妈上个星期回家了（　　），没待几天又出去打工了（　　），爸爸临走的时候她没去送别（　　），悄悄躲在一边流眼泪（　　）。

孟凡有不少朋友（　　），这个学期她当上了班干部（　　），负责班级的纪律检查工作（　　），老师和同学都喜欢她（　　）。上星期，教育局来学校慰问留守儿童，孟凡作为代表参加了活动（　　），学校安排孟凡给爸爸打电话（　　），孟凡满心期待能和爸爸通电话（　　），电话没有接通（　　），孟凡哭了很长时间（　　）。

在学校里，林羽是个话语不多的人（　　），最近林羽上课总是开小差

（　　），她在担心爸爸妈妈在外面打工的安危（　　），忘了老师布置了什么作业（　　）。孟凡积极回答老师的问题（　　），考试成绩有了不少进步（　　）。下课后，孟凡和同学讨论周末组织春游的事情（　　），她的号召能力和组织能力比较强（　　），讨论会上林羽提出了许多可行的建议（　　）。

这就是发生在你身边的留守儿童的故事。

附录 8-3　实验回忆材料

【指导语】假如你学校的文学社正在征稿，征稿的主题是“朋友的留守生活”，老师要求你也写一篇作文，请你尽可能多地回忆在刚才在材料里出现的林羽和孟凡的留守生活的信息，写在下面的空白处（不是写成作文，而是只回忆刚才的材料）。

请注意：你必须在 15 分钟内完成！

附录 8-4　实验再认材料

【指导语】亲爱的同学：你好！

下面有 108 个句子，请你根据前面学习的材料，依次回答下列问题，凡符合学习材料内容的，就在问题后面空格中打“√”；如果不符合学习材料的内容，就在问题后面空格中打“×”。请你在 15 分钟内完成这个练习。

1. 林羽从乡下搬到镇上住（　　）。
2. 孟凡的老师经常到教室来（　　）。
3. 林羽身体不太好，常常感冒（　　）。
4. 林羽家里买了地基，盖了新房（　　）。
5. 孟凡被同学冤枉（　　）。
6. 林羽躲在楼上不敢下来（　　）。
7. 林羽和奶奶住一起（　　）。
8. 孟凡不常向同学借钱（　　）。
9. 数学老师常常夸林羽懂事（　　）。
10. 同学欺负孟凡这样的留守儿童（　　）。
11. 林羽家里来了两个陌生人（　　）。
12. 林羽的父母外出打工（　　）。
13. 孟凡的爸爸在城里打工 5 年了（　　）。
14. 林羽独立做事的能力很强（　　）。
15. 孟凡家离学校很远（　　）。
16. 林羽家里欠下了不少债务（　　）。

17. 孟凡学会骑自行车很开心(　　)。
18. 林羽担心家里被偷(　　)。
19. 孟凡上学常常迟到(　　)。
20. 孟凡的爸爸不懂电脑(　　)。
21. 孟凡家里被罚 20 万元(　　)。
22. 孟凡家里原来比较有钱(　　)。
23. 孟凡的爸爸只有过年的时候才回家(　　)。
24. 林羽常常感觉有人嘲笑她(　　)。
25. 孟凡家里常常有人过来讨债(　　)。
26. 孟凡对待朋友很友善(　　)。
27. 林羽是你的同桌(　　)。
28. 孟凡的作业常常得到老师表扬(　　)。
29. 林羽在家里要照顾生病的奶奶(　　)。
30. 林羽喜欢运动(　　)。
31. 孟凡住在镇上(　　)。
32. 孟凡跟她表弟同一个班(　　)。
33. 林羽常常帮助同学辅导作业(　　)。
34. 林羽被夸比一般同学更成熟(　　)。
35. 林羽的学习成绩比较好(　　)。
36. 孟凡常常梦见爸爸(　　)。
37. 林羽语文成绩比较好(　　)。
38. 爸爸经常给孟凡带礼物(　　)。
39. 林羽参加校运会(　　)。
40. 孟凡成绩一般(　　)。
41. 孟凡经常丢三落四(　　)。
42. 同学常常故意疏远林羽(　　)。
43. 孟凡对自己的成绩也感到没有办法(　　)。
44. 妈妈没有时间也不会帮助孟凡辅导学习(　　)。
45. 妈妈不允许孟凡唱歌(　　)。
46. 孟凡认为朋友对自己不友好(　　)。
47. 回到家里孟凡一个人孤单单的(　　)。
48. 老师批评林羽粗心大意(　　)。
49. 孟凡不知道自己将来要做什么(　　)。

50. 孟凡很少给同学帮忙(　　)。
51. 林羽的字写得不错(　　)。
52. 林羽参加了学校的手抄报比赛(　　)。
53. 孟凡踊跃举手回答老师的问题(　　)。
54. 林羽担心自己会碰到坏人(　　)。
55. 林羽的手抄报得了优胜奖(　　)。
56. 林羽希望自己能考上大学(　　)。
57. 看到别人打架,林羽感觉胆战心惊(　　)。
58. 做了错事孟凡不敢承认(　　)。
59. 孟凡和妈妈、弟弟在家里,让她感觉有依靠(　　)。
60. 林羽经常和同学一起玩(　　)。
61. 孟凡家里经济状况不好(　　)。
62. 孟凡讨厌上学迟到(　　)。
63. 孟凡的妈妈外出打工很久没回来(　　)。
64. 林羽的爸爸妈妈上个星期回家了(　　)。
65. 林羽的爸爸妈妈没待几天又出去打工了(　　)。
66. 林羽很坚强(　　)。
67. 林羽被同学欺负(　　)。
68. 孟凡帮助老师和同学做事(　　)。
69. 孟凡常帮妈妈干一些家务活(　　)。
70. 孟凡希望妈妈不要出去打工(　　)。
71. 孟凡觉得自己长得好看(　　)。
72. 孟凡的习惯很好(　　)。
73. 林羽没有去送她爸爸(　　)。
74. 老师和同学都喜欢孟凡(　　)。
75. 孟凡有不少朋友(　　)。
76. 孟凡当上了班干部(　　)。
77. 林羽觉得自己长得挺好看的(　　)。
78. 孟凡负责班级的纪律检查工作(　　)。
79. 孟凡参加了教育局的慰问活动(　　)。
80. 林羽平时待人真诚(　　)。
81. 林羽在她爸爸走后悄悄哭泣(　　)。
82. 林羽喜欢看电视(　　)。

83. 学校安排孟凡给爸爸打电话(　　)。
84. 孟凡希望能和爸爸通电话(　　)。
85. 有时候林羽走路到学校(　　)。
86. 孟凡给爸爸的电话没有打通(　　)。
87. 没打通电话孟凡哭了(　　)。
88. 因为个子比较矮,林羽在教室里坐前排(　　)。
89. 林羽常常很早就到学校(　　)。
90. 林羽话语不多(　　)。
91. 林羽上课开小差(　　)。
92. 林羽的姑姑到学校来送餐(　　)。
93. 林羽羡慕别的家长来接孩子(　　)。
94. 林羽担心爸爸妈妈的安危(　　)。
95. 学校的早操课孟凡不感兴趣(　　)。
96. 孟凡的学校边上有许多电子游戏厅(　　)。
97. 林羽忘了作业是什么(　　)。
98. 林羽对周末春游活动提出了许多可行的建议(　　)。
99. 林羽考试不及格(　　)。
100. 孟凡积极回答老师的问题(　　)。
101. 孟凡考试进步了(　　)。
102. 林羽的爸爸经常给家里寄钱(　　)。
103. 孟凡是大家的开心果(　　)。
104. 同学对待林羽很热情(　　)。
105. 孟凡和同学讨论周末组织春游的事情(　　)。
106. 林羽没完成作业(　　)。
107. 孟凡的号召能力和组织能力比较强(　　)。
108. 林羽家庭经济条件越来越好(　　)。

附录9　团体辅导活动剪影

你我相识

团队契约

小组活动

开心一刻

典型发言

热身活动

真诚分享

畅想美好

美好愿望

欢乐祝福

参考文献

中文文献(以作者姓氏拼音为序)

[1]《心理学百科全书》编辑委员会. 心理学百科全书(第三卷)[M]. 杭州:浙江教育出版社,1995.

[2]阿瑟·S. R. 心理学词典[M]. 李伯黍,译. 上海:上海译文出版社,1996.

[3]阿斯亚·依克木. 新疆大学少数民族学生心理异常状况及原因分析[J]. 新疆大学学报:哲学人文社会科学版,2008,36(5):99-102.

[4]安莉娟,丛中. 安全感研究述评[J]. 中国行为医学科学,2003,12(6):698-699.

[5]安莉娟,丛中,王欣. 高中生的安全感及其相关因素[J]. 中国心理卫生杂志,2005,18(10):717-719.

[6]卜艳艳. 有留守经历的大学生心理健康状况的调查与分析[J]. 兰州教育学院学报,2013,28(9):143-146.

[7]曹显明. 民族地区高校少数民族学生心理健康状况分析及对策探讨[J]. 贵州民族研究,2013,34(4):189-192.

[8]曹中平,黄月胜,杨元花. 马斯洛安全感-不安全感问卷在初中生中的修订[J]. 中国临床心理学杂志,2010,18(2):171-173.

[9]曹中平,杨元花. 亲子分离对留守儿童安全感发展的影响研究[J]. 教育测量与评价:理论版,2009(7):36-38.

[10]陈明明. 孤儿亚孤儿留守儿童人际信任安全感和心理健康关系研究[D]. 曲阜:曲阜师范大学,2012.

[11]陈顺森,叶桂青,陈伟静,李倩,夏春燕,向萍,邹德莲. 大学生安全感量表的初步编制[J]. 中国行为医学科学,2006,15(12):1142-1143.

[12]陈旭,谢玉兰. 农村留守儿童的问题行为调查及家庭影响因素[J]. 内蒙古师范大学学报:哲学社会科学版,2007,36(6):29-33.

[13]陈燕,康耀文,姚应水. 生活事件应对方式与青少年心理健康的关系研究进展[J]. 中国学校卫生,2012,33(2):254-256.

[14]池瑾,胡心怡,申继亮. 不同留守类型农村儿童的情绪特征比较[J]. 教育科

学研究,2008(8):54-57.

[15]楚艳平,王广海,卢宁.留守儿童生活事件与心理弹性的关系,一般自我效能感的中介效应[J].预防医学情报杂志,2013,29(4):276-278.

[16]丛中,安莉娟.安全感量表的初步编制及信度,效度检验[J].中国心理卫生杂志,2004,18(2):97-99.

[17]崔亚平.初中生心理安全感与家庭环境,人格特征关系研究[D].新乡:河南师范大学,2012.

[18]刁静,黄佳,刘璐.上海市重点大学学生心理安全感的调查分析[J].健康心理学杂志.2003(2):86-88.

[19]段成荣.我国流动和留守儿童的几个基本问题[J].中国农业大学学报:社会科学版,2015,32(1):46-50.

[20]段成荣,周福林.我国留守儿童状况研究[J].人口研究,2005,29(1):29-36.

[21]段玉裁.说文解字(繁体版)[M].北京:中国书店出版社,2011.

[22]范柏乃,刘伟,江蕾.乡村留守儿童及其应对策略研究[J]. Journal of US-China Public Administration,USA. 2007,4(6):1-10.

[23]范方,桑标.亲子教育缺失与"留守儿童"人格,学绩及行为问题[J].心理科学,2005,28(4):855-858.

[24]范先佐,郭清扬.农村留守儿童教育问题的回顾与反思[J].中国农业大学学报:社会科学版,2015,32(1):55-64.

[25]范兴华,方晓义,刘勤学,刘杨.流动儿童,留守儿童与一般儿童社会适应比较[J].北京师范大学学报:社会科学版,2009(5):33-40.

[26]方佳燕.外来工子女与留守儿童生活事件,心理弹性与应对方式的关系研究[D].广州:广州大学,2011.

[27]冯正直.中学生抑郁症状的社会信息加工方式研究[D].重庆:西南师范大学,2002.

[28]高觉敷.西方社会心理学发展史[M].北京:人民教育出版社,1991.

[29]葛明贵,余益兵.学校气氛问卷(初中生版)的研究报告[J].心理科学,2006,29(2):640-464.

[30]顾海根.应用心理测量学[M].北京:北京大学出版社,2010.

[31]何毅.侨乡留守儿童发展状况调查报告—以浙江青田县为例[J].中国青年研究,2008(10):53-57.

[32]侯杰泰,温忠麟,成子娟.结构方程模型及其应用[M].北京:教育科学出版社,2004.

[33]胡三嫚.工作不安全感及其对组织结果变量的影响机制[D].武汉:华中师范大学,2008.
[34]胡心怡,刘霞,申继亮,范兴华.生活压力事件,应对方式对留守儿童心理健康的影响[J].中国临床心理学杂志,2007,15(5):502-503.
[35]华姝姝,郑捷妍,简宝婵.河南省农村留守儿童安全感现状调查[J].中国健康心理学杂志,2012,20(1):66-68.
[36]黄希庭.心理学导论[M].北京:人民教育出版社,1998.
[37]黄希庭.构建和谐社会呼唤中国化人格与社会心理学研究[J].心理科学进展,2007,15(2):193-195.
[38]黄艳苹,李玲.不同留守类型儿童心理健康状况比较[J].中国心理卫生杂志,2007,21(10):669-671.
[39]黄月胜,郑希付,万晓红.初中留守儿童的安全感,行为问题及其关系的研究[J].中国特殊教育,2010,17(3):82-86.
[40]胡昆,丁海燕,孟红.农村留守儿童心理健康状况调查研究[J].中国健康心理学杂志,2010(8):994-996.
[41]纪术茂.明尼苏达多相人格调查表成套量表操作手册[Z].西安精神卫生中心,1999:84.
[42]江绍伦.安全感的建造[M].香港:岭南学院出版社,1992.
[43]江立华,符平.转型期留守儿童问题研究[M].上海:上海三联书店,2013.
[44]姜乾金.领悟社会支持量表[J].中国行为医学科学,2001,10(10):41-43.
[45]姜圣秋,谭千保,黎芳.留守儿童的安全感与应对方式及其关系[J].中国健康心理学杂志,2012,20(3):385-387.
[46]金怡,姚本先.生活应激研究现状与展望[J].宁波大学学报:教育科学版,2007,29(1):33-37.
[47]李翠英.亲子沟通对农村留守儿童安全感的影响研究[J].中国集体经济2011(9):138.
[48]李光友,罗太敏,陶芳标.初中留守儿童生活事件调查研究[J].中国校医,2013,27(1):1-3.
[49]李骊.农村留守儿童安全感发展的学校动因研究[D].长沙:湖南师范大学,2008.
[50]李亮.竞争态度的内隐与外显的实验研究[D].长沙:湖南师范大学,2009.
[51]李幕,刘海燕.心理安全感作用问卷的编制[J].求实,2012(A01):249-251.
[52]李晓敏,罗静,高文斌,袁婧.有留守经历大学生的负性情绪,应对方式,自

尊水平及人际关系研究[J]. 中国临床心理学杂志,2009(5):620-622.

[53]李彦牛,王艳芝. 领悟社会支持及安全感与大学生自杀态度的相关分析[J]. 中国学校卫生,2008(2):141-142.

[54]李志,邹雄,朱鹏. 农村留守儿童隔代监护人胜任特征的实证研究[J]. 中国健康心理学杂志,2013(3):422-425.

[55]廖传景. 青年农民工心理健康及其社会性影响与保护因素[J]. 中国青年研究,2010(1):109-113.

[56]廖传景,韩黎,杨惠琴,张进辅. 城镇化背景下农村留守儿童心理健康:贫困与否的视角[J]. 南京农业大学学报(社会科学版),2014,14(2):21-27.

[57]廖传景,毛华配,张进辅,青年农民工心理症状及影响因素:未婚与已婚的比较[J]. 中国农业大学学报(社会科学版),2014,31(3):47-53.

[58]林宏. 福建省"留守孩"教育现状的调查[J]. 福建师范大学学报:哲学社会科学版,2003(3):132-135.

[59]刘慧. 留守儿童心理韧性与适应性相关研究——以湖北长阳土家族自治县留守儿童为例[D]. 武汉:中南民族大学,2012.

[60]刘玲爽,汤永隆,张静秋,邓丽俐,雷丹,刘红梅. 5·12 地震灾民安全感与PTSD 的关系[J]. 心理科学进展,2009,17(3):547-550.

[61]刘晓慧,李秋丽,王晓娟,杨玉岩,哈丽娜,戴秀英. 留守与非留守儿童生活事件与应对方式比较[J]. 实用儿科临床杂志,2012,26(23):1810-1812.

[62]刘宣文,梁一波. 理性情绪教育对提高学生心理健康的作用研究[J]. 心理发展与教育,2003(1):70-75.

[63]刘永刚. 农村留守儿童安全感及其影响因素初探[J]. 社会心理科学,2011,26(1):70-75.

[64]刘正奎,高文斌,王婷,王晔. 农村留守儿童焦虑的特点及影响因素[J]. 中国临床心理学杂志,2007,15(2):177-179,182.

[65]刘宗发. 农村小学留守儿童社会支持与孤独感研究[J]. 教育评论,2013(2),33-35.

[66]乐国安. 20 世纪 80 年代以来西方社会心理学新进展[M]. 广州:暨南大学出版社,2004.

[67]卢会醒,张晓雪. 中学单亲家庭子女安全感相关问题的研究[J]. 时代教育:教育教学刊,2008(7):121-121.

[68]罗国芬. 从 1000 万到 1.3 亿:农村留守儿童到底有多少[J]. 青年探索,2005(2):3-6.

[69]罗静，王薇，高文斌．中国留守儿童研究述评[J]．心理科学进展，2009，17(5)：990-995．

[70]吕繁，顾湲．家庭 APGAR 问卷及其临床应用[J]．国外医学：医院管理分册，1995，2(2)：56-59．

[71]马建青．心理卫生与心理咨询论丛[M]．杭州：浙江大学出版社，2005．

[72]马锦华．大学师范生与中学教师心理安全感的比较研究[J]．洛阳师范学院学报，2004，23(3)：113-115．

[73]孟海英，王艳芝，冯超．大学生心理安全感相关因素分析[J]．中国组织工程研究与临床康复，2007，11(39)：7880-7883．

[74]潘玉进，田晓霞，王艳蓉．华侨留守儿童的家庭教育资源与人格，行为的关系——以温州市为例的研究[J]．华侨华人历史研究，2010，9(3)：22-30．

[75]庞丽娟，田瑞清．儿童社会认知发展的特点[J]．心理科学，2002，25(2)：144-148．

[76]裴国洪，刘爱书，张若萍．大学生安全感与自信的关系[J]．中国健康心理学杂志，2007，15(10)：896-897．

[77]朴婷姬，安花善．积极心理学视角下的朝鲜族留守儿童研究[J]．民族教育研究，2013，24(1)：58-63．

[78]钱铭怡，李旭，张光健．轻度抑郁者在自我相关编码任务中的加工偏向[J]．心理学报，1998，30(3)：337-342．

[79]全国妇联课题组．全国农村留守儿童、城乡流动儿童状况研究报告[J]．中国妇运，2013(6)：30-34．

[80]沈贵鹏，葛桥．初中生心理安全感的现状及其分析——以苏南地区的初中生为例[J]．教育理论与实践，2010(23)：33-35．

[81]沈学武，耿德勤，李梅，胡燕，赵长银，黄振英．不安全感自评量表的编制与信度，效度研究[J]．中国行为医学科学，2005，14(9)：856-857．

[82]沈学武，耿德勤．神经症不安全感心理特点初步研究[J]．健康心理学杂志，1999，7(2)：193-194．

[83]师保国，徐玲，许晶晶．流动儿童幸福感，安全感及其与社会排斥的关系[J]．心理科学，2009，32(6)：1452-1454．

[84]孙群，姚本先．大学生安全感，人际信任及其关系研究[J]．卫生软科学，2009，23(3)：290-293．

[85]孙思玉，吴琼，王海兰，罗宇茜，管健．天津市大学生安全感研究[J]．中国健康心理学杂志，2009，17(3)：304-307．

[86]陶沙,刘霞.认知倾向在大学生压力与负性情绪关系中的中介作用[J].中国心理卫生杂志,2004,18(2):107-110.

[87]谭中长.留守儿童教育石柱模式[M].长春:吉林大学出版社,2011.

[88]唐斌.流失与重构:政府对公众心理安全感的满足——基于公共安全事件的思考[J].江淮论坛,2010(3):153-156.

[89]唐久来,唐茂志.独生子女智力,行为和社会生活能力研究[J].中华儿科杂志,1994,32(6):347-349.

[90]唐明皓.农村留守儿童应对方式对安全感的影响研究[D].长沙:湖南师范大学,2009.

[91]汪海彬,姚本先.城市居民安全感问卷的编制[J].人类工效学,2013,18(4):38-41.

[92]汪海彬,张俊杰,姚本先.大学生一般自我效能感,安全感与心理健康的关系研究[J].中国卫生事业管理,2011(10):785-787.

[93]汪海彬.城市居民安全感问卷的编制及应用[D].芜湖:安徽师范大学,2010.

[94]汪向东,王希林,马弘.心理卫生评定量表手册(增订版)[J].北京:心理卫生杂志社,1999.

[95]王才康,刘勇.一般自我效能感与特质焦虑,状态焦虑和考试焦虑的相关研究[J].中国临床心理学杂志,2000,8(4):229-230.

[96]王广海,卢宁,刘志军.留守儿童生活事件与心理健康的相关性分析[J].中国学校卫生,2013,34(9):1134-1136.

[97]王极盛,李焰,赫尔实.中国中学生心理健康量表的编制及其标准化[J].社会心理科学,1997,46(4):15-20.

[98]王沛,林崇德.社会认知的理论模型综述[J].心理科学,2005,25(1):73-75.

[99]王平,徐礼平.儿童期留守经历对医学生安全感的影响[J].遵义医学院学报,2010,33(1):72-74.

[100]王晓丽,胡心怡,申继亮.农村留守儿童友谊质量与孤独感,抑郁的关系研究[J].中国临床心理学杂志,2011,19(2):252-254.

[101]王艳芝,王欣,孟海英.收入状况对幼儿教师安全感,社会支持生存质量及幸福感的影响[J].中国行为医学科学,2006,15(2):151-152.

[102]王志梅,曹冬,崔占玲.内地少数民族学生心理适应性研究现状[J].中国学校卫生,2013,34(1):127-128.

[103]王竹燕.高中生人格,父母教养方式与安全感的关系研究及教育对策

[D]. 天津:天津师范大学,2012.

[104]温颖,李人龙,师保国. 北京市流动儿童安全感和学校归属感研究[J]. 首都师范大学学报:社会科学版,2009(11):188-192.

[105]温忠麟,侯杰泰,马什赫伯特. 结构方程模型检验:拟合指数与卡方准则[J]. 心理学报,2004,36(2):186-194.

[106]温忠麟,侯杰泰,张雷. 调节效应与中介效应的比较和应用[J]. 心理学报,2005,7(2):268-274.

[107]吴丽. 0—3 岁婴幼儿安全感缺失的后果及其对策研究[J]. 四川教育学院学报,2010,26(008):50-52.

[108]吴明隆. 结构方程模型——Amos 的操作与应用[M]. 重庆:重庆大学出版社,2009.

[109]吴明隆. 问卷统计分析实务——SPSS 操作与应用[M]. 重庆:重庆大学出版社,2010.

[110]吴霓,丁杰,唐以志,方铭琳,秦行音,杨小慧,冉屏. 农村留守儿童问题调研报告[J]. 教育研究,2004,25(10):15-18.

[111]吴颖,郭华,方益敏,陈妮娅. 大学生的安全感与其家庭出生顺序的相关研究[J]. 卫生职业教育,2008,26(12),24-26.

[112]吴增强. 自我效能:一种积极的自我信念[J]. 心理科学,2001,24(4):499-499.

[113]夏春,涂薇. 中国居民生活安全感量表的编制[J]. 中国健康心理学杂志,2011,19(9):1126-1128.

[114]肖德成,罗河江. 安全意识对安全生产的影响[J]. 西部探矿工程,2011,23(11):228-230.

[115]肖计划,许秀峰,李晶. 青少年学生的应付方式与精神健康水平的相关研究[J]. 中国临床心理学杂志,1996,4(1):53-55.

[116]谢玲平,邹维兴. 农村初中生人际信任与安全感的调查研究[J]. 江苏教育学院学报:社会科学版,2012,28(6):22-23.

[117]熊亚. 我国农村留守儿童存在的问题及对策研究[J]. 当代教育论坛:学科教育研究,2006(10):11-13.

[118]徐礼平,方倩,陈晶,王平,陈剑. “留守”经历医学生总体幸福感,心理安全感与社会支持的关系探讨[J]. 医学与社会,2012,25(4):87-89.

[119]徐为民,唐久来,吴德,许晓燕,杨李. 安徽农村留守儿童行为问题的现状. 实用儿科临床杂志[J]. 2007,22(11):852-853.

[120]许又新.神经症[M].北京:人民卫生出版社,1993.

[121]杨洁,王东华.大学生心理安全感与人格关系的研究[J].中国校医,2009,23(3):300,302.

[122]杨元花.初中生安全感发展的家庭动因研究[D].长沙:湖南师范大学,2006.

[123]杨治良,刘素珍,钟毅平,高桦,唐永明.内隐社会认知的初步实验研究[J].心理学报,2008,29(1):17-21.

[124]姚本先,汪海彬.整合视角下安全感概念的探究[J].江淮论坛,2011(5):149-153.

[125]姚本先,汪海彬,王道阳.1987—2008年我国安全感研究现状的文献计量学分析[J].心理学探新,2009,29(4):93-96.

[126]叶敬忠,王伊欢,张克云,陆继霞.父母外出务工对留守儿童情感生活的影响[J].农业经济问题,2006(4):19-24.

[127]叶浩生.西方心理学的历史与体系[M].北京:人民教育出版社,1998.

[128]余应筠,敖毅,石水芳,朱焱.不同类型农村留守儿童生活事件及家庭影响因素[J].中国公共卫生,2013,29(3):339-342.

[129]乐国安.20世纪80年代以来西方社会心理学新进展[M].广州:暨南大学出版社,2004.

[130]张大均,王金良,郭成.关于心理健康学校社会工作保障系统研究的思考[J].高等教育研究,2007,28(2):85-89.

[131]张娥,訾非.留守高中生安全感自尊与生活满意度的关系[J].中国学校卫生,2012,33(3):293-294.

[132]张鹤龙.远离父母,他们失去了什么?——留守儿童问题调查[J].半月谈,2004(10).

[133]张文彤,闫洁.统计分析高级教程[M].北京:高等教育出版社,2004.

[134]张伟峰,燕良轼.独生子女大学生自我管理的研究[J].湖南师范大学教育科学学报,2006,5(2):98-100.

[135]赵红,罗建国,李作为,文红,周碧英,钟昆,徐锋.农村"留守儿童"心理健康状况的性别差异分析[J].精神医学杂志,2007,20(1):11-13.

[136]赵景欣,刘霞.农村留守儿童的抑郁和反社会行为:日常积极事件的保护作用[J].心理发展与教育,2010(6):634-640.

[137]赵景欣.压力背景下留守儿童心理发展的保护因素与抑郁,反社会行为的关系[D].北京:北京师范大学,2007.

[138]赵俊超.中国留守儿童调查[M].北京:人民出版社,2012.

[139]赵科,胡发稳.纳西族哈尼族青少年安全感与应对方式分析[J].中国学校卫生,2011,32(7):854-855.

[140]郑日昌.心理测验与评估[M].北京:高等教育出版社,2005.

[141]中国行为医学编辑委员会.行为医学量表手册[M].北京:中华医学电子音像出版社,2007.

[142]周福林,段成荣.留守儿童研究综述[J].人口学刊,2006(3):60-65.

[143]周浩,龙立荣.共同方法偏差的统计检验与控制方法[J].心理科学进展,2004,12(6):942-950.

[144]周丽,高玉峰,邱海棠,杜莲,郑玉萍,蒙华庆.留守初中生心理健康与生活事件,应对方式的关系[J].中国心理卫生杂志,2008,22(11):796-800,805.

[145]周宗奎,孙晓军,刘亚,周东明.农村留守儿童心理发展与教育问题[J].北京师范大学学报(社会科学版),2005,1(187):71-79.

[146]朱丹.初中阶段留守儿童安全感的特点及弹性发展研究[J].中国特殊教育,2009(2):8-13.

英文文献

[1]Agid O., Shapira B., Zislin J., Ritsner M., Hanin B., Murad H. & Lerer B. Environment and vulnerability to major psychiatric illness: a case control study of early parental loss in major depression, bipolar disorder and schizophrenia[J]. Molecular Psychiatry, 1999,4(2):163-172.

[2] Al-Rihani S. The effect of the family socialization pattern on children's feelings of security[J]. Dirasat, 1985,12(11):199-219.

[3]Amato P. R. The impact of family formation change on the cognitive, social, and emotional well-being of the next generation[J]. The Future of Children,2005,15(2), 75-96.

[4]Amato P. R. & Sobolewski J. M. The effects of divorce and marital discord on adult children's psychological well-being[J]. American Sociological Review, 2001(66):900-921.

[5]Anderson R. C. & Pichert J. W. Recall of previously unrecallable information following a shift in perspective[J]. Journal of Verbal Learning and Verbal Behavior, 1978,17(1):1-12.

[6]Ängarne-Lindberg T. & Wadsby M. Fifteen years after parental divorce: mental health and experienced life-events[J]. Nordic Journal of Psychiatry, 2009, 63(1):32-43.

[7]Antonovsky A. The structure and properties of the sense of coherence scale [J]. Social Science Medicine,1993(36):725-733.

[8]Arndt J. , Schimel J. , Greenberg J. & Pyszczynski T. The intrinsic self and defensiveness: Evidence that activating the intrinsic self reduces self-handicapping and conformity[J]. Personality and Social Psychology Bulletin2002,28(5):671-683.

[9]Avni-Babad D. Routine and feelings of safety, confidence, and well-being [J] . British Journal of Psychology, 2011,102(2):223-244.

[10]Baccus J. R. , Baldwin M. W. & Packer D. J. Increasing implicit self-esteem through classical conditioning[J] . Psychological Science, 2004,15 (7):498-502.

[11]Badiora A. I. , Fadoyin O. P. & Omisore E. O. Spatial analysis of residents' fear and feeling of insecurity in ile-ife, Nigeria[J] . Ethiopian Journal of Environmental Studies and Management, 2013,6(3):317-323.

[12]Baldwin M. W. Relational schemas as a source of if-then self-inference procedures. Review of General Psychology[J] . 1997,1(4):326-335.

[13]Bandura A. Self-efficacy: toward a unifying theory of behavioral change [J] . Psychological Review, 1977,84(2):191-215.

[14]Baron R. M. & Kenny D. A. The moderator-mediator variable distinction in social psychological research: Conceptual, strategic, and statistical considerations[J] . Journal of Personality and Social Psychology,1986, 51 (6):1173-1182.

[15]Bar-Tal D. & Jacobson D. A psychological perspective on security[J] . Applied Psychology, 1998,47(1):59-71.

[16]Beck A. T. ,Rush A. J. ,Shaw B. F. & Emery, G. Cognitive Therapy of Depression[M] . New York: Guilford,1979:5-37.

[17]Berant E. , Mikulincer M. & Florian V. Attachment style and mental health: A 1-year follow-up study of mothers of infants with congenital heart disease[J] . Personality and Social Psychology Bulletin, 2001, 27(8):956-968.

[18]Berdahl A. T., Hoyt R. D. & Whitbeck B. L. Predictors of first mental health service utilization among homeless and runaway adolescents[J]. Journal of Adolescents Health, 2005(37):145-154.

[19]Bifulco A., Bernazzani O., Moran P. M. & Ball C. Lifetime stressors and recurrent depression: preliminary findings of the Adult Life Phase Interview (ALPHI)[J]. Social Psychiatry and Psychiatric Epidemiology, 2000,35(6):264-275.

[20]Bjarnason T. & Sigurdardottir T. J. Psychological distress during unemployment and beyond: social support and material deprivation among youth in six northern European countries[J]. Social Science & Medicine, 2003, 56(5):973-985.

[21]Bower G. H. Commentary on mood and memory[J]. Behaviour Research and Therapy, 1981,25(6):443-455.

[22]Bowlby J. Attachment, vol. 1 of Attachment and Loss (2nd Edition, 1982)[J]. London: Hogarth Press,1969; New York: Basic Books,1969; Harmondsworth: Penguin ,1971.

[23]Bowlby J. Attachment and loss: retrospect and prospect[J]. American Journal of Orthopsychiatry, 1982,52(4):664-680.

[24]Bransford J. D. & Johnson M. K. Contextual prerequisites for understanding: Some investigations of comprehension and recall[J]. Journal of Verbal Learning and Verbal Behavior, 1972,11(6), 717-726.

[25]Bratina M. P. Sex offender residency requirements: an effective crime prevention strategy or a false sense of security? [J]. International Journal of Police Science & Management, 2013,15(3):200-218.

[26]Brennan K. A., Clark C. L. & Shaver P. R. Self-report Measurement of Adult Romantic Attachment: An Integrative Overview[C]. In: J. A. Simpson & W. S. Rholes (Eds.). Attachment Theory and Close Relationships (pp. 46-76). New York, NY: Guilford Press, 1998.

[27]Britton J. C., Phan K. L., Taylor S. F., Welsh R. C., Berridge K. C. & Liberzon I. Neural correlates of social and nonsocial emotions: An fMRI study[J]. Neuroimage, 2006,31(1):397-409.

[28]Brown S. L. Family structure and child well-being: the significance of parental cohabitation[J]. Journal of Marriage and Family, 2004,66(2):351-

367.

[29]Brumbaugh C. C. & Fraley R. C. Transference and attachment: How do attachment patterns get carried forward from one relationship to the next? [J]. Personality and Social Psychology Bulletin, 2006(32):552-560.

[30]Carnelley K. B. & Rowe A. C. Repeated priming of attachment security influences later views of self and relationships[J]. Personal Relationships, 2007,14(2):307-320.

[31]Carnelley K. B. & Rowe A. C. Priming a sense of security: What goes through people's minds? [J]. Journal of Social and Personal Relationships,2010,27(2): 253-261.

[32]Cassidy J., Shaver P. R., Mikulincer M. & Lavy S. Experimentally induced security influences responses to psychological pain[J]. Journal of Social and Clinical Psychology, 2009,28(4):463-478.

[33]Cattell V., Herring R. Social Capital, Generational and Health in East London[C]. In: Swann, C., Morgan, A., [Eds.] Social capital for health: Insights from qualitative research[M]. London: Health Development Agency,2002:61-85.

[34]Chassin L. & Haller M. The unique effects of parental alcohol and affective disorders, parenting, and parental negative affect on adolescent maladjustment[J]. Merrill-Palmer Quarterly, 2011,57(3) ,263-289.

[35]Cohen S. & Wills T. A. Stress, social support, and the buffering hypothesis[J]. Psychological Bulletin, 1985,98(2):310-357.

[36]Collins N. L. & Read S. J. Adult attachment, working models, and relationship quality in dating couples[J]. Journal of Personality and Social Psychology, 1990,58(4):644-663.

[37]Collins N. L. & Read S. J. Cognitive Representations of Attachment: The Structure and Function of Working Models. In K. Bartholomew & D. Perlman (Eds.), Advances in personal relationships: Attachment processes in adulthood (Vol. 5, pp. 53-92)[M]. London: Jessica Kingsley,1994.

[38]Cooper M. L., Shaver P. R. & Collins N. L. Attachment styles, emotion regulation, and adjustment in adolescence[J]. Journal of Personality and Social Psychology,1998,74(5):1380-1397.

[39]Coupland R. Security, insecurity and health[J]. Bulletin of the World Health Organization, 2007,85(3):181-184.

[40]Cummings E. M. & Davies P. T. Marital Conflict and Children: An Emotional Security Perspective[J]. New York: Guilford Press,2011.

[41]Cummings, E. M. , George M. R. , McCoy K. P. , & Davies P. T. Interparental conflict in kindergarten and adolescent adjustment: Prospective investigation of emotional security as an explanatory mechanism[J]. Child Development, 2012,83(5):1703-1715.

[42]Davies P. T. & Cummings E. M. Exploring children's emotional security as a mediator of the link between marital relations and child adjustment [J]. Child Development, 1998,69(1): 124-139.

[43]Davies P. T. & Forman E. M. Children's patterns of preserving emotional security in the interparental subsystem[J]. Child Development, 2002, 73(6):1880-1903.

[44]Downie J. M. , Hay D. A. , Horner B. J. , Wichmann H. & Hislop A. L. Children living with their grandparents: resilience and wellbeing[J]. International Journal of Social Welfare, 2010,19(1):8-22.

[45]Dunne E. G. & Kettler L. J. Grandparents raising grandchildren in Australia: Exploring psychological health and grandparents' experience of providing kinship care[J]. International Journal of Social Welfare, 2008, 17(4):333-345.

[46]Ellis A. The revised ABC's of rational-emotive therapy (RET)[J]. Journal of Rational-Emotive and Cognitive-Behavior Therapy, 1991,9(3):139-172.

[47]Erikson E. H. Identity: Youth and Crisis (No. 7)[M]. New York: Norton,1968.

[48]Eriksson M. & Lindström B. Antonovsky's sense of coherence scale and the relation with health: a systematic review[J]. Journal of Epidemiology and Community Health, 2006,60(5):376-381.

[49]Fagerström L. , Gustafson Y. , Jakobsson G. , Johansson S. & Vartiainen, P. Sense of security among people aged 65 and 75: external and inner sources of security[J]. Journal of Advanced Nursing, 2011, 67(6): 1305-1316.

[50]Fallon E. A., Wilcox S. & Ainsworth B. E. Correlates of self-efficacy for physical activity in African American women[J]. Women & Health, 2005,41(3):47-62.

[51]Fan F., Su L., Gill M. K. & Birmaher B. Emotional and behavioral problems of Chinese left-behind children: a preliminary study[J]. Social Psychiatry and Psychiatric Epidemiology, 2010,45(6):655-664.

[52]Fearon R. P., Bakermans-Kranenburg M. J., Van IJzendoorn M. H., Lapsley A. M. & Roisman, G. I. The significance of insecure attachment and disorganization in the development of children's externalizing behavior: A meta-analytic study[J]. Child Development, 2010,81(2):435-456.

[53]Fonagy P., Gergely G. & Jurist E. L. (Eds.) Affect Regulation, Mentalization and the Development of the Self[M]. New York, NY: Other Press,2003.

[54]Forman E. M. & Davies P. T. Assessing children's appraisals of security in the family system: the development of the security in the family system (SIFS) scales[J]. Journal of Child Psychology and Psychiatry, 2005,46 (8):900-916.

[55]Franko D. L., Striegel-Moore R. H., Brown K. M., Barton B. A., McMahon R. P., Schreiber G. B., Crawford P. B. & Daniels S. R. Expanding our understanding of the relationship between negative life events and depressive symptoms in black and white adolescent girls[J]. Psychological Medicine, 2004,34(7):1319-1330.

[56]Fredrickson B. L. What good are positive emotions? [J]. Review of General Psychology, 1998,2(3):300-319.

[57]Friedlander L. J., Reid G. J., Shupak N. & Cribbie R. Social support, self-esteem, and stress as predictors of adjustment to university among first-year undergraduates[J]. Journal of College Student Development, 2007,48(3), 259-274.

[58]Garnefski N. & Kraaij V. Relationships between cognitive emotion regulation strategies and depressive symptoms: A comparative study of five specific samples[J]. Personality and Individual Differences, 2006,40(8): 1659-1669.

[59]Gillath O. & Shaver P. R. Effects of attachment style and relationship

context on selection among relational strategies[J]. Journal of Research in Personality, 2007,41(4):968-976.

[60]Gillath O. , Mikulincer M. , Fitzsimons G. M. , Shaver P. R. , Schachner D. A. & Bargh J. A. Automatic activation of attachment-related goals [J]. Personality and Social Psychology Bulletin, 2006,32(10):1375-1388.

[61]Gillath O. , Selcuk E. & Shaver P. R. Moving toward a secure attachment style: Can repeated security priming help? [J]. Social and Personality Psychology Compass, 2008,'2(4):1651-1666.

[62]Gillath O. , Sesko A. K. , Shaver P. R. & Chun D. S. Attachment, authenticity, and honesty: dispositional and experimentally induced security can reduce self-and other-deception[J]. Journal of Personality and Social Psychology, 2010,98(5):841-855.

[63] Goleman D. Emotional Intelligence [M]. New York: Bantam Books,1995.

[64]Grant K. E. , Compas B. E. , Stuhlmacher A. F. , Thurm A. E. , McMahon S. D. & Halpert J. A. Stressors and child and adolescent psychopathology: moving from markers to mechanisms of risk[J]. Psychological Bulletin, 2003,129(3):447-466.

[65]Green J. D. & Campbell W. K. Attachment and exploration in adults: Chronic and contextual accessibility[J]. Personality and Social Psychology Bulletin, 2000,26(4):452-461.

[66]Hamilton W. D. The genetical evolution of social behaviour[J]. Journal of Theoretical Biology, 1964,7(1), 1-16.

[67]Heflinger C. A. , Simpkins C. G. , Combs-Orme T. Using the CBCL to determine the clinical status of children in state custody[J]. Children and Youth Services Review,2000(22):55-73.

[68]Henry J. , Sloane M. & Black-Pond C. Neurobiology and neurodevelopmental impact of childhood traumatic stress and prenatal alcohol exposure [J]. Language, Speech, and Hearing Services in Schools,2007,38(2):99-108.

[69]Herman-Stahl M& Petersen A. C. Depressive symptoms during adolescence: Direct and stress-buffering effects of coping, control beliefs, and family relationships[J]. Journal of Applied Developmental Psychology,

1999,20(1), 45-62.

[70]Herrera, E. D. , Loukas A. & Roalson A. L. School connectedness buffers the effects of negative family relations and poor effortful control on early adolescent conduct problems[J]. Journal of Research on Adolescence, 2010,20(1):13-22.

[71]Hershenberg R. , Davila J. , Yoneda A. , Starr L. R. , Miller M. R. , Stroud C. B. & Feinstein B. A. What I like about you: The association between adolescent attachment security and emotional behavior in a relationship promoting context[J]. Journal of Adolescence, 2011, 34 (5), 1017-1024.

[72]Hetherington E. M. , Bridges M. & Insabella G. M. What matters? What does not? Five perspectives on the association between marital transitions and children's adjustment [J]. American Psychologist, 1998, 53 (2): 167-184.

[73]Higgins E. T. Social cognition: Learning about what matters in the social world[J]. European Journal of Social Psychology, 2000,30(1), 3-39.

[74]Holmes T. H. & Rahe R. H. The social readjustment rating scale. Journal of Psychosomatic Research[J], 1967,11(2), 213-218.

[75]Hornby A. S. , Gatenby E. V. & Wakefield H. The Advanced Learner's Dictionary, English-English-Chinese[M]. Oxford University Press,2009.

[76]Jacobson D. Toward a theoretical distinction between the stress components of the job insecurity and job loss experiences[J]. Research in the Sociology of Organizations, 1991,9(1):1-19.

[77]Jacobson D. & Bar-Tal D. Structure of security beliefs among Israeli students[J]. Political Psychology, 1995(16):567-590.

[78]Kakinuma M. , Konno M. , Mayuzumi M. & Morinaga R. (2003). Differentiating various types of children with delayed development of social cognition[J]. Australian Journal of Psychology, 2003(55):188-198.

[79]Kaplan H. I. & Saddock B. J. Learning Theory. In: Sypnosis of Psychiatry. 8th Ed. Behavioral Sciences/Clinical Psychiatry [M]. Lippincott Wilkins & Williams, 2000:148-154.

[80]Keller T. E. , Wetherbee K, Le Prohn N. S. , Payne V, Sim K, Lamont E. R. Competencies and problem behaviors of children in family foster

care: Variations by kinship placement status and Race[J]. Children and Youth Services Review. 2001(23):915-940.

[81]Kendler K. S., Kessler R. C., Neale M. C., Heath A. C. & Eaves L. J. The prediction of major depression in women: toward an integrated etiologic model[J]. American Journal of Psychiatry, 1993(150): 1139-1148.

[82]Kerns K. A., Abraham M. M., Schlegelmilch A. & Morgan T. A. Mother-child attachment in later middle childhood: Assessment approaches and associations with mood and emotion regulation[J]. Attachment & Human Development, 2007(9):33-53.

[83]Khan R. A. & Khan N. A. A study of security-insecurity feelings among women[J]. Journal of Personality and Clinical Studies,1994, 10(1-2):83-89.

[84]Kumpfer K. L. & Bluth B. Parent/child transactional processes predictive of resilience or vulnerability to "substance abuse disorders"[J]. Substance Use & Misuse, 2004,39(5):671-698.

[85]Lang A. A "False Sense of Security"in caring for bereaved parents[J]. Birth,2005(6):158-159.

[86]Langeland E. Sense of Coherence and Life Satisfaction in People Suffering From Mental Health Problems: An Intervention Study in Talk-therapy Groups with Focus on Salutogenesis[J]. Doctoral dissertation, Bergen: The University of Bergen,2007.

[87]Langeland E. & Wahl A. K. (2009). The impact of social support on mental health service users' sense of coherence: A longitudinal panel survey[J]. International Journal of Nursing Studies,2009, 46(6), 830-837.

[88]Lasiter S. & Duffy J. Older adults' perceptions of feeling safe in urban and rural acute care[J]. Journal of Nursing Administration, 2013,43(1), 30-36.

[89]Lazarus R. S. & Fol*km*an S. Transactional theory and research on emotions and coping[J]. European Journal of Personality, 1987, 1(3): 141-169.

[90]Lennie S., Minnis H. & Young R. Children's perceptions of parental emotional neglect and control and psychopathology[J]. Journal of Child Psychology and Psychiatry, 2011,52(8):889-897.

[91]Levy K. N. , Blatt S. J. & Shaver P. R. Attachment styles and parental representations[J]. Journal of Personality and Social Psychology, 1998, 74(2): 407-419.

[92]Lillbacka R. Measuring Social Capital Assessing Construct Stability of Various Operationalizations of Social Capital in a Finnish Sample[J]. Acta Sociologica, 2006, 49(2): 201-220.

[93]Liu Z. , Li, X. & Ge, X. Left too early: the effects of age at separation from parents on Chinese rural children's symptoms of anxiety and depression[J]. American Journal of Public Health, 2009, 99(11): 2049-2054.

[94]Maccoby E. E. The two sexes: Growing up Apart, Coming Together [M]. Cambridge, MA: Harvard University Press, 1998, 261.

[95]Magai C. , Hunziker J. , Mesias W. & Culver L. C. Adult attachment styles and emotional biases[J]. International Journal of Behavioral Development, 2000, 24(3), 301-309.

[96]Marques J. Security and progress, two very personal viewpoints[J]. The Journal for Quality & Participation. 2013(10): 1-3.

[97]Maslow A. H. The dynamics of psychological security-insecurity[J]. Journal of Personality, 1942, 10(4): 331-344.

[98]Maslow A. H. , Hirsh E. , Stein M. & Honigmann I. A clinically derived test for measuring psychological security-insecurity[J]. The Journal of General Psychology, 1945, 33(1), 21-41.

[99]Maslow A. H. & Hoffman E. E. Future visions: The Unpublished Papers of Abraham Maslow [M]. Thousand Oaks, CA: Sage Publications, 1996.

[100]McKenzie H. , Boughton M. , Hayes L. , Forsyth S. , Davies M. , Underwood E. & McVey P. A sense of security for cancer patients at home: the role of community nurses[J]. Health & Social Care in the Community, 2007, 15(4): 352-359.

[101]Mckinney C. & Renk K. A multivariate model of parent-adolescent relationship variables in early adolescence[J]. Child Psychiatry Human Development, 2011(42): 442-462.

[102]McLaughlin K. A. & Hatzenbuehler M. L. Mechanisms linking stressful

life events and mental health problems in a prospective, community-based sample of adolescents[J]. Journal of Adolescent Health, 2009,44(2):153-160.

[103] Melanie C. What underlies security? Neurological Evidence for Attachment's Resource Enhancement Role[D]. Doctoral dissertation, Kansas City: University of Kansas,2011.

[104]Mickelson K. D. , Kessler R. C. & Shaver P. R. Adult attachment in a nationally representative sample[J]. Journal of Personality and Social Psychology,1997, 73(5):1092-1106.

[105]Mikulincer M. & Arad D. Attachment working models and cognitive openness in close relationships: A test of chronic and temporary accessibility effects[J]. Journal of Personality and Social Psychology, 1999:77(4):710-725.

[106]Mikulincer M. & Shaver P. R. Attachment theory and intergroup bias: evidence that priming the secure base schema attenuates negative reactions to out-groups[J]. Journal of Personality and Social Psychology, 2001,81(1):97-115.

[107]Mikulincer M. & Shaver P. R. The Attachment Behavioral System in Adulthood: Activation, Psychodynamics, and Interpersonal Processes. In M. P. Zanna (Eds.), Advances in experimental social psychology (Vol. 35, pp. 53-152)[M]. New York, NY: Academic Press,2003.

[108]Mikulincer M. & Shaver P. R. Boosting attachment security to promote mental health, prosocial values, and inter-group tolerance[J]. Psychological Inquiry, 2007,18(3):139-156.

[109]Mikulincer M. & Shaver P. R. Attachment in adulthood: Structure, Dynamics, and Change[M]. New York, NY: Guilford Press,2010.

[110]Mikulincer M. , Gillath O. & Shaver P. R. Activation of the attachment system in adulthood: threat-related primes increase the accessibility of mental representations of attachment figures[J]. Journal of Personality and Social Psychology, 2002,83(4):881-895.

[111]Mikulincer M. , Gillath O. , Halevy V. , Avihou N. , Avidan S. & Eshkoli N. (2001). Attachment theory and rections to others' needs: Evi-

dence that activiation of the sense of attachment security promotes empathic responses[J]. Journal of Personality and Social Psychology, 2001,81(6):1205-1244.

[112]Mikulincer M., Shaver P. R. & Horesh N. Attachment Bases of Emotion Regulation and Posttraumatic Adjustment. In D. K. Snyder, J. A. Simpson & J. N. Hughes (Eds.), Emotion regulation in families: Pathways to dysfunction and health (pp. 77-99)[M]. Washington, DC: American Psychological Association,2006.

[113]Mikulincer M., Shaver P. R. & Rom E. The effects of implicit and explicit security priming on creative problem solving[J]. Cognition and Emotion,2011,25(3):519-531.

[114]Mikulincer M., Shaver P. R., Gillath O. & Nitzberg R. A. Attachment, caregiving, and altruism: boosting attachment security increases compassion and helping[J]. Journal of Personality and Social Psychology, 2005,89(5):817-839.

[115]Monroe S. M., & Simons A. D. Diathesis-stress theories in the context of life stress research: implications for the depressive disorders[J]. Psychological Bulletin, 1991,110(3):406-425.

[116]Mooij T., Smeets E. & De Wit W. Multi-level aspects of social cohesion of secondary schools and pupils' feelings of safety[J]. British Journal of Educational Psychology, 2011,81(3):369-390.

[117]Moore B. So Long, Insecurity: You've Been a Bad Friend to Us[M]. New York: Tyndale House Publishers, Inc,2010.

Niedenthal P. M. & Setterlund M. B. Emotion congruence in perception [J]. Personality and Social Psychology Bulletin, 1994,20(4):401-411.

[118] Niemi P. M. & Vainiomäki P. T. Medical students' distress-quality, continuity and gender differences during a six-year medical programme [J]. Medical Teacher, 2006,28(2):136-141.

[119]Nowinski J. The Tender Heart: Conquering Your Insecurity[M]. New York, NY: Versailles Press,2001.

[120]Nygren B., Aléx L., Jonsén E., Gustafson Y., Norberg A. & Lundman B.. Resilience, sense of coherence, purpose in life and self-transcend-

ence in relation to perceived physical and mental health among the oldest old[J]. Aging & Mental Health, 2005,9(4):354-362.

[121]O'Sullivan P. "False Sense of Security"[J]. The Sunday Times, 2012 (8):2-6.

[122]Oberle E., Schonert-Reichl K. & Zumbo B. Life satisfaction in early adolescence: Personal, neighborhood, school, family, and peer influences [J]. Journal of Youth Adolescence, 2010(40):889-901.

[123]O'Connor T. G., Marvin R. S., Rutter M., Olrick J. T., Britner P. A. & English and Romanian Adoptees Study Team. Child-parent attachment following early institutional deprivation[J]. Development and Psychopathology, 2003,15(1), 19-38.

[124]Ojha, H. & Singh R. R. Child rearing attitudes as related to insecurity and dependence proneness[J]. Psychological Studies, 1988, 33(2), 75-79.

[125]Pearlin, L. I. & Schooler C. The structure of coping[J]. Journal of Health and Social Behavior. 1978(19):2-21.

[126]Pearlin L. I., Menaghan E. G., Lieberman M. A. & Mullan J. T. The stress process[J]. Journal of Health and Social Behavior. 1981(22):337-356.

[127]Perner J. & Lang B. Development of theory of mind and executive control [J]. Trends in Cognitive Sciences,1999,3(9):337-344.

[128]Phelps J. L., Belsky J. & Crnic K. Earned security, daily stress, and parenting: A comparison of five alternative models[J]. Development and Psychopathology, 1998,10(01):21-38.

[129]Poehlmann J. Representations of attachment relationships in children of incarcerated mothers[J]. Child Development, 2005,76(3):679-696.

[130]Quimby J. L. & O'Brien K. M. Predictors of Well-Being Among Nontraditional Female Students With Children[J]. Journal of Counseling & Development, 2006,84(4):451-460.

[131]Rabbani R., Abbaszadeh M., Kermani B. M. M. & Bonab R. E. A sociological study of the impact of social capital on women's feeling of insecurity using Amos graphics[J]. Security and Social Order Strategic Stud-

ies Journal,2013 5(1):5-9.

[132]Rathkey J. W. What Children Need when They Grieve: The Four Essentials: Routine, Love, Honesty, and Security[M]. New York, NY: Three Rivers Press,2004.

[133]Regan M. F. A false sense of security managing the aftermath of a crisis is what the author calls a "new normal" for school communities[J]. The Education Digest. 2014(1):51-55.

[134]Rowe A. & Carnelley K. B. Attachment style differences in the processing of attachment-relevant information: Primed-style effects on recall, interpersonal expectations, and affect[J]. Personal Relationships, 2003, 10(1), 59-75.

[135]Rutter M., Colvert E., Kreppner J., Beckett C., Castle J., Groothues C. & Sonuga-Barke E. J. Early adolescent outcomes for institutionally-deprived and non-deprived adoptees. I: Disinhibited attachment [J]. Journal of Child Psychology and Psychiatry, 2007,48(1), 17-30.

[136]Schimel J., Arndt J., Pyszczynski T. & Greenberg J. Being accepted for who we are: evidence that social validation of the intrinsic self reduces general defensiveness[J]. Journal of Personality and Social Psychology, 2001,80(1):35-52.

[137]Schludermann S. & Schludermann E. Personality correlations of adolescent self-concepts and security-insecurity[J]. The Journal of Psychology,1970,74(1):85-90.

[138]Schwarzer R. & Born A. Optimistic self-beliefs: Assessment of general perceived self-efficacy in thirteen cultures[J]. World Psychology, 1997, 3(1-2), 177-190.

[139]Shaver P. R. & Mikulincer M. Attachment-related psychodynamics[J]. Attachment & Human Development, 2002,4(2), 133-161.

[140]Shore N., Sim K. E., Le Prohn N. S., Keller T. E. Foster parent and teacher assessments of youth in kinship and non-kinship foster care placements: Are behaviors perceived differently across settings? [J]. Children and Youth Services Review. 2002(24):109-134.

[141]Smith C. A. & Lazarus R. S. Appraisal components, core relational

themes, and the emotions[J]. Cognition & Emotion, 1993, 7(3-4): 233-269.

[142]Spielberger C. D. STAI manual for the state-trait anxiety inventory[Z]. Self-Evaluation Questionnaire, 1970:1-24.

[143]Staniševski D. Fear The Neighbor[J]. Administrative Theory & Praxis, 2011,33(1):62-79.

[144]Torres N., Maia J., Veríssimo M., Fernandes M. & Silva F. Attachment security representations in institutionalized children and children living with their families: links to problem behaviour[J]. Clinical Psychology & Psychotherapy, 2012,19(1):25-36.

[145]Tucker L. R. & Lewis C. ,A reliability coefficient for maximum likelihood factor analysis[J]. Psychometrika, 1973,38(1):1-10.

[146]Tversky B. & Marsh E. J. Biased retellings of events yield biased memories[J]. Cognitive Psychology, 2000,40(1):1-38.

[147]Vaismoradi M., Salsali M., Turunen H. & Bonda T. Patients' understandings and feelings of safety during hospitalization in Iran: A qualitative study[J]. Nursing & Health Sciences, 2011,13(4):404-411.

[148]Van Ryzin M. J. & Leve L. D. Validity evidence for the security scale as a measure of perceived attachment security in adolescence[J]. Journal of Adolescence, 2012,35(2):425-431

[149]Waver O. Peace and security: Two Evolving Concepts and Their Changing Relationship. In: Globalization and Environmental Challenges[M]. Berlin Heidelberg: Springer,2008.

[150]Waters H. S., Rodrigues L. M. & Ridgeway D. Cognitive underpinnings of narrative attachment assessment[J]. Journal of Experimental Child Psychology, 1998,71(3):211-234.

[151]Whitbeck B. L. Mental Health and Emerging Adulthood[M]. New York: Taylor and Francis Group,2009.

[152]Wildschut T., Sedikides C., Routledge C., Arndt J. & Cordaro F. Nostalgia as a repository of social connectedness: the role of attachment-related avoidance[J]. Journal of Personality and Social Psychology, 2010,98(4):573-586.

[153]Wu T. Y. & Pender N. Determinants of physical activity among Taiwanese adolescents: An application of the health promotion model[J]. Research in Nursing & Health, 2002,25(1):25-36.

[154]Zeanah C. H., Smyke A. T., Koga S. F. & Carlson E. (2005). Attachment in institutionalized and community children in Romania[J]. Child Development,2005,76(5):1015-1028.

[155]Zhang J. X. & Schwarzer R. Measuring optimistic self-beliefs: A Chinese adaptation of the General Self-Efficacy Scale[J]. Psychologia: An International Journal of Psychology in the Orient, 1995,38(3):174-181.

索　引

（以拼音为序）

后　记

这是我的博士毕业论文，这本专著仿佛是自己孕育的孩子一样，在终于将要付梓的时刻，回忆往昔，仍能让人产生万千感慨！

知识改变命运，教育点亮人生！我是千千万万个从农村走出来的孩子之一，从小到大父母都教导我在学业上要努力追求上进，学成之后要造福社会与人群。一路上走来，从求学到工作，到再次进入学术殿堂，总有一盏指路明灯给我不断追求上进的源源动力，终于在不惑之年实现了这个久久留存于心中的梦想——博士毕业，获得博士学位！

我的先祖世世代代生活在农村，面朝黄土背朝天，我的父母也是在农村辛勤劳作、苦命耕耘的普通农民。我的父亲在他年少时因家境贫穷，连学校的门都没靠近过，更遑论登堂入室、求学问是了。他只上过三个月的夜校，在他已经十几岁的时候，提着青蛙灯摸着夜路到扫盲班学习识字。也正是从那三个月的夜校里汲取的一点点知识，让他充分认识到无论多么穷苦、多么艰辛，都要让子女接受教育，好好读书！我父亲是自改革开放以来，我家乡第一批离开农村到县城谋求生活的农民工。我不知道只能歪歪扭扭写下自己名字的父亲，何以有如此的智慧和魄力，竟带着全家人跟着他到城里漂泊！从我读小学始，就告别了农村生活，一直跟着父母在城里四处流转。父亲是个建筑工人，工地在哪里，我们的家就安在哪里。一家人住在工棚里，住房虽然简陋，生活虽然艰辛，却始终充满温情，因为在我成长道路上始终有父母的教导和陪伴！我父亲是农民工，而我和我的兄弟姐妹却不是留守儿童！

我们兄弟几个从小也懂得生活的艰辛和不易，认真求学，不负父母所望。顺利读完初中，我考上了县里唯一的重点高中，然后考上大学。大学毕业前，也曾考虑过读研，但是迫于生计，还是选择了先工作，把生活安定下来。后来在工作中取得了硕士学位，又过了几年，我建立了家庭，工作和生活逐渐安定下来，但是心中那个梦想始终没有破灭。于是，我毅然决然地踏上了考博道路。2011年，我有幸迈入西南大学的校园，有幸进入心理学研究的顶级殿堂，从最初的兴奋和喜悦，到后来的挫折与彷徨，到如今的坚韧与豁达……我不仅仅收获了学业上的点滴的进步，更收获着一种生活的态度和人生观！

因为我从农村出来，而且深感是教育和学习改变了自己的命运，工作之中我还是将研究视线投向了自己更为熟悉的农村天地：关注农业发展、农村建设和农民出路。几年来，我曾结合所学，关注了农民工心理健康的课题，也关注了农村教师心理健康的课题。在博士论文选题时，我选择了中国社会转型时期出现的特殊群体——留守儿童作为研究对象。留守儿童问题在中国越来越多地受到全社会的关注。自从有了第一代农民工，就有了第一代留守儿童，到如今，第一代留守儿童也成了农民工，还有许许多多新生代农民工持续不断地涌入城市……但是，留守儿童的生存、发展和教育问题，在当前的中国社会始终未能得到很好的解决，折磨了农民工家庭，制造了许多人间悲剧，也耽误了许许多多留守儿童的前程人生。我在生活中见到了太多关于留守儿童的故事，也阅读了许许多多关于留守儿童的文章，对这个群体越是了解得深入，就越发感慨，感慨他们的人生际遇与发展处境！在西大求学期间，我曾到北碚区澄江镇希望小学结对了一名失去母爱、家境困顿的留守儿童(母亲在她 2 岁时离家出走，父亲身患重病)：从她小学二年级开始(2011 年)，每月捐助 200 元生活费，一直到现在。我想我还会把这份微薄的心意继续坚持下去的。付出的是个人极其绵薄的心意，却能温暖一颗受伤的心灵，我觉得非常有意义！“赠人玫瑰，手有余香”，在后来我的毕业论文研究过程中，就多次得到了澄江希望小学的热情帮助和支持。

确定了研究对象之后，我就开始思考论文的主题。经历了很长时间的反复思量、犹豫和权衡，最后，在万千繁复的心理学命题里选择了“安全感”作为主题。确定了论文的主题，接着的便是三年多时间的艰难跋涉和艰苦耕织：从主题解析到文献查阅，我觉得要做的和可以做的事情实在太多、太多了；从梳理文献到厘清思路，我越发觉得这是一个非常值得深入探讨的课题；从启动研究到落实具体方案，我更加明确了方向和目标；从开始动笔到最后结题，时时刻刻有一种紧迫感，催促我认真地完成研究！如果有一天拙作能够让留守儿童获益，能够为留守儿童的心理健康教育提供些许帮助，那将是我学术生命的再次绽放和灿烂升华！

提笔付梓，思如泉涌，真诚感谢一路走来帮助过我的所有人！

万千感激之情首先要致予我敬爱的导师张进辅教授！感谢张老师在各方面对我的指导、帮助和塑造！在学术上，张老师一以贯之地主张研究要与现实生活紧密结合，提倡学术为生活服务，造福于人群和社会，这也直接促成了我的选题——关注社会的弱势群体。生活中，张老师为人谦和友善、敦厚持敬、温良俭让。记忆中，张老师从来没有用哪怕是重一点点的语气指责过任何一个学生，他的言语中总是充满着对心理科学发展前景的忧虑，充满着对学生的殷切期望、热枕鼓励和有力支持。张老师总能对学生的想法和观念给予最恰当的点拨与指导，切中要害，直陈关键，一席交流之后，常常能让我醍醐灌顶、茅塞顿开。和张老师交往总能让我感到淡定安然，让我感觉自己是安全的。每每与张老师交流，总能体会到自己是被接纳、被理解、被认可和被尊重的！张老师“乐观、自信、进取”的人生信条总能深深感染我，不断地给我启迪和激励。遇到这样的好老师，是我用尽了往生所有的缘份修来的福！

感谢陈红教授、郑涌教授在开题报告会上的指导，二位教授中肯的建议使我受益匪浅，帮我修正了论文的许多问题！感谢黄希庭教授、刘一军教授、张庆林教授、张大均教授、毕重增教授、陈旭教授、郭成教授等心理学部的各位老师！感谢西南大学教育学部的廖其发教授、深圳大学的李红教授、中国政法大学的杨波教授、浙江师范大学的李伟健教授！感谢我的硕士导师浙江大学的盛群力教授！老师们渊博的学识和严谨的治学风格使我受益良多！

感谢西南民族教育与心理研究中心的张诗亚教授、罗江华副教授、蒋立松副教授、张培江老师、张健老师等！感谢诸位老师在思想上的关心和学业上的指导，作为西民中心和心理学部联合培养的学生，我倍受关怀，每念及此，心中便有一股暖流涌动！

感谢美国俄勒冈大学的NickAllen教授和澳大利亚墨尔本大学的MaxStephens教授！非常有幸能在世界一流的墨尔本大学考察、学习和访问。在澳洲访学期间得到了教授们在学术研究、课程学习、论文写作和生活上的周全照顾和悉心指导，让我收获了知识，拓宽了视野，增长了见识，提升了自我效能！

感谢我的同门：陈谢平、赵永萍、何琳琳、张春雨、葛缨、陈维、王晓文、韦嘉、刘琴、万忠尧、黄玉纤、杨茜、廖燕然、赵清清、尚文等，感谢你们在研究过程中给予了许多帮助并提出了宝贵的建议！

感谢我的博士同学：李涛、杜红芹、马颖、韩黎、杨惠琴、曾莉、汪明东、杨俊、旦智多杰、顾尔伙、张其鸾、田晓伟、满忠坤、喻涛和王丽娟等，因为你们的陪伴，让我的求学生涯充满了快乐和充实！

感谢我的同事：孙广福处长、郑信军教授、徐速教授、张宝臣教授、潘玉进教授、胡瑜教授、陈雅处长、章勤琼博士、谭莉博士，感谢“三 T 公司”所有的朋友们，感谢你们为我提供的帮助和支持！

感谢我的学生：叶强、梅林菲、吴胜洁、徐佳梅、邹纯丽、应梦珍、马欣越、陶云瑛、赵培宏、黄荣荣、李群燕、柯均楠、许加熠等，感谢你们参与了我的研究，帮我做了许多工作！

还要感谢在研究过程中(问卷调查、实验和个案访谈)所有给予我热情帮助和全力支持的老师和朋友们:张秀梅老师、向芹老师、陈传宝老师、韩建秋老师、梁情谊老师、王清清老师、陈肖慧老师、雷建迅老师、董加銮老师、叶好琴老师、潘冬琴老师、刘秀峰老师、陈义斌老师、于冬跃老师、洪旭霞老师、余如英老师、洪映君老师、林施派老师、王长富老师、张丽蓉老师、欧阳光上老师、祝申跃老师、刘红红老师、苏立永老师、颜厥凑老师、陈志军老师、陈秀敏老师、陈威老师、郑美芳老师、徐缤缤老师、李雪送老师、吴敏老师、叶理根老师、黄蓉老师……还有许许多多未曾谋面、不认识的老师和朋友们,恕我在这里无法一一题名致谢!滴水之恩,涌泉相报,你们给予我的帮助我会深深铭记于心间!感谢所有参与了问卷调查和实验研究的留守儿童以及非留守儿童们!正是因为你们认真的填答和真诚的配合,赋予了这篇论文鲜活而持久的生命力!

感谢家人给予的真挚理解与极大支持!感谢我的父母、兄弟、妻子、孩子,你们的理解和支持是我不断前进的源源动力!

我不会把这个作为努力的终点,而是要倾尽我的毕生能力更好地前行,更好地求学问是,回报于社会,造福于国家和人群!

2015 年 5 月 25 月